普通高等教育"十二五"规划教材

工程流体力学

（问题导向型）

上册

丁祖荣　编著

机械工业出版社

本书首次按钱学森先生倡导的工程科学思想和应用力学方法论指导编写，并符合教育部高等学校力学教学指导委员会和力学基础课程指导分委员会最新制定的《流体力学课程教学基本要求》。

全书分为上、下两册。上册绪论篇介绍工程科学思想和应用力学方法。基础篇包括流体基本概念、流体静力学、流体运动学、流体动力学、量纲分析与相似理论。问题导向篇包括圆管流动与混合长度理论、缝隙流动与流体动力学润滑理论、气体喷管流动与一维等熵流模型；下册问题导向篇包括平板绕流摩擦阻力与边界层理论一、钝体绕流形状阻力与边界层理论二、明渠流动及其二维模型、地下水流动与渗流模型。其中首次将科尔布鲁克的湍流粗糙过渡区管道实验、达西和巴赞的明渠模型实验、柯尔根明渠阻力公式和明渠穆迪图及其应用等内容写入教科书。专题篇包括流体中的质量传输、泵与风机。

本书的使用对象是工程类专业的本科生，如机械、环境、土木、农业工程等专业的学生。机械类学生可只使用上册，其他专业学生需要用上、下两册。本书也可供相关专业的教师和工程技术人员参考。

图书在版编目（CIP）数据

工程流体力学：问题导向型．上册/丁祖荣编著．—北京：机械工业出版社，2013.4（2023.4重印）

普通高等教育"十二五"规划教材

ISBN 978-7-111-42241-9

Ⅰ.①工…　Ⅱ.①丁…　Ⅲ.①工程力学-流体力学-高等学校-教材　Ⅳ.①TB126

中国版本图书馆 CIP 数据核字（2013）第 080425 号

机械工业出版社（北京市百万庄大街22号　邮政编码100037）
策划编辑：姜　凤　责任编辑：姜　凤　李　乐　张金奎
版式设计：潘　蕊　责任校对：张　媛
责任印制：邰　敏
北京富资园科技发展有限公司印刷
2023 年 4 月第 1 版第 8 次印刷
169mm×239mm · 17.25 印张 · 353 千字
标准书号：ISBN 978-7-111-42241-9
定价：29.00 元

电话服务

客服电话：010-88361066
　　　　　010-88379833
　　　　　010-68326294

封底无防伪标均为盗版

网络服务

机　工　官　网：www.cmpbook.com
机　工　官　博：weibo.com/cmp1952
金　书　网：www.golden-book.com
机工教育服务网：www.cmpedu.com

前　　言

我国近代力学的奠基人、航天技术的开创者钱学森先生在回顾了20世纪初到20世纪中叶科学与技术的发展历程，特别是总结了航空、核能和雷达等新技术的研制经验后提出了工程科学思想。他指出，除了自然科学外已形成了工程科学（又称技术科学），在力学领域内除了经典理论力学外已形成了应用力学。到1982年他更着重指出，"力学发展到现在，主要是应用力学"。2011年在纪念钱学森先生诞辰100周年的中国力学大会上，力学界达成共识：我国的力学今后应主要沿着工程科学的道路发展，重点是发展应用力学。但是这一共识在高校目前的力学基础课程中还未得到充分体现，编写本书是用工程科学思想和应用力学方法论指导流体力学教学改革的一次尝试。

一、指导思想

1. 树立科学观念，夯实理论基础

按工程科学的观点，"人类的技术革命已开始从过去的'工匠革命'阶段进入到'科学家革命'时代"，即"任何重大新技术的出现已不再来源于单纯经验性的发明，而来源于由工程需求推动的科学理论与实验相结合的基础性研究"（参见绪论A1.2）。科研人员、技术研发人员和工程师们应认识新时代的特点，树立工程科学的观念，努力掌握较宽厚的基础理论知识。基于这种观念，本书设立了阐述钱学森工程科学思想的"绪论篇"和归纳流体力学基础知识的"基础篇"。

2. 学习科学方法，加强能力培养

钱学森先生总结的应用力学方法本质上就是问题导向型研究方法。该方法是从工程中提炼关键性问题，建立物理和数学模型，模型的求解经过实验检验，最后将结果应用于工程实践（参见绪论A1.3）。本书设立的"问题导向篇"从还原历史的角度介绍了跨多个专业的典型案例，剖析了每个案例是如何运用应用力学方法研究和解决问题的。通过对这些案例的学习，除掌握必要的专业知识外，更着重于领会应用力学方法的精髓，提高认识和解决问题的能力。

3. 提供共同语言，弘扬协作精神

大量事实证明，当今重大工程技术成果的取得离不开三类人员的密切配合和团队协作：一类是对关键问题进行建模、求解和分析的工程科学家；另一类是将新概念和新方法应用于设计和工艺改革之中的科学工程师；第三类是组织新产品制造的工艺工程师。三类人员为了相互沟通，需要具有共同的理念，运用共同的语言，熟悉相关术语和符号。本书为三类人员提供相互交流的共同语言。前两类人员需要较完整地学习本书的全部或大部分内容，后一类人员可学习其中部分内容或将其作为必备的参考书。

二、内容编排

在以上思想的指导下，本书在以下几方面作了探索和改进：

1. 关于书名

早在建立应用力学学科之前就有工程力学的提法。例如，在1890年德国慕尼黑工业大学就开设工程力学课程，出版工程力学教材。在我国工程力学作为一个学科是20世纪50年代钱学森先生回国后创立的。按钱学森先生的说法，近代力学主要是应用力学，又称为工程力学，它应包含一般力学、固体力学和流体力学三大分支。国内将为工程专业开设的流体力学课程称为"工程流体力学。"本书冠名为"工程流体力学"则体现以工程科学思想为宗旨；同时为了强调应用力学方法，而该方法本质上是问题导向型研究方法，因此将"问题导向型"列为副标题。

2. 结构编排

全书内容按枝状开放式结构编排，分为四个层次，分别对应于篇、章、节和知识点。

第一层次用字母A、B、C、D、E编号，分别为绪论篇、基础篇、问题导向篇、专题篇和附录。绪论篇阐述流体力学工程科学思想及其形成过程，介绍应用力学的研究方法。后三篇分别按教育部对工程流体力学课程基础部分和专题部分的基本要求，结合本书的特点编排。基础篇包含了为建立物理和数学模型及分析求解所必需具备的流体力学基础知识。问题导向篇以7个工程问题为导向，介绍如何运用应用力学方法研究和解决这些问题。专题篇包含流体传质、泵与风机两个专题。附录包括常用数据表、单位换算表、习题答案等。

后三个层次用英文字母加数字编号并排序。例如，B篇中B1相当于章，B1.1相当于节，B1.1.1相当于知识点。公式、插图和表格在节内排序，如（B1.3.1）、（B1.3.2）等表示属于B1.3。例题在知识点内排序，如例B2.3.1A、例B2.3.1B等表示属于B2.3.1内的例题。例题插图与例题同号并加字母E，如BE2.3.1A、例BE2.3.1B等。习题以节名标号排序并加字母P，如BP1.3.1、BP1.3.2等表示属于B1.3节内的练习题，以便于学生自主选择。补充新的例题和习题均不打乱其他知识点例题和其他节习题的排序。

3. 核心内容

问题导向篇是本书的核心内容。按机械、环境、土木、农业工程等工程类专业的基本要求共设7章，相当于7个案例。每个案例以某个专业领域中的一个或多个关键工程问题为导向，例如

C1 管道流：如何计算圆管湍流阻力？

C2 缝隙流：滑动轴承的油膜如何产生向上托力？

C3 可压缩流：如何获得超声速气流？

C4 平板绕流：平板绕流摩擦阻力如何形成和计算？

C5 钝体绕流：如何解答达朗贝尔之谜？

C6 明渠流：明渠流与圆管流有何差别？

C7 渗流：如何分析多孔介质中的流动？

每章按应用力学的研究步骤，即提出问题、实验与观察、建模、求解与分析、实验验证、应用的次序对内容进行了重新编排和梳理。在介绍每个问题时尽量追溯其源头，还原其历史本来面貌，让读者了解研究和解决这个问题的全过程。其中有些内容是首次写入教科书内：

在 C1 中介绍了英国的科尔布鲁克关于管道湍流粗糙过渡区的阻力实验，由此导出了管道湍流的普适阻力公式；在"管路的工程计算"中归纳了工程上常用的阻力计算方法。

在 C3 中介绍了瑞士的斯托多拉对发展拉伐尔喷管和超声速研究所作的贡献。

在 C6 中不仅介绍了达西和巴赞在法国第戎市附近的明渠模型中所做的经典性实验；还介绍了美国的柯尔根用普朗特的方法推导二维明渠普适速度分布和阻力公式，也介绍了明渠穆迪图及其在人工明渠中的应用等。

在 C7 中总结了达西在管道流、明渠流和渗流研究中的贡献等。

运用应用力学的观点对每个案例进行了小结。

4. 参考文献

参考文献分两类：统管全书的参考文献列于附录后，依次用数字 [1]、[2] 等排序；在问题导向篇每章后附有与本章内容有关的参考文献，依次用章号加数字排序，如 [C1–1]，[C1–2] 等。后者尽量选择原始文献，以便于读者查阅。

三、几点说明

（1）国内许多流体力学教材将层流和湍流称为"流态"（在台湾称"流况"），将明渠流中的缓流、急流和临界流也称为"流态"。为了避免混淆，作者查阅了国外英文教材。几本权威性英文教材将层流和湍流归于 regimes，本书译为"流型"；将明渠流中的缓流、急流和临界流称为 states，本书译为"流态"。

（2）对首次出现的重要外国人名均列出英文名称和相关年份，并对中文译名进行重新校核。中文译名采用《英语姓名译名手册》（第 4 版，商务印书馆，2009）中的名称。如：Keulegan 译为柯尔根（有的书译为科尔干或考尔根），Hazen & Williams 译为海曾-威廉斯（有的书译为海澄-威廉）等。

（3）如何称呼所有量纲指数都等于零的量，至今仍是一个有争议的问题。国标 GB3101—1993 指出"所有量纲指数都等于零的量往往称为无量纲量"，也称为"量纲为 1 的量"。本书采用"无量纲量"的提法。

（4）本书物理参数的拉丁字母和希腊字母列于主要符号表中，主要依据是国标 GB3101—1993。原则上平均值用大写字母表示（如平均速度 V，流量 Q 等），分布量用小写字母表示（如速度分量 u，v，w，明渠单位宽度的流量 q 等）。为了便于阅读国外文献，一些参数的英文符号尽量选用国外文献通用的符号。

（5）本书的使用对象是工程类专业的本科生，如机械、环境、土木、农业工程、工程力学及相关专业的学生。全书分为上、下两册。机械类学生可只使用上册，环境、土木、农业工程和工程力学类学生需要用上、下册。本书也可供其他专业的教师、学生和工程技术人员参考。

何友声院士看了本书初稿，提出了一些重要的建议和修改意见。复旦大学的许世雄教授担任本书的主审，提出了许多有价值的意见和建议，对提高本书质量很有帮助。华北水利水电大学的李国庆教授审阅了"明渠流动及其二维模型"，提出了详细的修改意见。在此一并表示衷心的感谢。还要感谢博士生董杰绘制了部分图表。最后要感谢家人对作者的支持和鼓励。

因作者水平有限，书中难免存在不当和谬误之处，敬请专家与读者不吝指出，帮助作者及时修正。

丁祖荣

2013 年 4 月于上海交通大学

主要符号表

1. 拉丁字母

A	面积
a	加速度；半径
B	任意物理量
B^*	无量纲量，临界值；$\bar{B}$ 时均值
b	宽度，厚度
C	常数，系数，形心
C_f	摩擦系数；C_p 压强系数；C_D 阻力系数
CS	控制面
CV	控制体
c	声速；比热容；翼弦
c_V	比定容热容；c_p 比定压热容
D	直径；压强中心
d	直径
d_h	水力直径
E	弹性模量；能量
e	单位质量流体的内能（比内能）；压强中心纵向偏心距；$e_r\,e_\theta\,e_z$ 柱坐标系三个正交单位矢量
F	力
F_b	体积力，浮力；F_s 表面力；F_D 阻力；F_L 升力
f	单位质量流体的体积力；压强中心横向偏心距
f_g	单位质量流体的重力
G	比压降；切变模量；重心
g	重力加速度
H	高度，深度；总水头
h	高度，淹深；水头；单位质量流体的焓（比焓）
h_L	水头损失；h_f 沿程损失；h_m 局部损失；h_0 总比焓
I	面积二次矩（惯性矩）
i	虚数单位
$\boldsymbol{i}\ \boldsymbol{j}\ \boldsymbol{k}$	直角坐标系三个正交单位矢量
J	水力坡度
K	体积模量；局部损失因子
k	热导率；比例系数

L	长度；动量矩
L	长度量纲
l	长度，混合长度
M	质量量纲
M	力矩
Ma	马赫数
m	质量
$\dot{m}$	质量流量
N	牛[顿]
N_{sys}	系统广延量
n	平面法向单位；转速；曼宁粗糙系数；孔隙率
P	应力张量；湿周
p	压强，表面应力；动量
p_{ab}	绝对压强；p_g 表压强；p_v 真空压强；p_{atm} 大气压强
p_∞	无穷远压强；p_b 背景压强；p_0 总压强
Q	体积流量；热量
q	明渠单宽流量
R	半径；水力半径；气体常数
r	半径
r_ξ	回转半径；r θ z 柱坐标系三个坐标量
SG	相对密度
s	流线；单位质量流体的熵（比熵）
T	时间量纲
T	周期；温度；转矩
T_s	轴矩；T_0 总温
t	时间
U	均流速度，牵连速度
u v w	直角坐标系三个速度分量
u_m	轴线速度，最大速度；u'，v' 速度脉动值；u_* 壁面摩擦速度
V	平均速度
V_r	相对速度；V_∞ 无穷远速度
v	速度
v_ρ v_φ v_z	柱坐标系三个速度分量
W	功；重量瓦（功率单位瓦特的国际符号）
$\dot{W}$	功率；$\dot{W}_s$ 轴功率

$\dot{w}$ 单位质量流体单位时间所做功，即比功率

w_s 单位质量流体的轴功，即比轴功

2. 希腊字母

α 角度，马赫角；动能修正因子

β 角度；温度系数；动量修正因子

Γ 速度环量

γ 角度；比热比

$\dot{\gamma}$ 角变形率

δ 微分符号

δ 角度；边界层厚度

δ^* 边界层位移厚度

ε 线应变率；粗糙度；收缩比

η 分布函数；效率

Θ 温度量纲

θ 角度；边界层动量厚度

λ 达西摩擦因子；波长

μ （动力）粘度

ν 运动粘度

$\xi\ \eta\ \zeta$ 辅助坐标系三个坐标量

Π 相似准则数

ρ 密度

τ 切应力；体积

τ_w 壁面切应力；τ_p 压力体

φ 速度势函数

ψ 流函数

Ω 涡量

ω 角速度，角频率

3. 其他

∇ 哈密顿算子

∇^2 拉普拉斯算子

$\dfrac{D}{Dt}$ 随体导数欧拉算子

dim   量纲符号

目　　录

C　问题导向篇

E 附 录

A 绪 论 篇

A1.1 对流体运动的认识

人类虽然生活在空气和水的环境中，对流体运动的认识却非常贫乏。在作者编著的普通高等教育"十五"国家级规划教材《流体力学》上册的绪论篇中曾举了三个例子来说明人们对流动现象的困惑：要高尔夫球飞得远其表面应光滑还是粗糙？汽车阻力来自前部还是后部？机翼升力来自下部还是上部？为了进一步说明这个问题，下面再举三个来自日常生活又具有工程意义的例子。

1. 吹乒乓球：是推力还是吸力？

中学物理教师向学生演示漏斗吹乒乓球的实验。图 A1.1.1a 所示一倒置的漏斗，漏斗的小头带一段圆管。教师将一只乒乓球塞进漏斗底部后问：怎样使乒乓球吸在漏斗底部不掉下来？学生答：从圆管口吸气。教师再问：向里吹气如何？学生答：乒乓球被吹掉。教师先用手托住乒乓球后向里连续吹气，同时把手撤掉，结果乒乓球没有被吹走，反而被吸在漏斗底部；而且吹得越猛，吸得越牢。按常识分析，要使乒乓球吸在漏斗底部必须满足吸力条件：球的前部（圆管一侧）为低压，球的后部（漏斗大口一侧）为高压。吸气时显然满足这个条件。吹气时明明在球的前部产生了推力，为什么也能满足吸力条件？球前部的低压是如何产生的？这里不仅涉及流体的易变形性（参见 B1.2），还涉及流体在流过狭缝时会产生吸力的原理（参见 B4.2）。流动产生吸力的原理在工程上有许多应用，虹吸管的水流自动将低处的水吸到高处就是一例，飞机机翼在航行中产生升力也是根据相同原理。

撤掉漏斗，用一根皮管喷出的气流向上对着圆球，可让圆球稳定地悬浮在空中，圆球自身不断旋转，如图A1.1.1b所示。随着气流流速的增减，圆球的悬浮

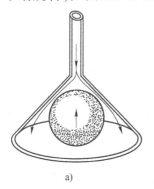
a)

b)

图　A1.1.1

高度随之增减，直至气流倾斜角增大到一定角度后圆球才落下。该实验的流体力学原理与漏斗吹乒乓球的原理有所不同（参见 C4.4）。

2. 水管出流：水柱凝聚还是发散？

图 A1.1.2a、b 所示为从同一水平水管口中流出的不同流量的水柱照片，要求比较两幅照片的差别并找出原因。两幅照片的第一个差别是：图 A1.1.2a 中的水柱喷射较近，图 A1.1.2b 中的水柱喷射较远。几乎所有人都能按常识判断：图 A1.1.2b 中的流量比图 A1.1.2a 中的大，因此水柱喷射得较远。两幅照片的第二个差别是：图 A1.1.2a 中的水柱呈发散状，图 A1.1.2b 中的水柱呈凝聚状。估计大多数人不能立即回答其中的原因。其实引起水柱形状不同的根本原因是管内的流动形态不同。虽然凭肉眼看不见管内的流型，但根据流体力学知识能判别管内的流型并描绘出截面上不同的速度剖面（参见 B4.4）。在管道流动的工程设计和计算中判别管内的流型非常重要，它直接影响到流体在管道里输运的阻力和能量损失（参见 C1.4）。

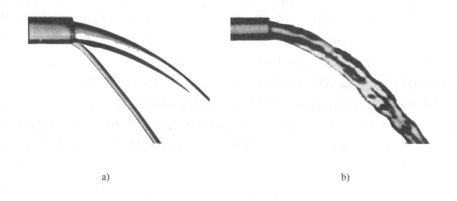

a)   b)

图　A1.1.2

3. 花茎迎风：前后摆还是左右摆？

如图 A1.1.3a 所示，一根直立的花茎在风持续不断地吹拂下将如何动作？人们会不假思索地回答：花茎将迎风前后摇摆。仔细观察后会发现，在风速不变的条件下花茎并不作前后摇摆，却作左右摇摆；摇摆的频率随风速改变，风速越大频率越高。为了定量观察这个现象，在实验室的长矩形水槽里做模拟实验：将一节短圆柱体垂直安装在固定于水槽底面的柔性连接件上，让一股平行于水槽侧壁的、没有任何波动的水流绕圆柱体流动。可以看到圆柱体绕底部柔性节点作与水流方向垂直的往复摆动，下游出现交替间隔的涡旋，如图 A1.1.3b 所示。通过测量可归纳出圆柱体摆动频率随水流速度变化的规律。要解释流体绕钝形物体（如花茎、圆柱体）流动时在垂直流速方向对物体产生周期性交变力的原理，比前面两个例子的原理更复杂一些（参见 C4.4.3）。

a)

b)

图　A1.1.3

在工程上类似的现象有很多。例如，超高层建筑在大风中也会产生横向摇摆，如纽约的帝国大厦在大风盛行的季节里，左右摇摆的振幅可达 1m 左右。为减小超高层建筑物横向摇摆对建筑物安全造成的影响，设计师采纳了流体力学家的建议，已采取多种措施来有效降低摇摆幅度。基于相同的原理，美国华盛顿州的中心跨距为 853m 的塔科马峡谷悬索桥在 1940 年的一场 8 级大风中，桥的跨向钢梁产生上下方向的大幅度振荡直至断裂，导致大桥垮塌。据统计，在揭开其中的流体力学原理并采取防止措施之前已经有 10 多座悬索桥按同样的方式被毁坏。

人们之所以不能凭直觉认识流体运动规律，首要原因是人们普遍缺乏对流体运动现象的感性认识：①人们用肉眼难以观察到真实的流动图像。因为空气看不见摸不着，水是无色透明的且被容器或管道包围着。②即使能看到部分流动形态，由于变化太快，肉眼也无法辨认。实际上，即使能辨认流动形态或测量某些参数，也不能弄清其中的原因。例如在上面所举的三例中，用流体测压计能测量例 1 中放在漏斗底部的乒乓球前后的压力，用流量计能测量并比较例 2 中两种水柱相应的流量，用流动显示技术能看到例 3 中流体绕钝体流动时钝体周围的流动图像，但如果缺乏必要的流体力学知识仍然无法解释"为什么"。

识别流动图像只是认识的第一步，真正揭开流动现象背后隐藏的规律和原因需要进行系统的科学研究。长期与流体搏击的鸟类和鱼类天生训练出运用这些规律的本领，具有高度智慧的人类为了揭开流动的奥妙建立了流体力学学科。

A1.2　流体力学从经典到近代的发展

A1.2.1　经典流体力学时期

从远古时期起人类就与流体打交道。在公元前人们从实践中已获得了有关流体流动的经验性知识，例如中国人修建了都江堰水利工程，罗马人建立了城市供排水系统，阿基米德通过实验和推理发现了静力学的浮力定律。到 18 世纪中期，由于牛顿力学定律和微积分方法的建立，流体力学与经典物理学和数学一起进入理性发展阶段。以伯努利、欧拉为代表的一批科学家建立了反映流体运动基本规律的经典方程，奠定了流体力学学科基础。

由于流体运动的复杂性和人类认知的局限性，早期流体力学学科的发展经历了一段曲折的过程。早在17世纪末期牛顿就提出了实际流体的内摩擦概念，并得到了实验验证。到18世纪中期纳维和斯托克斯建立了描述粘性流体运动的方程（N-S方程）。但是当时还没有能力求解N-S方程，因此无法从理论上来研究实际流体的运动规律。以欧拉为代表的早期自然科学家只好把研究重点转向一个理想的流体模型——无粘性流体。在近150年的漫长历史时期，无粘性流体一直是理论流体力学的主角。用伯努利方程、欧拉方程、平面和空间势流等理论在分析和计算流体的速度和压强转换、流体元的变形和旋转、波浪运动、机翼升力等问题中取得了很大成功，但在计算物体在流体中的运动阻力时得出阻力为零的违背常识的结果（参见C5.1），对管道流动阻力和河道水力损失等常规工程问题也无能为力。此阶段的理论流体力学学科着眼于对假想模型的纯理论研究，脱离了工程实际，被工程师们称为"学院式理论"。

为了满足河道和管道工程设计的需要，以谢齐和达西为代表的工程师们用实验方法系统地研究了影响河道和管道流动阻力的各种因素，并结合部分物理原理分别归纳总结出有实用价值的经验性公式：谢齐-曼宁公式和达西公式，奠定了水力学和实验流体力学的基础。这些经验性公式虽然可以解决某些具体的工程问题，但由于缺乏普适性，因此还不能从根本上揭示流体运动的基本规律。

通常把17世纪下半叶（牛顿提出粘性流体内摩擦假说）到19世纪末的流体力学归为经典流体力学阶段。此时的流体力学学科虽已形成了初步的理论体系，但分成了理论流体力学和水力学两个并行发展的分支。有人戏称当时的情况是，"水力学工程师观察着不能解释的现象，数学家解释着观察不到的现象"。这种理论与实际互相脱节的状况严重限制了流体力学的发展，直至20世纪初才得以改观。

A1.2.2　近代流体力学时期

通常把20世纪初到20世纪60年代称为近代流体力学时期（现代时期以电子计算机的应用为标志），其影响一直延续到今天。在流体力学发展史上这是一个非常重要的阶段。

19世纪下半叶，欧洲的学院式研究风气弥漫整个学术界，工程技术发展缓慢，经济长期萧条。德意志帝国的企业家和工程师们对大学与技术界严重疏远的状况强烈不满，要求大学介入工业领域，在提高生产效率方面发挥主导作用。此时，大洋彼岸的美国已经开始尝试将科学与技术结合起来并显示出强大的生命力。其主要标志是将由法拉第开创的、由麦克斯韦建立的、由赫兹验证的电磁场理论通过实验室研究转化为技术，发明制造了发电机和电动机并广泛推广应用于各工业部门，取得了巨大效益。这个所谓的"电气时代"后来被称为第二次工业革命。在这种背景下，德意志哥廷根大学著名数学家费利克斯·克莱因于 1893 年赴美国参观芝加哥世界博览会并考察了美国的大学。他亲身体验了第二次工业革命浪潮的冲击，看到了"人类的技术革命已开始从过去的'工匠革命'阶段进入到'科学家革命'的新时代"。他敏锐地意识到任何重大新技术的出现已不再来源于单纯经验性的发明，而来源于长期的科学理论与实验相结合的基础性研究。回哥廷根大学后，克莱因竭力主张突破"纯科学与各种实际运用之间的界线"，走"一条理论与实践相结合的道路"。在他的积极推动下，哥廷根大学的研究和教学体制发生了重大变革，1904 年成立了应用力学系，克莱因亲自挑选学工程出身的年仅 29 岁的路德维希·普朗特担任系主任。此后，在普朗特的领导下逐渐形成了以"理论与实践、研究与应用相结合"为特色的哥廷根力学学派，对"航空时代"的到来起了巨大的推动作用。

按钱学森的观点，科学除了传统的自然科学外还应包括工程科学。自然科学的目的是揭示整个自然界的基本规律，属于纯基础研究层次；工程科学的目的是揭示工程技术领域的基本规律，属于应用性基础研究层次。相应地，力学也分为理论力学和应用力学两大类。理论力学为了揭示普适的力学规律，需要把研究对象限制在理想的条件下，由于过分地简化使它的分析结果往往失去了真实性。20 世纪以前的理论流体力学就属于此类。理论力学分析的工具过分依赖于数学，因此又称为数学力学。应用力学以各学科分支（包括工程技术领域）中的具体力学问题为研究对象，遵循"从实际中来，到实际中去"的原则，创造了一套行之有效的新研究方法，得到的成果能应用于解决实际问题；同时在研究过程中也发现和揭示出新的普遍规律，推动自然科学的发展。

钱学森认为只有当自然科学成熟到一定程度，其成果才有可能被广泛应用；而当工程技术发展到一定程度，需要有科学的支撑才能取得突破性进展。20 世纪初，属于工程科学范畴的应用力学的出现就是社会发展到一定程度的产物。他认为1910—1960 这 50 年是创建应用力学并取得辉煌成就的阶段，以普朗特为首的哥廷根学派是应用力学的核心和代表。20 世纪初，普朗特根据物理直觉和实验观察，抓住了边界层分离现象的物理本质，提出了边界层概念。他突破常规的数学思维，用应用力学的方法把当时还不能求解的粘性流体运动方程（N-S 方程）简化为边界层方程，建立了著名的边界层理论。1904 年，普朗特在国际数学年会上发表了题为"具有很小摩擦的流体运动"的著名论文。该论文在当时几乎受到数学家们的一致质疑，唯独得到克莱因的肯定，普朗特因此在哥廷根大学得到重用。边界层理论解决了长期以来困扰流体力学界的固壁绕流阻力问题，连同稍后创立的机翼升力线理论，直接导致了飞机性能的重大突破，使人类的航空事业足足提前了半个世纪。边界层理论的建立及其在飞机设计中获得应用是哥廷根力学学派大量创新成果中最具有代表性的成功范例，它标志着经典流体力学阶段的结束，新的近代流体力学阶段的开始。

在哥廷根学派中，如果说普朗特是近代流体力学的第一代的代表，那么第二代的代表就是普朗特的学生、著名流体力学家冯·卡门。在20世纪30年代冯·卡门移居美国，把哥廷根学派的思想也带到了美国，并将其传授给他的学生钱学森等。作为第三代的代表之一，钱学森在20世纪50年代又将哥廷根学派的精髓带到了中国。回国后，为了确立力学为工程技术服务的发展方向，强调力学与工程技术结合的迫切性，钱学森将应用力学同时称为工程力学。各工科大学相继成立了工程力学系。钱学森等亲自开办工程力学研究班，培养和组织精兵强将把应用力学的理论和方法推广到航空、航天、动力、水利等重要工程技术部门，在推动国民经济快速前进的同时发展壮大了中国的应用力学队伍。

A1.2.3　近代流体力学的技术成就

钱学森在20世纪80年代说过，"力学发展到现在，主要是应用力学"。在20世纪，伴随着应用力学的建立和发展，人类在航空航天、汽车船舶、能源动力、土木建筑、水利工程等重要工业领域取得的技术成就远远超过以前整个人类文明史的总和，令人惊叹。这里面包含了应用力学中的分支——近代流体力学所作的贡献，例如：

由于空气动力学和喷气发动机技术的发展，人类已研制出5倍声速的战斗机；让重量超过300t、面积达半个足球场的大型民航客机靠空气动力作用，像鸟一样飞行成为可能，创造了人类技术史上的奇迹。

利用超高速气体动力学、物理化学流体力学和稀薄气体力学的研究成果，人类研制成功了航天飞机，建立了太空站，实现了人类登月的梦想。

单价超过10亿美元、能抵抗大风浪的海上采油平台，排水量达50万t以上超大型船舶，航速达30kts（节）、深潜达数百米的核动力潜艇，时速达200km的新型地效船等，它们的设计都建立在水动力学、船舶流体力学的基础之上。

运用流体力学原理不断改进汽车、火车外形，使现代交通工具的气动阻力比发明初期足足降低了80%，创造了全球规模的庞大汽车工业和高技术的F1赛车运动奇迹。

用翼栅及高温、化学、多相流动理论设计制造成功大型汽轮机、水轮机、涡喷发动机等动力机械，为人类提供单机可达百万千瓦的强大动力。

大型水利工程、超高层建筑、大跨度桥梁的设计和建造都离不开现代水力学和风工程。

气象预报，洪水、飓风、泥石流等灾害预报和控制，研究人类生存环境、工农业污染物排放和控制、地球生态问题等离不开环境流体力学。

化工、冶金、动力、机械等工业部门的流体传输系统、反应器、燃烧室等装置和流水线的设计、降低能耗和提高效率等离不开工业流体力学等。

必须指出，流体力学是和天文学、数学同时诞生的经典学科，流体力学的基本理论基础早在三百多年前就已建立，为什么仅在最近的一个世纪内以开创"航空时代"为标志，将老的、新的流体力学理论成功地应用于工程技术各个领域，让整个世界改变了面貌？以普朗特为代表的应用力学家提出了新的科学理念，并发展了独特的研究方法是一个重要原因。

A1.3　应用力学的研究方法

钱学森认为，从 20 世纪初起人类的知识已分为三个领域：自然科学（或基础科学）、工程科学（或技术科学）和工程技术。工程科学一头连着自然科学，另一头连着工程技术，但不是将二者简单叠加，而是将其化合或创造性地结合。如果将从事自然科学工作的专家称为自然科学家，那么从事工程科学工作的专家可称为工程科学家，从事与力学有关的工程科学家又称为应用力学家。应用力学的研究方法就是应用力学家采用的方法。

A1.3.1　应用力学研究步骤

根据钱学森历次报告的内容可将应用力学的研究步骤归纳如下：

1. 掌握理论知识和分析方法

为了将自然科学知识应用于工程技术，工程科学家首先需要掌握自然科学知识，这一点与自然科学家没有什么两样。工程科学家应比较深入地、透彻地掌握本学科的基础理论知识。从事流体力学工作的技术科学家对流体运动的认识不能只限于水力学，他必须学习流体力学的原理，知道什么原则是可行的，什么原则是不可行的。例如，无粘性流体模型在分析机翼升力时是可行的，但在研究机翼阻力时是不可行的。工程科学家还应比较全面地、熟练地掌握本专业的理论分析方法，即数学工具，根据需要灵活运用不同的数学分析方法。

2. 熟悉工程技术问题

为了将自然科学知识应用于工程技术，工程科学家必须熟悉工程技术问题，这一点与自然科学家不同。对工程科学家来说，熟悉工程技术问题是必不可少的基本功。为了真正认识要研究的工程技术问题，首先要亲自到现场作认真观察，与工程技术人员进行深入讨论，取得可靠的第一手资料。然后再作进一步调查，收集与此相关的其他资料，必要时进行机理性的实验。最后把所有资料经浓缩后深深印入脑中。例如，普朗特取得博士学位后到一家机械厂工作（1900），在改进吸木屑的扩张器时观察到壁面分离现象，在脑中形成了强烈的疑问。后来他到汉诺威大学任教时自制水槽继续观察，获得了丰富的感性认识，为提出边界层理论奠定了物理基础。

3. 建立物理和数学模型

工程科学家在对收集的资料和信息经过深思熟虑后将迸发出新思想的火

花。例如，普朗特在发现壁面分离现象后，经过 3 年多时间的观察和思考形成了边界层理论。思考的过程是用力学分析的方法"把问题想清楚"的过程，也是建立模型的过程。模型包括物理（力学）和数学模型。物理建模是从众多的影响因素中提取主要因素，忽略次要因素，人为地构建反映工程问题本质特征的"结构图"；数学建模则是用数学方程精确地描述这种物理"结构图"中各参数之间的定量关系。

建模方法包括：①按物理学普适守恒定律建模。②利用已有的基本方程（如N-S方程等）建模；除了直接使用原方程外，也可对原方程进行扩展（如从平面推广至空间、增加新的源项等）或简化（如合理忽略小量项、将非线性方程简化为线性方程等）。③利用量纲分析法建立或检验未知参数的关系式。④用新的观点或方法创建新的模型等。

对应用力学家来说建模是一项创造性的工作，也是全部工作中的核心。在一篇应用力学的论文中建模占的篇幅并不多，却是最关键的部分，为其花费的精力往往也是最多的。建模的优劣决定了全局的成败。

4. 用工程分析方法处理数学问题

建立了数学模型后需要进行数学求解。众所周知，力学方程（如 N-S 方程）很多是非线性的，解析解十分有限，直接用来求解工程实际问题面临难以克服的数学困难。当数学家艰难地试图攻克这些数学难题时，应用力学家另辟蹊径，常常用直接简化基本方程的方法绕开数学难题，成功地解决了工程问题。典型的例子就是普朗特的边界层理论。他分析了边界层的特点，运用小参数和量级比较方法将 N-S 方程中几个小量项删除后简化为边界层方程，作为边界层力学模型的数学方程，并在平板层流边界层流动中求得解析解。这种在物理上合理但在数学上貌似"不严密"的处理方法遭到当时许多纯数学家的排斥，但后来却成为应用力学的典范。作为一种新的数学方法，这个例子也成为新学科"应用数学"的典型例子，后来人们把这种方法称为"应用力学与数学"方法。

数学家在一时无法解得基本方程的解析解时不得不寻求原方程的近似解法和数值解法。与此相比，应用力学方法的优点是：①简化后的方程能获得解析解，因此能满足工程上需要的精度，而原方程的近似解法一般不能控制精度。②用简化方程的解析解能分析现象的物理本质，预计变化的趋势，这正是数值解法的短处。

当然，不能保证简化方程在求解所有的工程问题中都有解析解。应用力学家继续运用力学分析方法来灵活处理各类数学问题，创造出各种新的、有效的解法（如摄动法、有限元法等），从而不断丰富应用数学的内容。

5. 用实验检验理论结果

解出数学解不等于问题的结束。应用力学家强调理论结果的实际有效性，因此必须得到实验和实践的验证。例如，布拉修斯应用普朗特的理论计算出平板层流边界层的摩擦阻力（1908），十多年后才得到实验测量结果的验证（1924），边界层理论才得到工程技术界的认可和应用。检验理论结果的最好方法是根据力学模型精心设计的模拟实验。在模拟实验中排除各种次要因素的影响，突出主要因素的作用，用严格的测量数据验证理论数据，应用力学家必须学习和掌握这种本领。当发现理论结果与实验结果不符时，需要寻找原因。或者是力学模型有缺陷，或者是实验设计不完善，经过修正后再重复前面的过程，直至达到满意的结果为止。

6. 将理论结果应用于工程实践

理论结果得到实验验证还没有结束，还需要得到实践的检验。与理论科学的研究成果以发表论文或著作为目标不同，工程科学的研究成果以获得工程应用为最终目的。为此，应用力学家注意将研究成果表示成便于工程师理解和应用的形式，如表格、曲线图、工程手册和计算程序等。典型的例子是普朗特及其弟子们运用应用力学方法建立了圆管湍流流动阻力公式体系，后来穆迪将这些数学公式组合在一起画成穆迪图，成为工程师在设计或校验管道时得心应手的常用工具。

本书的基础篇包含了为建立物理和数学模型及分析求解所必需的流体力学基础知识，在问题导向篇中将围绕七个工程问题介绍如何按上述研究步骤具体运用应用力学方法。

A1.3.2 技术创新中的三类人员

20世纪以来的人类科学技术史已经证明，工程科学是引领技术创新活动的原动力，通过工程科学研究提出的新概念和新方法推动了工程技术的快速发展。在用工程科学引领的技术创新活动中需要三类人员共同努力：第一类是对工程技术中提炼出来的关键问题进行建模、求解和分析的工程科学家；第二类是主动吸收前者的研究成果，配合工程科学家进行实验验证，努力将新概念和新方法应用于设计和工艺改革之中的工程师，被称为有科学头脑的工程师，简称为科学工程师；第三类是直接组织和监督新产品的制造和生产的产品或工艺工程师。大量事实证明，当今重大工程技术成果的取得都离不开这三类人员的密切配合和团队协作。

虽然工程师们（包括科学和产品工程师）不一定参加从建模开始的全过程，但在团队协作过程中也需要学习和了解应用力学研究方法。工程师们是工程技术中力学现象和问题的原始发现者，应主动提供给应用力学家一起观察和研究。在应用力学家针对关键性问题建立了力学模型后，工程师们应看得懂这个"结构图"，至少应知道这个"结构图"派什么用处。在应用力学家求解了力学模型后，工程师们不应盲目排斥其解析或数值结果，应积极参与验证理论结果的后续过程。他们应成为验证理论结果的模拟实验或现场测试中的骨干力量。当发现理论结果与实验结果有偏差时应协助寻找原因，为修正模型或改进实验提供依据，直至达到满意的结果为止。工程师们应成为将经实验验证后的理论结果应用于工程实践的积极推动者和自觉执行者，并从实践中及时发现问题反馈给应用力学家，共同协商研究作进一步改进。

三类人员为了彼此了解对方的意图、相互沟通、密切合作，需要具有共同的理念，运用共同的方法，掌握共同的语言。在解决工程技术的关键问题，不断创造新的技术成果的过程中，三类人员的协作配合体现了工程科学的强大生命力。

A1.4 单位制

定量地表示物理量的标准基元称为单位 $B^{(i)}$，类别与相应的物理量 B 相同，大小由人为规定。物理量大小可以用相应的单位表示：

$$B = k^{(i)} B^{(i)} \tag{A1.4.1}$$

式中，$k^{(i)}$ 为倍数值，可见单位与物理量之间仅存在数量上的差别。

在建立单位体系时，只要对少数几个彼此独立的物理量规定相应的单位，其他物理量可根据物理关系和定理导出，前者称为基本量（单位），后者称为导出量（单位）。

一般的流体力学问题中基本量有四个：质量 m、长度 l、时间 t 和温度 T。当不涉及热力学变化时仅取前三个。

本书采用国际单位制（SI）。在国际单位制（SI）中取质量（千克）、长度（米）、时间（秒）和热力学温度（开尔文）为基本单位，力的单位（牛顿）是导出单位，详见表 A1.4.1。附录 E1.2 中列出了在国际单位制、物理单位制（CGS）和英制中常用单位的换算表。

表 A1.4.1　常用 SI 制单位

类别	物理量名称	物理量符号	单位名称	单位符号	与基本单位关系式	中文单位
基本单位	长度	l	米	m	m	米
	质量	m	千克	kg	kg	千克
	时间	t	秒	s	s	秒
	热力学温度	T	开［尔文］	K	K	开
辅助单位	平面角	α	弧度	rad		弧度
导出单位	力	F	牛［顿］	N	$kg \cdot m/s^2$	牛
	压强	p	帕［斯卡］	Pa	$kg/(m \cdot s^2)$	帕
	密度	ρ	千克每立方米	kg/m^3	kg/m^3	千克/米³
	［动力］粘度	μ	帕斯卡秒	$Pa \cdot s$	$kg/(m \cdot s)$	帕·秒
	运动粘度	υ	二次方米每秒	m^2/s	m^2/s	米²/秒
	能量	Q	焦［耳］	J	$kg \cdot m^2/s^2$	焦
	功率	$\dot{W}$	瓦［特］	W	$kg \cdot m^2/s^3$	瓦

参 考 文 献

［A1-1］　Hsue-Shen Tsien. Engineering and Engineering Sciences ［J］. C. I. E. forum. Journal of the Chinese Institution of Engineers，1948（6）：1-14；译文：钱学森. 工程和工程科学 ［J］. 力学进展. 2009，39（6）：643-649.

［A1-2］　钱学森. 论技术科学 ［J］. 科学通报. 1957（4）：97-104

［A1-3］　郑哲敏. 工程科学与应用力学（一）［J］. 力学进展 ［J］. 2011，41（6）：639-641.

［A1-4］　郑哲敏. 工程科学与应用力学（二）［J］. 力学进展 ［J］. 2012，42（1）：1-3.

B 基 础 篇

B1 流体基本概念

由于空气看不见摸不着，水流无色透明且常被管道遮挡，人们对流体的感性认识普遍缺乏。因此，首要的任务是从力学的角度建立对流体性质和行为的认识。普朗特（L. Prandtl）曾指出，"只有在对物理本质已经有深入的了解后，才想到数学方程"。有关流体的基本概念包括连续介质模型，流体的易变形性、粘性、热力学特性（如密度、可压缩性）和流体中的作用力等。

B1.1 连续介质模型

B1.1.1 流体的宏观特性

若以单个分子为研究单元，由于分子间存在空隙且分子作随机运动，决定了物理量的不连续性和随机性，称为流体分子的微观特性。分子的微观特性由分子热运动引起，是分子运动论和统计物理研究的内容。流体力学研究流体的宏观特性，研究单元应扩大到包含大量分子的流体团。流体团的特性为所含分子特性的统计平均值。只要分子数 n 足够大（气体约为 $n > 10^6$），统计平均值在时间上是确定的，在空间上是连续的。图 B1.1.1 所示为某瞬时流体团内分子

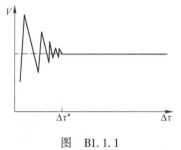

图　B1.1.1

速度的统计平均值曲线（实线）。当所取的体积 $\Delta\tau < \Delta\tau^*$ 时平均速度呈波动状态，当体积达到 $\Delta\tau^*$ 后平均速度为确定值，称此体积 $\Delta\tau^*$ 为临界体积。测量仪器探头测到的物理量就是平均值。以激光测速仪为例，目前测速探头感受的空气体积只有 $\Delta\tau = 10^3\,\mu m^3$，其中包含了 $n = 10^{10}$ 个分子，远远超过了临界体积，测到的是宏观速度值。

流体团的宏观运动规律由外力决定。当外力为零时，流体团处于静止状态，内部的分子的热运动并未停止，只是所有分子的速度矢量和为零而已。当流体团受到外力作用时，宏观速度由零变成有限值。流体力学研究外力与流体宏观运动之间的

关系，至少应以临界体积的流体团为研究单元。

B1.1.2　流体质点与质元

从物理的角度看，以具有临界体积 $\Delta\tau^*$ 的流体微团作为研究单元似乎是合理的。流体微团速度由下式定义

$$V(微团) = \lim_{\Delta\tau\to\Delta\tau^*} \overline{V} \qquad (B1.1.1)$$

按数学建模的要求，取流体微团为研究对象还存在两大缺点：①流体微团具有有限体积，不符合数学上点的要求。②流体微团在运动过程中不能始终保持微小尺度。因为流体具有易变形性，流体微团在受到剪切力作用时将被拉长（甚至可达到无限长）。因此流体微团不符合数学建模的要求。为此提出"流体质点"模型：①流体质点是一个空间点，在某瞬时它代表处于该点邻域的流体微团，下一时刻可能代表另一微团；②流体质点具有瞬时宏观特性：在每一瞬时将以流体质点为中心的周围临界体积范围内流体分子特性的统计平均值作为流体质点的物理量值。按流体质点模型，式(B1.1.1)可改写为

$$V(质点) = \lim_{\Delta\tau\to0} \overline{V} \qquad (B1.1.2)$$

上式代表在图 B1.1.1 中将 $\Delta\tau^*$ 的平均速度线平滑地延长至与纵轴相交，用一段平直线（虚线）代替原来脉动的曲线。可见，流体质点是因数学分析需要而假想的模型。

按运动学和动力学观点，流体质点还不能完全满足流体力学研究的要求。因为单纯以流体质点为研究对象只能反映流体微团的平移运动，不能反映流体微团的变形和旋转运动。为了研究后者，需要取由大量流体质点集合而成但线尺度为微分量级流体单元为研究对象，称为"流体质元"，简称流体元。通常在空间直角坐标系中取以微分线元 dx，dy，dz 为三个边的正六面体为研究单元，称为体积元 $d\tau$，简称体元；在平面直角坐标系中取以微分线元 dx，dy 为两个边的矩形为研究单元，称为面积元 dA，简称面元。

B1.1.3　连续介质模型

引入了流体质点模型后可建立流体的连续介质模型：假设流体是由连续分布的流体质点组成的介质。每个流体质点具有确定的宏观物理量，相邻流体质点的物理量具有连续性。这样该物理量构成了空间连续分布的函数，因此可用数学上连续函数理论来描述流体的物理量分布及其变化。

必须指出，流体质点模型和连续介质模型虽是一种假想的模型，但可以成功地用来描述和分析绝大多数实际流体的运动。如图 B1.1.1 所示，流体质点模型与实际流体的差别在于在 $(0, \Delta\tau^*)$ 区间上用一根直线代替实际的波动曲线，这种偏差并不影响模型的应用价值。因为实际流体的宏观尺度和在流体中运动的物体尺度都

远远大于临界体积 $\Delta\tau^*$ 的尺度，临界体积以下的偏差并不在流体的宏观特性中显现出来。仅在少数问题中，例如，绝对压强低至 4×10^{-5} atm（相当于离地面 75km 以上的高空）的稀薄气体中，$10^3\,\mu m^3$ 空间中分子数少于 10^6 时（统计平均值是不确定的），实际气体与连续介质模型宏观特性的偏差才显现出来。又如，激波的厚度与分子平均自由程相当，激波层内的分子特性有明显表现，也不能作为连续介质模型处理。除此之外的绝大多数工程问题，均可用连续介质模型作理论分析。

B1.2　流体的易变形性

变形性是材料的重要力学性质。相对于不易变形的固体，流体具有极大的变形性，称为流体的易变形性。

B1.2.1　流体易变形性的表现

以下以固体为参照物，列举流体易变形性的表现：

（1）在水面上放置一块平板，如图 B1.2.1 所示。依靠板面与水的粘附作用，当平板拖动时带动水体一起运动（流体元剪切变形，图中虚线随时间增加不断倾斜和拉长）。只要平板不停止运动，水体发生剪切变形也不停止。这就是说液体在受到剪切力（无论多大）持续作用时可发生连续不断的变形，直至剪切力撤销为止。根据这种特性，给流体下的力学定义是：流体不能阻止任何在力

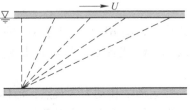

图　B1.2.1

的作用下的变形趋势（体积保持不变）。或者说在剪切力（不论有多小）的作用下，流体发生连续切向变形，直至剪切力停止作用为止。剪切力撤销后已变形的部分不会恢复。

固体受到剪切力作用后发生有限的变形，该变形产生的抵抗力可与外力平衡，并停止变形；当外力撤销后变形部分能恢复或部分恢复。

（2）固体受力后内部的应力由变形量决定，如胡克定律。流体内部的应力与变形量无关，而由流体元的变形速度决定。

固体元的变形用其线尺度和角度的改变量来表示，分别称为线变形和角变形。在材料力学中，将固体元单位长度线段的伸缩量称为线应变（或正应变），用 ε（无量纲）表示；并规定伸长时为正值，缩短时为负值。将一对正交于一点的线元之间的角度改变量称为角应变（或切应变），用 γ（rad，无量纲）表示；并规定减小时为正值，增大时为负值。对线弹性固体元，正应力和切应力分别与固体元的线应变量和角应变量成正比。

流体元的变形用其线尺度和角度随时间的变化率来表示，分别称为线变形速率

和角变形速率。在流体力学中，将流体元单位长度线段在单位时间内的伸缩量称为线应变率，用 ε（单位是 s^{-1}）表示，以伸长率为正。将一对正交于一点的线元之间的角度在单位时间内的改变量称为角变形速率，简称切变率；用 $\dot{\gamma}$（单位是 s^{-1}）表示，以角度减小率为正。流体内部的剪切力与流体元的切变率有关，牛顿将其称为内摩擦（见 B1.3）。对牛顿流体，切应力与流体元的切变率成正比。

（3）当重物压在一立方体金属块上时，压强只沿重力方向传递，垂直于重力方向的压强很小或为零。流体元由于易变形性，受压时压强可向各个方向传递，作用到任何方位的平面上，伯努利将其称为内压强。静止液体内的压强可等值地向各个方向传递，水压机就是按此原理设计；运动流体内的压强将在 B1.6 中讨论。

（4）当一平板在另一平板上作滑动时，因壁面粗糙凸起形成间隙，滑动摩擦力与此间隙有关。当液体流过固体壁面时，液体可渗入固体表面的任何凹槽和缝隙中，在每一点上实现无间隙（分子量级）接触，如图 B1.2.2 所示。

图 B1.2.2

（5）将一根木棒插入一杯静水中搅拌，可以任意改变水中流体元的排列次序，但不影响水的宏观物理性质。将一根钢钎强行插入一块干泥中搅拌，无疑将它的结构彻底破坏。

（6）当流体以较高的速度运动时，内部结构可发生相当复杂的变化。图 B1.2.3 所示为管道内拍摄的湍流结构照片，从图中可看到有很多涡旋结构，这都与流体易变形性有关。固体内部的结构变化相对简单。

图 B1.2.3

B1.2.2 流体易变形的原因

流体的易变形性源于流体分子结构的特殊性。固体分子之间的约束力非常强，单个分子没有自由迁移的余地，只能在平衡位置作微幅振荡。液体分子的结合程度比固体分子稍微松弛一点，仍保持着具有一定体积、难以压缩的特点，但单个液体分子的迁移性发生了巨大改变。分子群组成的"球胞"具有局部有序的特点，但其中的分子却可以自由迁移。每个液体分子在一个球胞内平均逗留时间仅为 10^{-10} s，然后就换一个球胞。另外，在液体中还出现一些"空洞"，也是实现分子位置迁移的条件。英国植物学家布朗（Robert Brown，1826）发现花粉粒子在没有外力作用下发生布朗运动，就是流体分子随机迁移的证据。如果在某一方向施加了切向力，分子便集体沿该方向移动。气体分子间距很大，分子间的约束力几乎没有，因此气体分子可四处扩散，没有固定的形状和体积。但当受到切向力作用时，气体的行为与液体相似。就分子约束程度而言，液体似乎介于固体与气体之间，但就易变形性而言，液体与气体属于同类。

流体的易变形性是流体特有的力学特性，流体的各种力学行为都与它有关。在学习流体的运动学和动力学规律时应时时想到流体的易变形性。把握住这一特点对学习流体力学理论，认识流体现象将大有帮助。

B1.3 流体的粘性

流体的粘性是与易变形性相对的流体特性。易变形性是描述流体流动和变形的能力，粘性则是描述阻止流体流动和变形的能力。

B1.3.1 流体粘性的表现

流体的粘性主要表现在以下两个方面。

1. 流体的内摩擦作用

流体内摩擦的概念最早由牛顿（I. Newton，1687）提出。牛顿在《自然哲学的数学原理》一书中指出，"流体的两部分由于缺乏润滑而引起的阻力（若其他情况一样），同流体两部分彼此分开的速度成正比"（中文版 p391）。这是牛顿通过头脑思辨提出的一种假设。他写道："不过，流体的阻力正比于速度，与其说是物理实际，不如说是数学假设"（中文版，p252）。

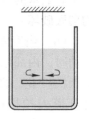

图 B1.3.1

牛顿的内摩擦假设由库仑（C. A. Coulomb，1784）用实验进行了验证。库仑的实验装置如图 B1.3.1 所示：将一根细金属丝的上端固定在上壁中，另一端固定在一块薄圆板的圆心上，薄圆板平吊在液体中。将圆板绕圆心转过一角度后放开，靠金属丝的扭转作用圆板开始往返摆动。圆板的摆动不能持续太久，摆动幅度逐渐衰减直至静止。库仑还在圆板上分别涂蜡和粘贴细砂做同样的实验。他发现在初始条件相同的情况下，衰减时间的长短与圆板的表面状况无关，仅与被测液体的种类有关。库仑认为影响摆动的原因不是圆板与液体之间的相互摩擦，而是液体内部的摩擦。对同种液体同种振荡方式，内摩擦作用相同，衰减时间也相同。不同液体时内摩擦效应不同，衰减时间不同。

由于存在内摩擦，流动较慢的流体层将对邻近流动较快的流体层的运动产生阻力，这种阻力被称为粘性切向力。在开始静止的流域中，局部运动的流体层也是通过内摩擦作用，将粘性切向力一层一层地传递，带动整个流域一起运动。正如牛顿所指出的，流体内摩擦力只存在于具有速度差的两流体层之间。

产生流体内摩擦的微观原因是两流体层间存在分子内聚力和分子动量交换效应。前者主要表现在液体中，后者则以气体为主。液体分子间的平衡距离约为 $d_0 = 10^{-10}$ m，此时分子吸引力和排斥力相互平衡。当两层液体有速度差时，两层分子间的平均距离加大，分子间的吸引力为主导，表现出内聚力。

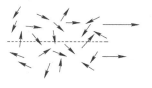

图 B1.3.2

气体分子间的内聚力作用非常微弱，但气体分子的热运动剧烈，流层之间的分子交换频繁。当两层气体分子有速度差时，快速层的分子进入慢速层后，给慢速层增加动量；慢速层的分子进入快速层后，给快速层减少动量，如图 B1.3.2 所示。根据动量定理，系统动量的改变表现为力的作用。将两层之间的分子动量交换效应称为表观切应力。

2. 壁面粘附作用

流体粘性的第二种表现是流体对固体壁面具有粘附作用。如 B1.2.1 所述，流体可以渗入固体表面的凹槽和缝隙中，实现分子量级的接触，分子间的内聚力将流体粘附在壁面上。常把这种现象称为流体在固体壁面的不滑移假设（不易直接验证）。库仑在内摩擦实验中对三种不同粗糙度的圆板测得的摆动衰减时间相同，可看做对不滑移假设的间接验证。

B1.3.2 牛顿粘性定律

为了定量描述流体的粘性行为，设计如下实验。在两块水平放置的、相距 h 的大平板间注入粘性流体。下板固定不动，上板在拉力 F 的作用下以速度 U 向右滑移，如图 B1.3.3 所示。测得 F 与速度 U、平板的面积 A 成正比，与间距 h 成反比，写成等式为

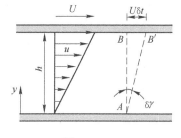

图 B1.3.3

$$F = \mu \frac{AU}{h}$$

式中，μ 为比例系数。改写为切应力形式为

$$\tau = \frac{F}{A} = \mu \frac{U}{h} \qquad (B1.3.1a)$$

从图 B1.3.3 中的速度分布图可看到，由于流体对平板表面的粘附作用，流体速度在下板上面为零，在上板下面为 U，中间为线性分布。U/h 表示单位间距上的速度差，这就是牛顿所说的"两部分彼此分开的速度"。如果取微分间距 $\mathrm{d}y$，两层之间速度差为 $\mathrm{d}u$，粘性切应力为

$$\tau = \mu \frac{\mathrm{d}u}{\mathrm{d}y} \qquad (B1.3.1b)$$

式（B1.3.1a）和式（B1.3.1b）为牛顿内摩擦公式，后来称为牛顿粘性定律。$\mathrm{d}u/\mathrm{d}y$ 称为速度梯度，比例系数 μ 称为粘度。

牛顿内摩擦公式可改写成更一般的形式。考察 δt 时间段内垂直线 AB 变成斜线 AB'，表明以 AB 为一边的流体元发生了角度偏转。设偏转角为 $\delta\gamma$，考察微分间距为 $\mathrm{d}y$ 两层的偏转角时间导数（切变率）为

$$\dot{\gamma} = \frac{\mathrm{d}\gamma}{\mathrm{d}t} = \lim_{\delta t \to 0}\frac{\delta\gamma}{\delta t} = \lim_{\delta t \to 0}\frac{\delta u \delta t / \delta y}{\delta t} = \frac{\mathrm{d}u}{\mathrm{d}y} \qquad (B1.3.2)$$

上式表明流体元的切变率 $\dot{\gamma}$ 即为速度梯度。牛顿内摩擦公式可写成更一般的形式

$$\tau = \mu\dot{\gamma} \qquad (B1.3.3)$$

一般来说，式（B1.3.1）适用于平行流动，式（B1.3.3）适用于任何流动。粘度 μ 的单位是 $\mathrm{Pa \cdot s} = \mathrm{N \cdot s/m^2}$。当 μ 为常数时，流体为牛顿流体，经测定水和空气都是典型的牛顿流体。

1845 年斯托克斯（C. Stokes）将牛顿内摩擦公式（B1.3.3）引入流体运动方程，推导出 N-S 方程（参见 B4.5.2 节）。1859 年哈根巴赫（E. Hagenbach）和纽曼（F. Neuman）在用 N-S 方程求解牛顿流体圆管定常流动中运用了壁面不滑移假设，他们得到的圆管定常层流流量理论公式与由哈根（G. Hagen，1839）和泊肃叶（J. L. Poiseuille，1840）用水所做的实验结果完全吻合（参见 C1.2.2 节），从而验证了两个假设的正确性。因此式（B1.3.1）和式（B1.3.3）被称为牛顿粘性定律，不滑移假设被称为不滑移条件。

式（B1.3.1）和式（B1.3.3）又称为牛顿流体的本构关系，其地位与固体力学中的胡克定律相当。式（B1.3.1）表明牛顿流体的粘性切应力由相邻两层流体之间的速度梯度决定，而不是由速度决定。式（B1.3.3）表明牛顿流体的粘性切应力由流体元的角变形速率决定，而不是由变形量决定。这体现了流体的变形规律与固体存在本质差异。

【例 B1.3.2A】 薄板滑动：牛顿粘性定律（1）

已知：图 BE1.3.2A 所示两块静止的、垂直放置的平行大平板相距 $h = 18\mathrm{mm}$，其间充满粘度 $\mu = 1.0\mathrm{N \cdot s/m^2}$ 的润滑油。一块平行于大平板、面积 $A = 0.5\mathrm{m^2}$ 的刚性薄板在润滑油中以 $V = 0.15\mathrm{m/s}$ 的速度匀速下滑。薄板受到的粘性阻力与横向位置有关。若忽略薄板厚度。

求：（1）薄板位于右 $h/3$ 位置时的粘性阻力 $F_{h/3}$（N）；

（2）薄板的最小阻力位置。

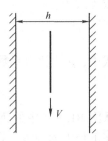

图 BE1.3.2A

解：（1）根据壁面不滑移条件，粘附于薄板两侧的润滑油以与薄板相同的速度 V 运动，而粘附于大平板的润滑油保持静止，中间的润滑油的速度从零到 V 呈线性分布。薄板受到的粘性切应力与速度梯度成正比。薄板位于右

$h/3$ 位置时，由于两侧离大平板的间距不同，粘性切应力也不同，应分别计算。由牛顿粘性定律式（B1.3.1a），得

左侧的切应力 $\quad \tau_1 = \mu \dfrac{V}{2h/3} = （1.0\mathrm{N \cdot s/m^2}）\times \dfrac{0.15\mathrm{m/s}}{2 \times 0.018\mathrm{m}/3} = 12.5\mathrm{N/m^2}$

右侧的切应力 $\quad \tau_2 = \mu \dfrac{V}{h/3} = （1.0\mathrm{N \cdot s/m^2}）\times \dfrac{0.15\mathrm{m/s}}{0.018\mathrm{m}/3} = 25\mathrm{N/m^2}$

薄板的粘性阻力

$$F_{h/3} = （\tau_1 + \tau_2）A = （12.5\mathrm{N/m^2} + 25\mathrm{N/m^2}）\times 0.5\mathrm{m^2}$$
$$= 37.5\mathrm{N/m^2} \times 0.5\mathrm{m^2} = 18.75\mathrm{N}$$

（2）设薄板左侧离大平板的间距为 x，右侧的间距为 $h-x$，由式（B1.3.1a）得左、右两侧的切应力分别为 $\quad \tau_1 = \mu \dfrac{V}{x}$，$\tau_2 = \mu \dfrac{V}{h-x}$ （a）

总的切应力为 $\quad \tau = \tau_1 + \tau_2 = \mu\left(\dfrac{V}{x} + \dfrac{V}{h-x}\right) = \mu V h \dfrac{1}{x（h-x）}$

为求极小值，将总的切应力对 x 求导，并取为零

$$\dfrac{\partial \tau}{\partial x} = \dfrac{\partial}{\partial x}\left[\mu V h \dfrac{1}{x（h-x）}\right] = \dfrac{\mu V h}{x^2（h-x）^2}（-h+2x）= 0$$

由 $-h+2x=0$ 可得 $x=h/2$，即薄板位于正中间时粘性阻力最小，等于

$$F_{h/2} = \mu \dfrac{V}{h/2} \times 2A = （1.0\mathrm{N \cdot s/m^2}）\times \dfrac{0.15\mathrm{m/s}}{0.018\mathrm{m}/2} \times 1\mathrm{m^2} = （16.67\mathrm{N/m^2}）\times 1\mathrm{m^2} = 16.67\mathrm{N}$$

讨论：由式（a）可分析薄板左右移动时两侧切应力的变化。当薄板从正中间位置向左移时，左侧的切应力以与左间距成反比的关系增长，而右侧的切应力的减少相对较小；当左间距趋于零时左侧切应力趋于无限大，右侧切应力则趋于有限值（$\mu V/h = 8.33\mathrm{N/m^2}$）。当薄板从正中间位置向右移时情况类似。

【例 B1.3.2B】 圆管定常流动：牛顿粘性定律（2）

已知：设粘度为 μ 的流体以流量 Q 在半径为 R 的圆管内作定常流动。设轴向坐标为 x，径向坐标为 r，圆管截面上轴向速度为抛物线分布（图 BE1.3.2B）

$$u = \dfrac{2Q}{\pi R^4}（R^2 - r^2）$$

求：圆管截面上的切应力分布 $\tau(r)$。

解：用柱坐标形式的牛顿粘性定律，圆管内的粘性切应力分布可表为

$$\tau = -\mu \dfrac{\mathrm{d}u}{\mathrm{d}r} \qquad （a）$$

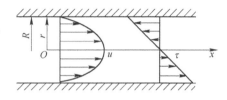

图 BE1.3.2B

式中，负号是因为当径向坐标 r 增加时，速度 u 减小。将速度分布式代入牛顿粘性定律可得

$$\tau = -\mu \left[\frac{2Q}{\pi R^4}(-2r) \right] = \frac{4Q\mu}{\pi R^4}r \qquad\qquad (b)$$

上式表明在圆管截面上，粘性切应力沿径向为线性分布。

讨论： 在式（b）中分别取 $r = R$，$r = 0$，可计算得管壁和管轴上的切应力分别为

$$\tau_w = \frac{4Q\mu}{\pi R^4}r \bigg|_{r=R} = \frac{4Q\mu}{\pi R^3}, \quad \tau_0 = \frac{4Q\mu}{\pi R^4}r \bigg|_{r=0} = 0$$

上述两式说明粘性切应力在管壁上最大，在管轴上为零，这是所有直管道定常流动的共同特点。

B1.3.3 粘度

度量流体粘性的物理量称为粘度。由牛顿粘性定律，即式（B1.3.1）和式（B1.3.3）定义的粘度称为动力粘度或绝对粘度，简称为粘度。

$$\mu = \frac{\tau_{yx}}{\mathrm{d}u/\mathrm{d}y} = \frac{\tau_{yx}}{\dot{\gamma}} \qquad\qquad (B1.3.4)$$

上式表明粘度是产生单位切变率所需要的切应力大小。粘度的量纲为 $ML^{-1}T^{-1}$。在国际单位制中粘度的单位是帕·秒（Pa·s 或 kg/（m·s））；在物理单位制中，粘度的单位是泊（P），是为纪念法国科学家泊肃叶（J. Poiseuille）而命名的，与帕·秒（Pa·s）的关系是 1Pa·s = 10P。

流体的粘度值随温度变化，如液体的粘度随温度升高而减小，气体的粘度则相反。温度对粘度的影响是由流体粘性的微观机制决定的。液体的粘性主要由分子内聚力决定。当温度升高时分子运动幅度增大，分子间平均距离增大，内聚力减小，粘度相应减小。气体的粘度主要由分子动量交换的强度决定。当温度升高时分子运动加剧，动量交换剧烈，表观切应力增大，粘度也相应增大。图 B1.3.4 所示为常用液体和气体的粘度与温度关系曲线，附录 E1 表 E1.1.1 和表

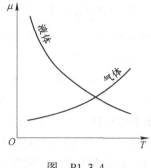

图　B1.3.4

E1.1.2 分别列出了水和空气在不同温度时的粘度。在一般情况下，压强的变化对粘度几乎没有什么影响。

在常温（20℃）和常压（1atm）下，水和空气的粘度分别为

$$\mu_{水} = 1 \times 10^{-3} \mathrm{Pa \cdot s}$$

$$\mu_{空气} = 1.82 \times 10^{-5} \mathrm{Pa \cdot s}$$

这说明在常温下水的粘度约为空气的 55 倍。

在流体力学中常用到动力粘度与密度的比值，称为运动粘度，用 ν 表示

$$\nu = \frac{\mu}{\rho} \qquad\qquad (B1.3.5)$$

运动粘度的量纲是 L^2T^{-1}。在国际单位制中运动粘度的单位是 m^2/s。附录 E1 表 E1.1.1 和表 E1.1.2 分别列出了水和空气在不同温度时的运动粘度。

在常温（20℃）和常压（1atm）下，水和空气的运动粘度分别为

$$\nu_{水} = 1 \times 10^{-6} m^2/s = 0.01 cm^2/s$$

$$\nu_{空气} = 1.51 \times 10^{-5} m^2/s = 0.151 cm^2 s$$

这说明在常温下空气的运动粘度约为水的 15 倍。

常用液体和气体的粘度和运动粘度列于附录 E1 表 E1.1.3 和表 E1.1.4 中。

B1.4 流体的可压缩性

流体的可压缩性是指流体在压力作用下体积发生改变的性质。作用在单位面积上的压力称为压强，用 p 表示，并约定方向指向表面时为正。在流体力学中压强的计示方式将在 B2.1 中讨论。简言之，以绝对真空为基准时称为绝对压强，以大气压强为基准时称为相对压强（表压）。当考虑气体的可压缩性时用前者，否则用后者。压强的单位为 $Pa = N/m^2$。

1. 流体的密度、重度与相对密度

对易变形的流体，通常用密度变化而不是体积变化来描述流体的可压缩性。

（1）密度

质量是描述流体运动惯性的物理量。对易变形的流体，通常用质量密度来表示连续分布的质量。单位体积内的流体质量称为质量密度，简称为密度，用 ρ 表示。密度的单位是 kg/m^3。流体质点的密度定义为将质点周围临界体积内流体的质量除以体积的值赋于质点

$$\rho \ (x, \ y, \ z, \ t) \ = \lim_{\delta\tau \to 0} \frac{\delta m}{\delta \tau} = \frac{dm}{d\tau} \tag{B1.4.1}$$

式中，δm，$\delta \tau$ 分别为质点周围临界体积内流体的质量和体积；ρ 是空间位置和时间的函数。

液体和气体的可压缩性有很大差别。液体的可压缩性很小（参见例 B1.4.1），在常压下一般不考虑其可压缩性。气体的压缩性将在 B1.5.2 中讨论。常用液体和气体的密度列于附录 E1 中表 E1.1.3 和表 E1.1.4 内。

除了压强外，温度对流体的体积和密度也有影响。通常是受热后体积增大、密度减小，称为热膨胀性。测量表明液体的密度受温度变化的影响很小。附录 E1 表 E1.1.1 列出了水的密度随温度的变化值。从 4℃ 升高到时 100℃，水的密度仅减小 4%。若不指明温度时，水的密度取为 $1000kg/m^3$。气体密度与温度的关系将在 C3.4 节中讨论。附录 E1 表 E1.1.2 列出了空气的密度随温度的变化值。在常温下（20℃）空气的密度可取 $\rho_{空气} = 1.2kg/m^3$。

（2）重度

重度为重量密度（Specific Weight），属于工程用语。在描述液体在重力作用下的平衡和运动方程中常出现符号 ρg，即为重度，单位为 N/m^3 或 kg/$(m \cdot s)^2$。本书对重力加速度 g 采用 9.81m/s^2。若不指明温度时，水的重度可取 $\rho g = 9810$N/m^3。

（3）比重和相对密度

比重也是工程用语，是指液体的重度与 4℃ 时水的重度之比值，用 SG（Specific Gravity）表示。当 g 为常值时，可用密度之比值计算比重，称为相对密度

$$SG = \frac{\rho}{\rho_{H_2O} \ (4℃)}$$

水银和酒精的相对密度分别是 13.6 和 0.8，相应的密度分别是 13.6×10^3kg/m^3 和 800kg/m^3。

2. 体积模量与声速

在材料力学中，材料的可压缩性用体积模量 K 来度量，定义为

$$K = -\frac{dp}{d\tau/\tau} \tag{B1.4.2}$$

式中，负号是因为压强增大引起材料体积减小。体积模量越大，说明流体越不容易被压缩。对流体而言，式（B1.4.2）要化为密度形式。设流体团的体积为 τ，密度为 ρ。在运动中质量守恒即 $\rho\tau = $ 常数，微分式为

$$-\frac{d\tau}{\tau} = \frac{d\rho}{\rho}$$

将上式代入式（B1.4.2）可得

$$K = \frac{dp}{d\rho/\rho} \tag{B1.4.3}$$

体积模量的量纲与压强相同，在国际单位制中的单位是 Pa（帕）或 N/m^2。水的体积模量约为 2×10^9Pa，空气的体积模量约为 1.4×10^5Pa。常用液体的体积模量值列于附录 E1 表 E1.1.3 中。

流体中微弱扰动波的传播速度就是声速 c，与体积模量直接有关（参见 C3.2.1）

$$c = \sqrt{\frac{dp}{d\rho}} = \sqrt{\frac{K}{\rho}} \tag{B1.4.4}$$

在流体力学中更习惯用声速 c 来表示流体的可压缩性。声速越大表明流体越不易被压缩，如 20℃ 时水中声速约为 1480m/s，空气中声速约为 340m/s。

3. 气体状态方程

气体密度随着压强和温度的改变发生变化的规律可用状态方程表示。常温常压下空气满足克拉珀龙方程

$$p = R\rho T \tag{B1.4.5}$$

式中，p 为绝对压强；T 为热力学温度（单位为 K）；气体常数 $R = 286.9\mathrm{J/kg \cdot K}$（标准状态）。在等温条件下压强增加一倍，气体体积减少一半，密度增加一倍，因此气体的可压缩性通常比液体大。只有在压强和温度变化都很小的情况下才可以忽略气体的可压缩性。关于气体的其他热力学性质，将在 C3.4 节中再作详细讨论。

为便于计算，国际上约定一标准大气模型。规定在海平面上的大气标准参数为

温度　$T_0 = 288.15\mathrm{K}$（$15^\circ\mathrm{C}$）

压强　$p_0 = 101.33\mathrm{kPa}$（绝对压强）

密度　$\rho_0 = 1.225\mathrm{kg/m}^3$

粘度　$\mu_0 = 1.789 \times 10^{-5}\mathrm{Pa \cdot s}$

海平面以上的温度剖面如图 B1.4.1 所示。

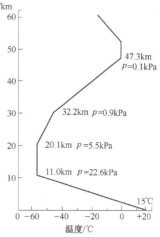

图　B1.4.1

【例 B1.4.1】　海水的密度变化

海水的密度与压强的关系可用如下经验公式表示

$$\frac{p}{p_a} = 3000\left[\left(\frac{\rho}{\rho_a}\right)^7 - 1\right]$$

式中，p_a，ρ_a 为标准状态下的压强和密度。设海平面上海水的密度 $\rho_a = 1030\mathrm{kg/m}^3$，试求在海洋 10km 深处海水的密度 ρ。

解：测量表明海洋 10km 深处的压强与海平面压强之比为 $p/p_a = 997.5$，代入上述经验公式可得

$$\frac{\rho}{\rho_a} = \left(\frac{p/p_a + 3000}{3000}\right)^{1/7} = 1.042$$

因此，海洋 10km 深处海水的密度为

$$\rho = (1030\mathrm{kg/m}^3) \times 1.042 = 1073\mathrm{kg/m}^3$$

讨论：结果表明海洋 10km 深处的压强是海平面上的近 1000 倍，水的密度仅增加 4.2%，因此确实可将水视为不可压缩流体。

B1.5　常用的流体模型

根据应用力学的研究方法，对所研究的实际问题进行理论分析前需要建立物理模型，其中包括流体模型。流体模型是一种假想的流体，这种流体只具有实际流体的某些需要关注的主要性质，而忽略其他次要性质，从而使理论分析大为简化。但应注意，流体模型仅是一种近似模型，在实际应用时不能忽视其合理性和结果的局限性。

B1.5.1 无粘性与粘性流体模型

1. 无粘性流体模型

无粘性流体模型由著名数学家欧拉建立于 1755 年。在 60 多年之前牛顿就指出了流体具有粘性，并建立了牛顿粘性定律，为什么还要建立无粘性流体模型呢？这主要是因为当时还不知道如何将流体的粘性加入到运动方程中去，因此退而求其次，建立了无粘性流体运动方程。直到 1845 年斯托克斯推导出广义牛顿应力公式后才建立了粘性流体运动方程，即 N-S 方程。但是当时求解 N-S 方程的数学工具还没有准备好，因此人们继续研究无粘性流体。在近 150 年的漫长历史时期内，无粘性流体一直是理论流体力学的主角。另一方面，无粘性流体模型也有其可以应用的领域。牛顿粘性定律指出粘性切应力是粘度与速度梯度的乘积，常用的水和空气的粘度都十分小，如果流场中速度梯度也很小，那么粘性切应力确实很小，与其他力（如重力、压力）相比可以忽略不计，符合这个条件的流场实际存在。如在描述边界层以外的平面和空间流场、液面波浪运动等方面，用无粘性流体模型都取得了成功。但无粘性流体理论解决不了河道水头损失和潜体运动阻力等实际问题，曾一度被工程师们视为中看不中用的学院式理论。19 世纪末兰彻斯特（F. Lanchester）用无粘流环量理论成功地解释了机翼升力的机理，20 世纪初普朗特的边界层理论指出在无分离的边界层外无粘性流体理论可提供对实际流体运动的很好近似，肯定了无粘性流体模型的作用，并给无粘性流体动力学的发展注入了新的活力。

2. 粘性流体模型

虽然牛顿很早就提出了流体内摩擦假设，较完整的粘性流体模型应从纳维（L. Navier, 1823）和斯托克斯（G. Stokes, 1845）推导出粘性流体运动方程时才算建立。不过由于数学求解的困难，粘性流体模型没有在工程上获得广泛应用。直到普朗特建立边界层理论后，粘性流体模型在边界层流动中有了用武之地。随着计算机技术和数值方法的迅猛发展，求解各种类型的粘性流体运动问题成为可能。

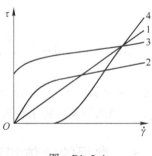

图 B1.5.1

关于粘性流动的研究论文数量呈爆炸性增长，在流体力学理论研究和应用方面粘性流体模型变得越来越重要。

1883 年雷诺发现粘性流体运动存在层流和湍流两种流型，依此可将粘性流体模型分为两大领域。根据切应力与切变率的关系 $\tau(\dot{\gamma})$ 又可将层流分为牛顿流体和非牛顿流体两种模型。图 B1.5.1 所示为几种典型的 τ-$\dot{\gamma}$ 关系曲线（称为流动曲线）。通过原点的斜直线 1 代表牛顿流体，水、空气和大部分轻油属于此类。其余三条曲线代表非牛顿流体。仿照牛顿粘性定律，将非牛顿流体的切应力与切变率比

值称为表观粘度，记为 μ_a，即

$$\mu_a = \frac{\tau}{\dot{\gamma}}$$
(B1.5.1)

表观粘度不是物性参数，而与运动参数有关。在图 B1.5.1 中线 2 是通过原点的下凹曲线，表示 μ_a 随 $\dot{\gamma}$ 增加而减小，称为剪切变稀流体，大多数油漆、纸浆液等具有这种性质。线 3 与纵坐标交于原点上方，表明具有屈服应力。当切应力超过屈服应力时，流体才开始流动。印刷油墨、牙膏等属于此类。线 4 是通过原点的上凹的曲线，表示 μ_a 随 $\dot{\gamma}$ 增加而增大，称为剪切变稠流体，淀粉糊、混凝土液等是这类流体的例子。还有一类流体的表观粘度随切应力作用时间长短而改变，称为时变性（或触变性）流体，应力与切变率、时间都有关，即

$$\tau = f(\dot{\gamma}, t)$$
(B1.5.2)

化工、纺织、石油、建筑、食品工业和生物体内（如血液）的许多流体属于这一类。对非牛顿流体流变行为的研究已超出了本书的范围。

　　自然界和工程中的绝大多数流动属于湍流。由于对湍流的机理还未充分认识，目前还不能建立完整的理论模型。根据工程应用的需要已提出一些有用的半经验半解析的湍流模型，本书将介绍其中有代表性的模型（参见 C1.3.2）。鉴于湍流在理论研究和工程应用上的重要性，建立更多的、更精确的湍流模型是流体力学今后发展的方向，但这方面的内容也超出了本书的范围。

B1.5.2　不可压缩与可压缩流体模型

1. 不可压缩流体模型

　　液体的可压缩性很小。例如当压强增加一个大气压时，水的相对密度变化仅为 0.005%。因此一般情况下液体可按不可压缩流体模型处理。若不特别指明，本书所讨论的不可压缩流体都是均质的，因此 $\rho \equiv$ 常数。

　　气体的可压缩性约是水的 10^4 倍。当气体的可压缩性表现明显时，气体的密度是一个状态参数。问题是气体是否也能按不可压缩流体模型处理？由式（B1.4.3）可得

$$\frac{d\rho}{\rho} = \frac{dp}{K}$$

上式表明气体密度的相对变化率等于压强增量与体积模量之比。虽然气体的体积模量比较小，但如果流场中压强变化更小，那么密度的相对变化率也很小。根据气体动力学理论，当气体在没有热交换的条件下作低速流动时，流场中压强变化很小，密度变化率可以忽略不计。通常以速度与当地声速之比值来判定密度变化率，引入

$$Ma = \frac{v}{c}$$
(B1.5.3)

式中，Ma 称为马赫数；v 为流速；c 为声速。当 $Ma \leqslant 0.3$ 时，气体密度相对变化率小于 5%。常温下空气中的声速为 340m/s，只要空气速度低于 100m/s，就可以将其看做不可压缩流体。普通火车、汽车和早期的飞机均达不到 100m/s（360km/h）的速度，大部分工程管流和一部分动力机械中的流速也不超过这范围。

由此可见，液体和低速流动的气体都可以按不可压缩流体模型处理，不可压缩流体的流动简称为不可压缩流动。

2. 可压缩流体模型

当气体作大马赫数流动（$Ma > 0.3$）时，或流场中压强变化比较大时，或有明显粘性摩擦效应或热交换效应时，要引入可压缩流体模型。其研究的对象包括高速飞行器的外部气流、各类喷管、气体叶轮机械、工厂里压缩空气系统、热交换器、反应器及建筑行业中气泵、气锤、气钻内的流动等。B1.4 中引入的克拉珀龙方程就是一种典型的可压缩流体模型，C3 章将对其进行讨论。

【例 B1.5.2】 低速空气的密度变化

在空气动力学中用近似公式 $\rho/\rho_0 = 1 - 0.5\ (V/c)^2$ 估计空气密度变化，式中 ρ_0 为静止时空气密度，c 为当地声速。设 $V = 100$m/s，$T = (273 + 20)$ K，空气的比热比 $\gamma = 1.4$，$R = 287$m^2/（s$^2 \cdot$ K），试求空气密度变化。

解：当地声速为 $c = \sqrt{\gamma RT} = \sqrt{1.4 \times 287 \times\ (273 + 20)}$ m/s $= 343.1$ m/s

$$\frac{\rho}{\rho_0} = 1 - 0.5 \left(\frac{100\text{m/s}}{343.1\text{m/s}}\right)^2 = 1 - 0.0425 = 0.958$$

结果表明空气以 100m/s 流动时，与静止状态相比密度变化不足 5%。

除了以上流体模型外，本书还涉及一些特定的流体类型，它们分别是：

（1）均质流体：指密度处处相等的流体。

（2）等熵流体（参见 C3.4）：压强与密度满足如下关系的气体

$$p = k\rho^\gamma \qquad\qquad (B1.5.4)$$

式中，γ 为等熵指数，对理想气体（如空气）其值等于比热比；k 为常数。

（3）完全气体（见 C3.4）：指符合克拉珀龙方程（B1.4.5）的气体。

B1.6　流体中的力

按力的空间作用方式，将流体中的力分为长程力和短程力两大类。长程力能穿越空间作用到所有流体元上，如重力、惯性力、电磁力等。这些力的强度仅取决于流体元的局部性质（如密度、加速度、电磁强度等），一般与流体元的体积成正比，因此长程力通常又称为体积力。重力、惯性力与流体元的质量成正比，有时也称为质量力。短程力是相邻两层流体元通过分子作用产生的力。如分子碰撞产生压力、分子内聚力和分子动量交换产生粘性切应力等。这类力的大小和方向取决于流体元表面的大小和方位，因此短程力通常又称为表面力。

在本书中涉及的体积力主要是重力和惯性力，表面力主要是压力和粘性切应力。对易变形的流体，通常将作用在流体元上的体积力和表面力都表示为流场中的分布力。将单位体积（或质量）流体上的体积力称为体积力密度，简称体积力；将单位面积上的表面力称为表面应力。两者都是空间位置的函数。

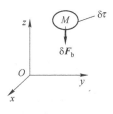

图　B1.6.1

B1.6.1　体积力与重力场

1. 体积力

在流场中任取一点 M (x, y, z)，包围该点的流体元体积为 $\delta\tau$，作用在该体积元上的体积力为 $\delta \boldsymbol{F}_b$，如图 B1.6.1 所示。设流场的密度为 ρ (x, y, z, t)，在 M 点邻域内作用在单位质量流体元上的体积力 $\boldsymbol{f}$ 定义为

$$\boldsymbol{f}\ (x,\ y,\ z,\ t)\ =f_x\boldsymbol{i}+f_y\boldsymbol{j}+f_z\boldsymbol{k}=\lim_{\delta\tau\to0}\frac{\delta\boldsymbol{F}_b}{\rho\delta\tau} \tag{B1.6.1}$$

式中，f_x，f_y，f_z 为体积力的坐标分量。作用在单位体积流体元上的体积力 $\rho\boldsymbol{f}$ 为

$$\rho\boldsymbol{f}=\lim_{\delta\tau\to0}\frac{\delta\boldsymbol{F}_b}{\delta\tau} \tag{B1.6.2}$$

作用在体积为 τ 的流体团上的体积力合力为体积力在该流体团上的矢量积分

$$\boldsymbol{F}_b=\int_\tau\rho\boldsymbol{f}\mathrm{d}\tau \tag{B1.6.3}$$

2. 重力场

在地球上，重力是最重要的体积力，对流体构成重力场。在以地面为基准的直角坐标系 $Oxyz$ 中，重力矢量的分量为

$$f_x=0,\ f_y=0,\ f_z=-g \tag{B1.6.4}$$

这里 g 为重力加速度。重力矢量可表为

$$\boldsymbol{f}=-g\boldsymbol{k}=-\frac{\partial}{\partial z}(gz)\boldsymbol{k}=-\nabla(gz) \tag{B1.6.5}$$

上式说明重力是有势力。设势函数为

$$\pi=gz \tag{B1.6.6}$$

上式的物理意义是当单位质量流体元从地面上升到 z 位置时具有重力势能 gz，又称为重力势。式(B1.6.5)表示重力等于重力势的梯度的负值。

对任意存在势函数的体积力均可表为

$$\boldsymbol{f}=-\nabla\pi=-\left(\frac{\partial\pi}{\partial x}\boldsymbol{i}+\frac{\partial\pi}{\partial y}\boldsymbol{j}+\frac{\partial\pi}{\partial z}\boldsymbol{k}\right) \tag{B1.6.7}$$

单位质量流体元的体积力分量与势函数的关系式为

$$f_x = -\frac{\partial \pi}{\partial x}, f_y = -\frac{\partial \pi}{\partial y}, f_z = -\frac{\partial \pi}{\partial z} \qquad (B1.6.8)$$

当体积力仅为重力时流体称为重力流体。

B1.6.2 表面应力与压强场

1. 表面应力

如前所述，表面力的方向取决于流体元表面的空间状态，因此定义表面力必须指明流体元表面的形状和方位。通常以作用在平面面积元上的短程力来定义表面力。平面面积元的空间状态可用面积元的中心位置 $M(x, y, z)$ 和面积元的外法线单位矢量（外法矢）$\boldsymbol{n}$ 来表示。

如图 B1.6.2 所示，面积元 δA 的中心点为 $M(x, y, z)$，外法矢为 $\boldsymbol{n}$，作用在面积元上的表面力为 $\delta \boldsymbol{F}_s$（不一定垂直面积元），M 点邻域的表面应力定义为

$$\boldsymbol{p}_n(x, y, z, t) = \lim_{\delta A \to 0} \frac{\delta \boldsymbol{F}_s}{\delta A} \qquad (B1.6.9)$$

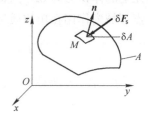

图 B1.6.2

表面应力简称为应力，下标 n 表示面积元的方位。应力的单位为 Pa（N/m²），与压强单位相同。

与固体力学中应力表示法相似，在流体力学中将作用于一面积元上的应力分解为与表面垂直的正应力分量 $\boldsymbol{p}$ 和与表面相切的切应力分量 $\boldsymbol{\tau}$。当正应力指向面积元时称为压应力。

作用在任意有限曲面 A 上的表面力合力为应力在该曲面上的矢量积分，即

$$\boldsymbol{F}_s = \int_A \boldsymbol{p}_n \mathrm{d}A \qquad (B1.6.10)$$

2. 一点的应力状态及表示法

式（B1.6.9）只能描述一个特定面积元上的应力。当流体处于运动状态时，作用在以一点为中心的不同方位的面积元上的应力，其大小和方向都不同，称为一点的应力状态。仅用一个应力矢量显然不能描述这种应力状态。

虽然通过一点的面积元在空间有无穷多个方位，但一点的应力状态用通过该点的三个与坐标平面互相平行的面积元上的三个应力矢量能唯一确定。这三个应力矢量用三组应力分量表示。为了表示这三组应力分量，引入应力表示约定：应力分量的第一个下标代表面积元的方位（即外法矢的指向），第二个下标代表应力作用方向。在直角坐标系中这三组应力分量分别表示为：

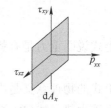

图 B1.6.3

外法矢沿 x 轴正方向的面积元 $\mathrm{d}A_x$ 上的三个应力分量分别为 p_{xx}，τ_{xy}，τ_{xz}（图 B1.6.3）；

外法矢沿 y 轴正方向的面积元 dA_y 上的三个应力分量分别为 τ_{yx}，p_{yy}，τ_{yz}；

外法矢沿 z 轴正方向的面积元 dA_z 上的三个应力分量分别为 τ_{zx}，τ_{zy}，p_{zz}。

由上述三组共九个应力分量构成一点的应力矩阵

$$\boldsymbol{P} = \begin{pmatrix} p_{xx} & \tau_{xy} & \tau_{xz} \\ \tau_{yx} & p_{yy} & \tau_{yz} \\ \tau_{zx} & \tau_{zy} & p_{zz} \end{pmatrix} \tag{B1.6.11}$$

$\boldsymbol{P}$ 又称为一点的应力张量。可以证明（略），一点的切向应力分量两两相等，即

$$\tau_{xy} = \tau_{yx}, \quad \tau_{xz} = \tau_{zx}, \quad \tau_{yz} = \tau_{zy} \tag{B1.6.12}$$

因此应力矩阵是对称矩阵，在应力矩阵的 9 个分量中，只有 6 个分量是独立的。

当一点的应力矩阵确定后，以该点为中心的任意方位面积元 dA_n 上的应力 p_n 即可确定。设 dA_n 的外法矢为 $\boldsymbol{n}$（n_x，n_y，n_z）（n_x，n_y，n_z 为方向余弦），应力 p_n 由下式计算

$$p_n = \boldsymbol{n} \cdot \boldsymbol{P} = (n_x, \ n_y, \ n_z) \begin{pmatrix} p_{xx} & \tau_{xy} & \tau_{xz} \\ \tau_{yx} & p_{yy} & \tau_{yz} \\ \tau_{zx} & \tau_{zy} & p_{zz} \end{pmatrix} \tag{B1.6.13}$$

分量式为

$$p_{nx} = n_x p_{xx} + n_y \tau_{xy} + n_z \tau_{xz}$$
$$p_{ny} = n_x \tau_{yx} + n_y p_{yy} + n_z \tau_{yz}$$
$$p_{nz} = n_x \tau_{zx} + n_y \tau_{zy} + n_z p_{zz} \tag{B1.6.14}$$

应力矩阵通常是空间位置和时间的函数，可描述运动粘性流体中的应力分布。

3. 应力矩阵的特殊形式

由于流体的易变形性，对运动流体中一点的压应力采用特殊的表示方法。

虽然在静止流体中一点的压应力只有一个值，但在运动流体中各个方向上的压应力不相等。在流体力学中将一点在三个坐标方向的压应力分量的平均值之负值定义为该点的力学压强，简称为压强。在直角坐标系中定义为

$$p = -\frac{1}{3}(p_{xx} + p_{yy} + p_{zz}) \tag{B1.6.15}$$

压强通常是空间坐标的函数，形成压强场。

一点三个压应力分量与压强的关系可分别表示为

$$p_{xx} = -p + \tau_{xx} \tag{B1.6.16a}$$
$$p_{yy} = -p + \tau_{yy} \tag{B1.6.16b}$$
$$p_{zz} = -p + \tau_{zz} \tag{B1.6.16c}$$

式中，τ_{xx}，τ_{yy}，τ_{zz} 称为附加压应力，分别表示在一点三个压应力分量中偏离压强的部分。按定义 $\tau_{xx} + \tau_{yy} + \tau_{zz} = 0$。这样应力矩阵式（B1.6.11）可写成

$$P = \begin{pmatrix} -p & 0 & 0 \\ 0 & -p & 0 \\ 0 & 0 & -p \end{pmatrix} + \begin{pmatrix} \tau_{xx} & \tau_{xy} & \tau_{xz} \\ \tau_{yx} & \tau_{yy} & \tau_{yz} \\ \tau_{zx} & \tau_{zy} & \tau_{zz} \end{pmatrix} \qquad (B1.6.17)$$

上式右边第一项称为压强项，第二项称为偏应力项或粘性项。后者纯粹由流体运动产生，各元素与流体元的线应变率和切应变率有关。式（B1.6.17）表明运动流体中的应力状态与静止流体有本质区别。只有当流体静止时右边第二项化为零，应力状态才转化为静止流体的压强。

式（B1.6.17）是流体应力矩阵的特殊形式，说明压强在流体力学中占有重要地位。在飞机飞行时机翼上面因形成负压强而产生升力，在运动的高尔夫球和汽车后面因形成负压强而产生阻力，这也许是工程中最有魅力的流体力学现象之一。另外，泵和心脏将液体不断推向远处，滑动轴承中的润滑油托起笨重的转轴等则是产生正压强的例子。计算流场中的压强分布是流体力学的重要任务之一。

习　题

BP1.3.1　两无限大平行平板的间距为 h，板间充满锭子油，粘度为 μ。现下板固定，上板以 U 的速度滑移。设油内速度沿板垂直方向的分布规律分别为线性分布 $u = ky$ 和非线性分布 $u^2 = ky$，其中 k 为常数。试分别写出上板的切应力 τ_w 表达式并作比较。

BP1.3.2　两无限大平行平板的间距 $h = 0.025\mathrm{mm}$，板间充满锭子油。设下板固定，上板以 $U = 0.6\mathrm{m/s}$ 的速度滑移，油内速度沿板垂直方向为线性分布 $u(y)$。若上板的粘性切应力 $\tau = 2\mathrm{N/m^2}$，试求锭子油的粘度 μ（$\mathrm{Pa \cdot s}$）。

BP1.3.3　牛顿液体在重力作用下沿斜平板作定常层流流动。设斜平板与水平线的倾斜角为 θ，液体的密度为 ρ，运动粘度为 ν。在 x 轴沿平板，y 轴垂直平壁向上的坐标系中，速度分布式为

$$u = \frac{g\sin\theta}{\nu}(2hy - y^2)$$

试求：（1）当 $\theta = 30°$ 时斜平壁上的切应力表达式 τ_{w1}；（2）当 $\theta = 60°$ 时斜平壁上的切应力表达式 τ_{w2}。

BP1.3.4　一平板重 $mg = 300\mathrm{N}$，面积为 $A = 0.64\mathrm{m^2}$，板下涂满油，沿与水平线成倾斜角 $\theta = 30°$ 的斜平壁滑下，油膜厚度 $h = 1.5\mathrm{mm}$。若下滑速度 $U = 0.3\mathrm{m/s}$，试求油的粘度 μ（$\mathrm{Pa \cdot s}$）。

BP1.3.5　在固定圆轴套内有一根直径为 $d = 20\mathrm{mm}$，长度为 $l = 5\mathrm{cm}$ 的圆柱形轴芯，间隙为 $\delta = 0.1\mathrm{mm}$。间隙内润滑油的粘度为 $\mu = 1.2\mathrm{Pa \cdot s}$。为使轴芯运动速度为 $V_1 = 5\mathrm{cm/s}$，$V_2 = 1\mathrm{m/s}$，试求相应的轴向推动力 F_1，F_2（N）。

BP1.3.6　一圆柱形轴芯在固定的轴承中匀速转动。轴径 $d = 30\mathrm{cm}$，轴承宽 $b = 30\mathrm{cm}$，润滑油粘度 $\mu = 0.2\mathrm{Pa \cdot s}$，轴承转速为 $n = 200\mathrm{r/min}$。设间隙分别为 $\delta = 1\mathrm{mm}$，$0.1\mathrm{mm}$ 时，求所需功率 $\dot{W}$（W）。

BP1.3.7　旋转圆筒粘度计由同轴的内、外筒组成。内筒静止，外筒作匀速旋转，内、外筒间隙

内充满被测液体。设内筒直径 $d=3\mathrm{cm}$，高 $h=5\mathrm{cm}$，两筒的间隙为 $\delta=0.1\mathrm{mm}$，外筒的角速度为 $\omega=150\mathrm{rad/s}$，测出作用在内筒上的力矩为 $M=1.6\mathrm{N\cdot m}$，忽略筒底部的阻力，求被测液体的粘度 μ（$\mathrm{Pa\cdot s}$）。

BP1.4.1 用量筒量得 600mL 的液体，称得重量为 10N，试计算该液体的：（1）密度 ρ；（2）重度 ρg；（3）相对密度 SG。

BP1.4.2 已知水的体积模量为 $K=2.15\times10^9\mathrm{Pa}$，若温度保持不变，应加多大的压强 Δp 才能使其体积压缩 5%？

BP1.4.3 压力油箱的压强读数为 $6\times10^5\mathrm{Pa}$，打开阀门放出油量 $\Delta m=28\mathrm{kg}$ 后压强读数降至 $1\times10^5\mathrm{Pa}$。设油的体积模量为 $K=2.3\times10^9\mathrm{Pa}$，密度为 $\rho=800\mathrm{kg/m^3}$，求油箱内油原来的体积 τ（$\mathrm{m^3}$）。

BP1.4.4 将体积为 τ_1 的空气从 0℃ 加热至 100℃，绝对压强从 100kPa 增加至 1000kPa，试求空气体积变化量 $\Delta\tau$。

BP1.5.1 根据空气动力学的理论，气体以速度 v 运动时的密度 ρ 与气体静止时的密度 ρ_0 之比的计算公式为 $\dfrac{\rho}{\rho_0}=\left(1+\dfrac{\gamma-1}{2}Ma^2\right)^{-\frac{1}{\gamma-1}}$，式中 Ma 为马赫数，γ 为比热比。试计算温度为 20℃ 的空气（$\gamma=1.4$）以速度 $v=100\mathrm{m/s}$ 运动时的 ρ/ρ_0 值，并验算是否可按不可压缩流体处理。

BP1.6.1 试讨论运动流体中的应力状态与静止流体有何区别。试证明运动流体中三个附加压应力之和为 $\tau_{xx}+\tau_{yy}+\tau_{zz}=0$。

B2　流体静力学

在学习流体静力学之前必须指出：与固体力学不同，静止不是流体的常态，流动才是常态。流体的本构关系如牛顿粘性定律只适用于动力学。流体静力学基本方程与流体动力学基本方程无论在形式上还是在内涵上存在本质差异。因此，流体静力学不能成为流体力学的基础，而仅仅是流体动力学的一个特例[35]。本书把流体静力学放在基础篇中是因为流体静力学的数学形式比较简单，适合初学者学习；而且测量运动流体中的压强也需要先掌握静力学知识。但应注意在学习了流体静力学后不要让静力学观点先入为主，影响后面的动力学知识。例如，有人将静力学压强公式直接用于计算运动流体中的压强，这就犯了原则性错误。

流体静止分相对于地球的绝对静止和相对于非惯性系（如匀速旋转的圆筒）的相对静止。若不指出，本章讨论的静止均指前者。在静止流体中，受力极其简单：在应力矩阵式（B1.6.17）中偏应力项为零，只有压强项存在，一点的应力只需要用一个标量表示（在中学物理实验课上已证明）。流体静力学主要研究静止流体中压力与体积力的平衡关系、压强的分布规律及压强在固壁上的合力作用等。本章以讨论静止液体为主。

流体静力学知识在工程上有许多应用。例如：对储液罐（内部受压）和潜体（外部受压）的压力分析；对水坝、桥墩、闸门的受力分析；水压机、液压系统的原理；测压计、液体比重计、大气测高仪的原理；虹吸管、离心分离机的原理；船舶、汽艇的浮力和稳定性分析等。

B2.1　静止液体中的压强分布

B2.1.1　静止液体压强公式

1. 静止液体压强公式

在静止液体中取直角坐标系 z 轴垂直向上，如图 B2.1.1 所示。正六面体体积元为 $\mathrm{d}x\mathrm{d}y\mathrm{d}z$，体积力为重力 $f_z = -g$，体积元上、下压强有一增量 $\mathrm{d}p = (\partial p/\partial z)\mathrm{d}z$。由垂直方向的压力和重力平衡可得

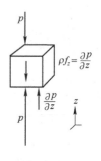

$$p\mathrm{d}x\mathrm{d}y - \left(p + \frac{\partial p}{\partial z}\mathrm{d}z\right)\mathrm{d}x\mathrm{d}y - \rho g\mathrm{d}x\mathrm{d}y\mathrm{d}z = 0 \qquad (\text{B2.1.1})$$

整理后可得

图　B2.1.1

$$\frac{\partial p}{\partial z} = -\rho g = \rho f_z \qquad (B2.1.2)$$

上式表明在静止液体中 z 方向的压强梯度是由该方向的重力决定的，负号表示随着 z 的增加（向上），压强逐渐减小。将式（B2.1.2）对 z 积分后可得

$$p = -\rho g z + C \qquad (B2.1.3)$$

上式称为静止液体压强公式。式中，C 为积分常数，由边界条件决定。该式表明在静止液体中压强在垂直方向为线性分布。当 z = 常数时，压强也为常数，说明静止液体的等压面为水平面。

若液体中 A 点的垂直坐标为 z_A，压强为 p_A，由式（B2.1.3）可确定积分常数为

$$C = p_A + \rho g z_A$$

设 B 点在 A 点下方、坐标为 z_B，其压强为

$$p_B = p_A + \rho g(z_A - z_B) \qquad (B2.1.4)$$

上式为另一种形式的静止液体压强公式。该式反映了两点所在的等压面之间的压强关系。它表明在静止液体中一点的压强等于上方一点的压强加上两点所在平面间垂直距离段的流体重量引起的压强。

等压面是求解静止流体中不同位置之间压强关系时常应用的概念，使用条件必须是连通的同种流体。图 B2.1.2 所示为装有两种不相混液体的 U 形管，其中 3—3 面为等压面；而 2—2 面不是等压面，因为左、右管中为不同种类的液体；1—1 面也不是等压面，因为虽是同种液体，但并不连通。

式（B2.1.3）和式（B2.1.4）同样适用于任何不可压缩流体。

图 B2.1.2

2. 有自由液面的静止液体压强公式

若液体具有自由液面，液面的坐标为 z_0，液面上的压强为 p_0。设液体内任一点的坐标为 z，在工程上常用自由液面下的深度 $h = z_0 - z$ 表示该点的垂直位置，称为淹深。由式（B2.1.4）可确定该点的压强为

$$p = p_0 + \rho g h \qquad (B2.1.5)$$

上式称为有自由液面的静止液体压强公式。式中，p_0 为自由液面上的压强；$\rho g h$ 为自由液面下淹深段液体重量引起的压强。

【例 B2.1.1】 储液罐连通器：静止液体压强公式

已知：图 BE2.1.1 所示一对相同的封闭储液罐 A，B，分别装有密度为 ρ_A，ρ_B 的液体。B 罐内有自由液面，液面上气体压强为 p_0。两罐用 U 形管连通，管内液体密度为 ρ_C。相关高度 h_1，h_2，h_3，h_4 如图所示。

求：A 罐底部压强 p_b 和顶部压强 p_t 的表达式，

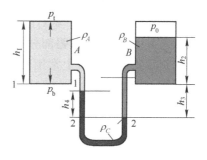

图 BE2.1.1

并讨论它们与罐高 h_1 的关系。

解： 先利用 B 罐液面上压强已知的条件求 A 罐底部压强 p_b。取 2—2 为等压面，左、右边分别按式（B2.1.4）和式（B2.1.5）列平衡关系式

$$p_b + \rho_A g(h_3 - h_4) + \rho_C g h_4 = p_0 + \rho_B g(h_2 + h_3)$$

整理得 A 罐底部压强为

$$p_b = p_0 + \rho_B g(h_2 + h_3) - \rho_A g(h_3 - h_4) - \rho_C g h_4 \tag{a}$$

再利用式（B2.1.4）列 A 罐顶部压强 p_t 和底部压强 p_b 的关系式

$$p_t + \rho_A g h_1 = p_b$$

可得 A 罐顶部压强为

$$p_t = p_0 + \rho_B g(h_2 + h_3) - \rho_A g(h_1 + h_3 - h_4) - \rho_C g h_4 \tag{b}$$

讨论： （1）当几何参数保持不变时，封闭式储液罐连通器内任一点的压强由 B 罐液面上的压强 p_0 决定，p_0 改变时液体内各点的压强随之改变；

（2）式（a）表明 A 罐底部的压强与罐高 h_1 无关，式（b）表示 A 罐顶部的压强与 h_1 有关，这说明静止流体内的压强可沿流体内各个方向（包括垂直向上）传递。

B2.1.2　压强的计示与计量

1. 压强的计示方式

压强的计示取决于基准的选择。常用的基准有两种：绝对真空和当地大气压强（图 B2.1.3）。

（1）以绝对真空为基准

绝对真空又称为绝对零压强，以绝对真空为基准的压强称为绝对压强，记为 p_{ab} 或 p（绝）。绝对压强只有正值。

（2）以当地大气压强为基准

以当地大气压强（p_a）为基准的压强称为表压强（机械式压力表指示的压强），记为 p_g 或 p（表压），又称为相对压强。当表压强为正值时，表示流体绝

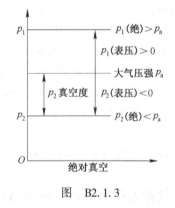

图　B2.1.3

对压强大于大气压强；当表压强为负值时，表示流体绝对压强小于大气压强。

当表压强为负时，即绝对压强低于大气绝对压强时，称流体处于真空状态（或负压状态），低于大气压强部分的绝对值称为真空压强，记为 p_v 或 p（真空）。真空压强永远是正值。工程上常用百分比表示真空的程度，称为真空度（%）。百分比值从 0 到 100%，表示从大气压强到完全真空，百分比值越高说明真空程度越大。

绝对压强、表压强、真空压强（真空度）和大气压强之间的关系如图 B2.1.3 所示，它们之间的数量关系为

$$p_g = p_{ab} - p_a, \quad p_v = p_a - p_{ab} \, (p_{ab} < p_a)$$

在本书中若不指明，流体压强均用表压强表示，且不必标注 g，即 $p = p_g$。采

用表压强可免去重复计算大气压强的作用，从而使计算得到简化。

【例 B2.1.2】 静止液体中平壁和圆壁的表压强分布

已知：一斜平壁和一圆柱淹没在静止液体中，自由液面上为大气压强。

求：试定性地画出斜平壁和圆柱上的压强分布图。

解：斜平壁 AB 和圆柱上的压强分布分别如图 BE2.1.2a、b 所示。

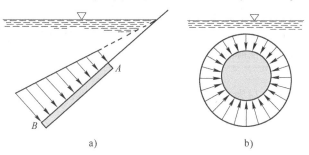

图　BE2.1.2

2. 压强的计量单位

在国际单位制中压强的单位是帕（Pa），$1Pa = 1N/m^2$。工程上常用千帕（kPa）和兆帕（MPa）作单位。

在工程上也用液柱高度作压强单位，如米水柱（mH_2O）、毫米汞柱（mmHg）等。另一种计量压强的单位是大气压。按标准国际大气模型约定（参见 B1.4），采用海平面上的平均大气压为标准大气压单位，记为 atm。液柱高和大气压虽不属国际单位制，但在工程上和日常生活中（如血压计）仍在使用，它们与国际单位制的关系为

$$1atm = 101.3kPa = 760mmHg = 10.33mH_2O$$

各种压强单位的换算关系见附录 E1.2 表 E1.2.8。

B2.2　流体静力学基本方程

如图 B2.2.1 所示，在一充满密度为 ρ 的液体的封闭容器中，设内侧壁上 A 点的压强 $p > 0$。现将一根上端敞口的细管（假设细管的容积小到可以忽略不计）接到 A 点上。在该点压强的作用下液体在细管中上升，直至高度为 h 时停止。按压强公式，A 点的压强与淹深 h 的关系为 $p = \rho gh$，可变换形式为

$$\frac{p}{\rho} = gh \qquad (B2.2.1)$$

式中，gh 是单位质量液体从 A 点上升到高度 h 时具有的位置势能；p/ρ 是由 A 点的压强对单位质量流体形成的压强势

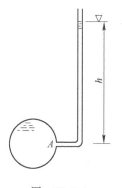

图　B2.2.1

能。在液体微团沿细管上升的过程中，压强势能逐渐转变为位置势能；当 A 点的压强势能全部转化为液面的位置势能时液位达到平衡。

在 z 轴垂直向上的坐标系中，将式（B2.1.3）改写为

$$gz + \frac{p}{\rho} = C \qquad (B2.2.2)$$

上式中的常数 C 由参考点的位置和压强决定。式中，左边第一项代表任一点单位质量流体的位置势能；第二项代表该点单位质量流体的压强势能，两者之和称为总势能。式（B2.2.2）表示在静止的不可压缩流体中单位质量流体的总势能在全流场守恒。

式（B2.2.2）还可改写为水头（水力学中对水位高度的称谓）形式

$$z + \frac{p}{\rho g} = H \qquad (B2.2.3)$$

式中，左边第一项代表任一点的位置水头；第二项代表任一点的压强水头，两者之和称为总水头。式（B2.2.3）表示在静止的不可压缩流体中总水头保持不变。

式（B2.2.2）和式（B2.2.3）均称为流体静力学基本方程（能量形式），其适用条件为：①不可压缩流体；②体积力为重力；③同种流体的连通范围内。

静力学基本方程的实用形式为

$$z_1 + \frac{p_1}{\rho g} = z_2 + \frac{p_2}{\rho g} \qquad (B2.2.4)$$

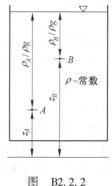

图 B2.2.2

式中，1 和 2 是任选的两点。式（B2.2.4）表示在符合上述三个条件的静止流体中任两点的总水头相等，如图 B2.2.2 中 A，B 两点。

当两点位置固定时，一点的压强变化必引起另一点压强的相同变化。在密封的充满液体的连通器内，一点的压强变化可在瞬时传递到整个连通器内的各个角落，这就是帕斯卡原理。

B2.3 静压强测量

流体静压强测量是流体力学实验中最基本的项目之一，包括对静止流体和运动流体中一点的静压强或压强分布的测量。测量压强的仪器称为测压计，通常分为两类：一类是液柱式测压计，另一类是用对压力敏感的固体元件构成的测压计。这里结合静止液体压强公式和静力学基本方程的应用介绍液柱式测压计的原理和使用方法。

利用液柱高度（淹深或液面高差）来测量流体压强的测压计称为液柱式测压计。最早的液柱式测压计是托里拆利（Torricelli）在 1643 年用来测量大气压强的装满水

银的细长玻璃试管。他用手指将开口按住倒置于一敞口水银盆里，放开手指后水银下沉，形成顶端为真空、高 750mm 左右的水银柱，证明了大气压的存在并首次测量了当地的绝对大气压值。

图 B2.2.1 中的细管是测量封闭容器内液体表压强时用的单管测压计，通常将细管称为测压管，淹深 h 称为测压管高度。单管测压计结构简单，但缺点是测量负压很不方便。最常用的液柱式测压计采用 U 形管形式，如图 B2.3.1 所示。其中，图 B2.3.1a 是直接将 U 形管左支管接到充满液体的容器的负压点 A 上。在右支管内的液面低于 A 点时，二者的液位差 h 代表

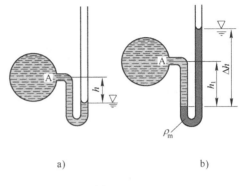

图　B2.3.1

A 点的负压值。更常用的方法是在 U 形管内装入相对密度较大的工作液体。当两支管接入的压强相同时工作液面处于同一水平面。当两支管有压差时工作液面形成液位差 Δh。图 B2.3.1b 是测量 A 点的压强大于大气压时的情况。

【例 B2.3.1A】 U 形管测压计

已知：图 B2.3.1b 中封闭容器内液体密度为 ρ，工作液体的密度 $\rho_m > \rho$。设侧壁 A 点的压强 $p_A > 0$。U 形管左支管接入 A 点，右支管液面通大气，工作液位差为 Δh。求：p_A 与 Δh 的关系。

解：沿 U 形管左支管液面取等压面。设 A 点与左支管工作液面的高差为 h_1，由压强公式

$$p_A + \rho g h_1 = \rho_m g \Delta h$$

得 A 点的压强为

$$p_A = \rho_m g \Delta h - \rho g h_1$$

讨论：如果侧壁 A 点的压强 $p_A < 0$，右支管工作液面将低于左支管。用类似方法可求得 A 点的压强为 $p_A = -\rho g h_1 - \rho_m g \Delta h$（读者自行完成）。由此可见，U 形管测压计既可测量正压强也可测量负压强，克服了单管测压计的缺点。

【例 B2.3.1B】 储液罐液位监测：U 形管的工程应用

已知：图 BE2.3.1B 所示为化工厂某中间合成产品的储液罐，是一个装液体的密封容器。用压力表监视上部气压。用安装在侧壁下部（B 点）上的 U 形水银测压管监测内部液位的高度，用安装在侧壁上部（A 点）上的 U 形水银测压管监测内部液体的密度。设液

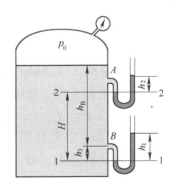

图　BE2.3.1B

面上压强读数为 $p_0 = 27457\text{Pa}$。

求：（1）若罐内液体是水，已知 B 管水银液位差读数 $h_1 = 0.3\text{m}$，B 点与 U 形管左支水银液面的铅垂距离 $h_3 = 0.2\text{m}$，试求容器内液面高 h_B；（2）若罐内液体密度未知，在保持(1)的已知条件外，再加 A 管水银液位差读数 $h_2 = 0.25\text{m}$，及两 U 形管左支水银液面高度差 $H = 0.68\text{m}$，试求液体密度 ρ。

解：（1）取图示 1—1 为等压面，列平衡式

$$p_0 + \rho_{\text{H}_2\text{O}}g(h_B + h_3) = \rho_{\text{Hg}}gh_1$$

可得容器内液面高为

$$h_B = \frac{\rho_{\text{Hg}}gh_1 - p_0}{\rho_{\text{H}_2\text{O}}g} - h_3 = \frac{\rho_{\text{Hg}}}{\rho_{\text{H}_2\text{O}}}h_1 - \frac{p_0}{\rho_{\text{H}_2\text{O}}g} - h_3$$

$$= \frac{13.6 \times 10^3 \text{kg/m}^3}{1000 \text{kg/m}^3} \times 0.3\text{m} - \frac{27457\text{kg/m} \cdot \text{s}^2}{(1000\text{kg/m}^3) \times (9.81\text{m/s}^2)} - 0.2\text{m}$$

$$= 4.08\text{m} - 2.80\text{m} - 0.2\text{m} = 1.08\text{m} \tag{a}$$

（2）利用两根 U 形管右支管水银面上大气压强相等的条件（忽略高度对大气压的影响），再取 2—2 为等压面。列两个等压面之间的压强关系式

$$\rho_{\text{Hg}}gh_2 + \rho gH = \rho_{\text{Hg}}gh_1$$

可得液体密度为

$$\rho = \rho_{\text{Hg}}\frac{h_1 - h_2}{H} = (13.6 \times 10^3 \text{kg/m}^3) \times \frac{0.3\text{m} - 0.25\text{m}}{0.68\text{m}}$$

$$= 1000\text{kg/m}^3 \tag{b}$$

讨论：（1）式(a)中右边第一项是 B 点 U 形管的水银液位差转换为水柱高度，第二项为储液罐上部气体压强转换为水柱高度，第三项为 B 点到 U 形管左支水银液面的水柱高度，被测水面相对于 B 点的高度为第一项减去后两项之和；

（2）式(b)表示当上、下两 U 形管被测点距离 H 确定后，液体密度由两根 U 形管的水银液位差决定。

B2.4　欧拉平衡方程

当除了重力外还有其他形式的体积力时，需要推导更一般的流体静力学平衡方程。该方程由欧拉(L. Euler, 1755)首先导出，可用于求解流体相对平衡问题。

在直角坐标系中，设密度为 ρ 的流体在体积力 $\boldsymbol{f} = (f_x, f_y, f_z)$ 作用下处于平衡状态。以流体质点 M 为基点，取边长分别为 $\text{d}x$，$\text{d}y$，$\text{d}z$ 的正六面体为流体元，如图 B2.4.1 所示。压强在流体元上的合力是由于存在压强

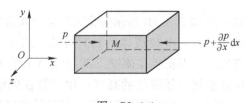

图　B2.4.1

梯度而造成的，图中仅标出沿 x 方向的压强分布。在过 M 点的 yOz 平面上压强为 p，在相对的平面上压强有增量 $\mathrm{d}p = \dfrac{\partial p}{\partial x}\mathrm{d}x$。这样作用在流体元上沿 x 方向的压强合力与体积力平衡式为

$$\left[p - \left(p + \frac{\partial p}{\partial x}\mathrm{d}x \right) \right]\mathrm{d}y\mathrm{d}z + f_x \rho \mathrm{d}x\mathrm{d}y\mathrm{d}z = -\frac{\partial p}{\partial x}\mathrm{d}x\mathrm{d}y\mathrm{d}z + f_x \rho \mathrm{d}x\mathrm{d}y\mathrm{d}z = 0$$

上式消去 $\mathrm{d}x\mathrm{d}y\mathrm{d}z$ 后可整理得压强偏导数与体积力分量的关系式

$$\rho f_x - \frac{\partial p}{\partial x} = 0 \tag{B2.4.1a}$$

同理得

$$\rho f_y - \frac{\partial p}{\partial y} = 0 \tag{B2.4.1b}$$

$$\rho f_z - \frac{\partial p}{\partial z} = 0 \tag{B2.4.1c}$$

矢量式为

$$\rho \boldsymbol{f} - \nabla p = \boldsymbol{0} \tag{B2.4.2}$$

式（B2.4.1）和式（B2.4.2）为流体的平衡微分方程，又称为欧拉平衡方程。该方程的物理意义是，在静止流体中压强在空间的变化是由于体积力存在造成的。一般情况下体积力分布为已知条件，压强分布是需要求的。如果流体是不可压缩的（如水），即流体密度为常数，可对欧拉平衡方程直接积分求压强分布；如果流体是可压缩的（如大气），还需要补充密度与压强之间的关系式才能求解。

1. 压强增量式

流体压强 $p(x, y, z)$ 在一点邻域的空间增量可用全微分表示为

$$\mathrm{d}p = \frac{\partial p}{\partial x}\mathrm{d}x + \frac{\partial p}{\partial y}\mathrm{d}y + \frac{\partial p}{\partial z}\mathrm{d}z$$

将式（B2.4.1a）~式（B2.4.1c）中的压强偏导数分别代入上式可得

$$\mathrm{d}p = \rho(f_x \mathrm{d}x + f_y \mathrm{d}y + f_z \mathrm{d}z) \tag{B2.4.3}$$

上式称为压强增量式。它说明静止流体中压强在一点邻域的空间增量由三个方向的体积力分量决定。

2. 等压面方程

压强处处相等的面称为等压面。在式（B2.4.3）中令 $\mathrm{d}p = 0$，可得

$$f_x \mathrm{d}x + f_y \mathrm{d}y + f_z \mathrm{d}z = \boldsymbol{f} \cdot \mathrm{d}\boldsymbol{r} = 0 \tag{B2.4.4}$$

上式称为等压面微分方程式，式中 $\mathrm{d}\boldsymbol{r}$ 为等压面上任意点的矢径微分。上式表明体积力矢量与矢径微分矢量相互垂直，即体积力处处与等压面垂直，这是等压面上的体积力特征。

在静止的盛水圆筒中重力垂直向下，等压面就是水平面（图 B2.4.2a）。在绕垂直对称轴作匀角速度旋转的盛水圆筒中（图 B2.4.2b），水体处于相对平衡状态。体积力除垂直向下的重力外还有沿水平方向的惯性离心力，两者的合力与下凹的旋转

抛物形等压面处处垂直。

【例 B2.4.1】 液体离心分离机：欧拉平衡方程

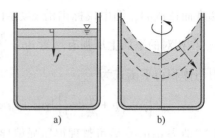

图 B2.4.2

已知：液体离心机中有一封闭圆筒，筒内盛有未充满的待分离液体，上部空气压强为 p_0。

求：(1) 若圆筒以等角速度 ω 绕中心轴旋转时，试推导液体内的压强分布式和等压面方程；(2) 设筒高 $H = 2\text{m}$，半径 $R = 0.75\text{m}$，静止时液位高 $H_0 = 1.5\text{m}$，$p_0 = 1000\text{N/m}^2$，若空气体积保持不变，试求当水面接触圆筒顶部边缘时的角速度 ω_1；及当气体接触圆筒底部中心时的角速度 ω_2。

解：当圆筒以等角速度绕中心轴旋转并达到稳定状态时，液体随圆筒一起像刚体一样旋转，液体质点之间无相对运动，液体处于相对平衡状态，可用欧拉平衡方程求解。体积力除重力外还有惯性离心力。

（1）设坐标系 $Oxyz$ 固结于圆筒上，如图 BE2.4.1 所示。体积力 $\boldsymbol{f}$ 由重力 $-\boldsymbol{g}$ 和惯性离心力 $\omega^2 \boldsymbol{r}$ 合成，其中 $\omega^2 \boldsymbol{r}$ 可分解为 $\omega^2 x$，$\omega^2 y$ 两个分量，因此体积力分量为

$$f_x = \omega^2 x, \ f_y = \omega^2 y, \ f_z = -g$$

由压强增量式（B2.4.3）可得

$$\mathrm{d}p = \rho(\omega^2 x \mathrm{d}x + \omega^2 y \mathrm{d}y - g\mathrm{d}z)$$

上式积分可得

$$p = \rho g\left(\frac{\omega^2 r^2}{2g} - z\right) + C$$

图 BE2.4.1

设自由液面最低点的坐标为 $r = 0$，$z = z_0$，可确定积分常数为 $C = p_0 + \rho g z_0$。代入上式可得液体内的压强分布式为

$$p = p_0 + \rho g\left[\frac{\omega^2 r^2}{2g} + (z_0 - z)\right] \tag{B2.4.5}$$

将体积力分量代入等压面微分方程（B2.4.4），得

$$\omega^2 x \mathrm{d}x + \omega^2 y \mathrm{d}y - g\mathrm{d}z = 0$$

积分可得等压面方程

$$\frac{\omega^2 r^2}{2} - gz = C \tag{B2.4.6}$$

讨论一：1) 式（B2.4.5）表明旋转液体内的压强在径向是二次方分布，在垂直方向是线性分布。这是因为在径向压强与惯性离心力平衡，在垂直方向与重力平衡。

2）式（B2.4.6）表明当积分常数 C 取不同值时等压面是一簇旋转抛物面。

（2）当圆筒的旋转角速度增大时，中心水位下降，边缘水位上升。当边缘水位上升到刚接触圆筒顶部边缘并达到稳定时，自由面 s 如图 BE2.4.1Aa 所示，设最低点的坐标 $r=0$，z_s $=z_0$。由式（B2.4.6）可确定自由面方程为

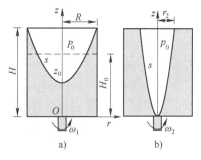

图　BE2.4.1A

$$z_s - z_0 = \frac{\omega^2 r^2}{2g} \qquad (B2.4.7)$$

取 $r = R = 0.75\text{m}$，$z_s = H = 2\text{m}$，由空气体积不变可得 $z_0 = 1\text{m}$，相应的角速度为

$$\omega_1 = \frac{\sqrt{2g(z_s - z_0)}}{R} = \frac{\sqrt{2 \times (9.81\text{m/s}^2) \times (2\text{m} - 1\text{m})}}{0.75\text{m}}$$

$$= 5.91\text{rad/s}$$

当中心水位下降至气体刚接触圆筒底部并达到稳定时，自由面 s 如图 BE2.4.1Ab 所示。设顶部液面线的半径为 r_2，由空气体积不变

$$\frac{1}{2}\pi r_2^2 H = \pi R^2 (H - H_0)$$

$$r_2 = R\sqrt{\frac{2(H - H_0)}{H}} = 0.75\text{m} \times \sqrt{\frac{2 \times (2\text{m} - 1.5\text{m})}{2\text{m}}} = 0.53\text{m}$$

将 $z_0 = 0$，$z_s = 2\text{m}$，$r_2 = 0.53\text{m}$ 代入自由面方程（B2.4.7），相应的角速度为

$$\omega_2 = \frac{\sqrt{2g(z_s - z_0)}}{r_2} = \frac{\sqrt{2(9.81\text{m/s}^2) \times 2\text{m}}}{0.53\text{m}} = 11.82\text{rad/s}$$

讨论二：若圆筒转速继续增大，底部的空气面积将逐渐扩大，直至四周的液面趋于与筒壁平行。若液体是由密度不同的组分组成的，由于各组分受到的惯性离心力不同，液体将形成分层结构：密度大的组分排在外层，密度小的组分处于内层。当在圆筒顶部外缘开孔时液体组分将按密度大小依次排出，这就是液体分离机的原理。

B2.5　液体对平壁的总压力

计算液体对固体壁面的总压力在工程上有许多应用。如水箱、压力容器内液体对阀门和壁面的总压力，水对大坝、船舶外壳的作用力，液压机械中液体对活塞的总压力等。确定这些作用力的大小、方向和作用点对结构强度设计、安全性能检验及计算运动部件的运动规律等均具有重要意义。

设一任意形状的斜平壁浸没在静止液体中，面积为 A，与自由液面的倾斜角为 θ，液面上为大气压强。图 B2.5.1 中阴影线为该平壁的侧视图。下方是平壁所在平面的展开图。取直角坐系 Oxy，Ox 轴位于液面上，Oy 轴沿斜平壁向下。现计算

该平壁上表面所受液体的总压力 F 和作用点 D。由于平壁的两面均受到大气压强的作用，其合力为零，因此在计算中压强用表压强表示即可。

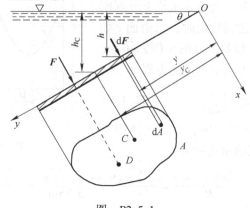

图 B2.5.1

B2.5.1 平壁总压力大小

在平壁上任取一面元 dA，纵坐标为 y，淹深关系式为 $h = y\sin\theta$，面元的总压力为

$$dF = \rho g h dA = \rho g y \sin\theta dA \qquad (B2.5.1)$$

对面积 A 积分可得平壁的总压力为

$$F = \rho g \int_A h dA = \rho g \sin\theta \int_A y dA \qquad (B2.5.2)$$

上式右端的积分式是面积 A 对 x 轴的面积矩。设 A 的形心 C 的纵坐标为 y_C，有关系式

$$\int_A y dA = y_C A$$

将上式代入式（B2.5.1），并利用形心的淹深关系式 $h_C = y_C \sin\theta$，可得总压力公式为

$$F = \rho g y_C \sin\theta A = \rho g h_C A = p_C A \qquad (B2.5.3)$$

式中，p_C 为形心压强。式（B2.5.3）表明作用于面积 A 的总压力等于形心压强乘以面积。

【例 B2.5.1】 蓄水池闸门：平壁总压力大小

已知：蓄水池左侧壁有一带配重的矩形闸门 AB，如图 BE2.5.1 所示。闸门的长和宽的尺寸为 $l \times b = 0.9\mathrm{m} \times 1.2\mathrm{m}$，可绕上端转轴 A 旋转，下端 B 在配重 W 的作用下以 $\alpha = 60°$ 的夹角与底面接触。设水位高度 $h = 0.88\mathrm{m}$。

求：水对闸门的总压力大小 $F(\mathrm{N})$。

解：闸门的面积为

$$A = 0.9\mathrm{m} \times 1.2\mathrm{m} = 1.08\mathrm{m}^2$$

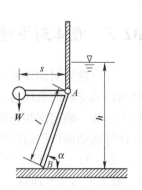

图 BE2.5.1

形心 C 的淹深

$$h_C = 0.88\text{m} - \frac{0.9\text{m}}{2}\sin 60° = 0.49\text{m}$$

作用在闸门上的总压力大小为

$$F = \rho g h_C A = (9810 \times 0.49 \times 1.08)\text{N} = 5191.5\text{N}$$

B2.5.2 平壁总压力作用点

静止液体对平壁总压力的作用点为压强合力作用点，简称为压强中心。用力矩合成定理可确定压强中心的位置：作用在压强中心 D 上的总压力 $\boldsymbol{F}$ 对 Ox 轴的力矩等于作用在各面元 dA 上的压力 dF 对 Ox 轴的力矩在面积 A 上积分，并利用式（B2.5.1）可得

$$Fy_D = \int_A y\,dF = \rho g \int_A yh\,dA = \rho g\sin\theta \int_A y^2\,dA \qquad (\text{B2.5.4})$$

上式中最右边的积分式称为面积 A 对 Ox 轴的惯性矩，即

$$I_x = \int_A y^2\,dA \qquad (\text{B2.5.5})$$

规则形状平壁的惯性矩可直接计算，对不规则形状平壁只能采用积分方法计算。

1. 规则形状平壁的偏心距法

利用式（B2.5.3）和式（B2.5.5），由式（B2.5.4）可得压强中心的纵坐标为

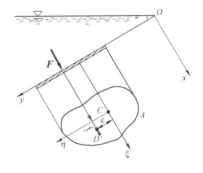

$$y_D = \frac{\int_A y^2\,dA}{y_C A} = \frac{I_x}{y_C A} \qquad (\text{B2.5.6})$$

为计算 I_x，以形心 C 为原点建立一辅助坐标系 $C\xi\eta$，ξ 轴和 η 轴分别平行于 x 轴和 y 轴，如图 B2.5.2 所示。用平行移轴定理

$$I_x = y_C^2 A + I_\xi \qquad (\text{B2.5.7})$$

图 B2.5.2

式中，I_ξ 为面积 A 对 $C\xi$ 轴的惯性矩。

为了简化计算，再引入回转半径 r_ξ，即把 A 的面积集中于离 $C\xi$ 轴距离为 r_ξ 处，对 $C\xi$ 轴的惯性矩与 I_ξ 相同。即

$$I_\xi = r_\xi^2 A \qquad (\text{B2.5.8})$$

将式（B2.5.8）和式（B2.5.7）代入式（B2.5.6）可得

$$y_D = y_C + \frac{I_\xi}{y_C A} = y_C + \frac{r_\xi^2}{y_C} = y_C + e \qquad (\text{B2.5.9})$$

式中，e 称为压强中心对形心的纵向偏心距，与惯性矩和回转半径的关系式为

$$e = \frac{I_\xi}{y_C A} = \frac{r_\xi^2}{y_C} \qquad (\text{B2.5.10})$$

同理，可求得压强中心的横向坐标为

$$x_D = x_C + f \qquad\qquad (\text{B2.5.11})$$

$$f = \frac{I_{\xi\eta}}{y_C A} = \int_A xy \mathrm{d}A \qquad\qquad (\text{B2.5.12})$$

式中，f 称为压强中心对形心的横向偏心距；$I_{\xi\eta}$ 称为面积 A 对 $C\xi$ 和 $C\eta$ 轴的惯性积。$I_{\xi\eta}$ 反映了面积关于 $C\xi$ 和 $C\eta$ 轴的不对称性，当面积关于其中任何一轴对称时，$I_{\xi\eta} = 0$，即 $f = 0$。

各种规则几何图形的回转半径、惯性矩和惯性积计算公式可查看有关手册，常用的数据列于附录 E1 表 E1.4.1 中。

【例 B2.5.2A】 蓄水池闸门：平壁压强中心（偏心距法）

已知：在例 B2.5.1 中配重重心到 A 轴的距离为 $s = 0.5\mathrm{m}$。设水位高度 $h = 0.88\mathrm{m}$ 时刚好将闸门开启。

求：用计算偏心距法求配重的重量 $W(\mathrm{N})$（不计闸门重量）。

解：在图 BE2.5.2A 中建立坐标系 Oxy，其中 Ox 轴位于水面中，Oy 轴沿闸门长边 AB 向下。闸门形心的纵向坐标

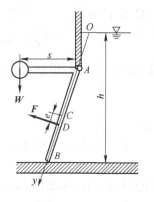

图 BE2.5.2A

$$y_C = \frac{h_C}{\sin 60°} = \frac{0.49}{0.866}\mathrm{m} = 0.566\mathrm{m}$$

矩形板的回转半径的平方为

$$r_\xi^2 = \frac{l^2}{12} = \frac{0.9^2}{12}\mathrm{m}^2 = 0.0675\mathrm{m}^2$$

由式（B2.5.7），压强中心 D 的纵向偏心距

$$e = \frac{r_\xi^2}{y_C} = \frac{0.0675}{0.566}\mathrm{m} = 0.119\mathrm{m}$$

由闸门对转轴 A 的力矩平衡式

$$Ws = F\left(\frac{l}{2} + e\right)$$

可得配重重量

$$W = \frac{l/2 + e}{s}F = \left(\frac{0.45 + 0.119}{0.5} \times 5191.5\right)\mathrm{N} = 5908\mathrm{N}$$

讨论： 对形状规则的平壁，偏心距法是计算压强中心最常用的方法。在计算偏心距时用回转半径比用惯性矩更方便、易记。

2. 任意形状平壁的力矩积分法

对任意形状的平壁，因不便确定回转半径或惯性矩而不宜用偏心距法。若知道平壁线形的数学表达式及壁面压强分布规律可直接用力矩积分法求解。

设平壁上任一面元的纵向坐标为 y，淹深为 h，对 Ox 轴的力矩积分式为

$$\int_A y\mathrm{d}F = \rho g \int_A yh\mathrm{d}A \qquad\qquad (\text{B2.5.13})$$

若平壁形状在横向不对称, 还应计算对 y 轴的力矩积分。

【例 B2.5.2B】 蓄水池闸门: 平壁压强中心(力矩积分法)

已知: 同例 B2.5.2A。

求: 用力矩积分法求配重的重量 $W(\text{N})$(不计闸门重量)。

解: 如图 BE2.5.2B 所示, 将坐标原点取在 A 点上, y 轴沿闸门 AB 向下。闸门的长和宽为 $l \times b = 0.9 \times 1.2\text{m}^2$。在闸门上沿 y 轴任取 $\mathrm{d}y \times b$ 的窄带面积元, 淹深为 $h_1 = h_A + y\sin60°$。其中

$$h_A = h - l\sin60° = 0.88 - 0.9\sin60° = 0.1\text{m}$$

配重对 A 点的力矩为 Ws, 水静压强对 A 点的力矩用式 (B2.5.13)计算, 二者平衡为

图 BE2.5.2B

$$
\begin{aligned}
Ws &= \rho g \int_A yh_1 \cdot \mathrm{d}A = \rho g b \int_0^{0.9}(h_A + y\sin60°)y\mathrm{d}y \\
&= 9810 \times 1.2 \times \int_0^{0.9}(0.1 + 0.866y)y\mathrm{d}y \\
&= 11772 \times \left(\frac{0.1}{2}y^2 + \frac{0.866}{3}y^3\right)\Big|_0^{0.9} \\
&= [11772 \times (0.0405 + 0.2104)]\text{N}\cdot\text{m} \\
&= (11772 \times 0.2509)\text{N}\cdot\text{m} \\
&= 2954.0\text{N}\cdot\text{m}
\end{aligned}
$$

从而可得配重重量

$$W = \frac{2954.0}{0.5}\text{N} = 5908\text{N}$$

讨论: 以上两种方法的计算结果一致。偏心距法简洁明了, 适合于任何可求回转半径的几何图形, 但计算公式只能在特定的坐标系内使用(原点必须在大气压面内)。力矩积分法是最基本的方法, 对任何形状的平壁都可按压强公式直接求力矩积分, 坐标系可灵活选取。

B2.6 液体对曲壁的总压力

作用在曲壁上的液体静压力构成空间力系。空间力系的合成法则是: 分别向三个坐标方向投影, 在三个投影面上分别按平壁计算总压力分量, 再将三个分量合成为总压力。任意三维曲壁的三个总压力分量一般不共点, 可合成为一个总压力和一个总力偶, 但对二维曲壁总力偶为零。所谓二维曲壁是用一根二维曲线沿与曲线所

在平面垂直的方向移动形成的曲壁，几何上称为柱面。柱面由两根相同的曲线和两根直线围成，分别称为特征剖面线和母线。若特征剖面线是圆或抛物线，形成的二维曲面即为圆柱面或抛物线柱面。工程上的曲壁多为二维曲壁。本节以母线平行于液面的二维曲壁为例讨论液体对曲壁的总压力计算。

B2.6.1　液体对二维曲壁的总压力

本节以带有圆柱壁面的储液罐为例推导液体对二维曲壁的总压力公式。

1. 二维曲壁的总压力

图 B2.6.1 所示为储液罐的纵向剖面图，其中带有一段圆柱壁面 ab，左侧盛水。将 Ox 轴取在液面上，Oh 轴铅垂向下，建立坐标系 Oxh。水中任一点的纵向坐标 h 即代表其淹深。

在 ab 上取一面积元 dA（宽度为1），设其水平和铅垂方向的投影面积分别为 dA_x 和 dA_h。作用在 dA 上的压力分量为

$$dF_x = \rho g h dA_x, \quad dF_h = \rho g h dA_h \qquad (B2.6.1)$$

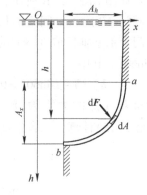

图　B2.6.1

（1）总压力的水平分量

将 dF_x 在 ab 的水平投影面积 A_x 上积分即可得总压力的水平分量 F_x。实际上设 A_x 的形心淹深为 h_{xC}，用平壁总压力公式（B2.5.3）可直接得到

$$F_x = \rho g h_{xC} A_x \qquad (B2.6.2)$$

上式表明二维曲壁总压力的水平分力等于曲壁在该方向投影面积上的总压力。水平分力的作用线通过投影面积的压强中心，方向指向曲壁。

若曲壁在水平方向的投影有重叠部分，如图 B2.6.2 中 cdb 曲线的两段 cd 和 db 的水平分力大小相等、方向相反，合力为零。

（2）总压力的铅垂分量

设圆柱壁面 ab 沿铅垂方向的投影面积为 A_h。将面积元 dA 上的铅垂直分力 dF_h 在 A_h 上积分，可得圆柱壁面 ab 总压力的铅垂分量为

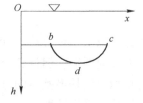

图　B2.6.2

$$F_h = \int_{A_h} dF_h = \rho g \int_{A_h} h dA_h = \rho g \tau_P \qquad (B2.6.3)$$

式中，

$$\tau_P = \int_{A_h} h dA_h \qquad (B2.6.4)$$

称为压力体。在图 B2.6.2 中压力体（宽度为1）为由圆柱壁面 ab、铅垂方向投影面

A_h、b 点的投影线和上部直壁所围成的区域，压力体内液体的重量为 $\rho g \tau_p$。式（B2.6.3）表明二维曲壁总压力的铅垂分量等于与曲壁对应的压力体内液体的重量。铅垂分力的作用线通过压力体的重心。

（3）总压力大小与作用线

二维曲壁总压力的水平分量 F_x 的作用线与铅垂分量 F_h 的作用线交于一点，总压力作用线通过该点，并与铅垂线方向的夹角为 θ，如图 B2.6.3 所示。

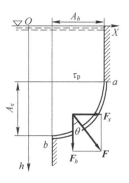

$$F = \sqrt{F_x^2 + F_h^2}, \quad \tan\theta = \frac{F_x}{F_h} \qquad \text{（B2.6.5）}$$

图 B2.6.3

2. 关于压力体的讨论

如果保持储液罐的所有条件不变，但在圆柱壁面 ab 的右侧盛水，如图 B2.6.4 所示。压力体 τ_p' 的容积与 τ_p 的容积相等但压力体内无液体，称为虚压力体，并规定 $\tau_p' = -\tau_p$。总压力的水平分量和铅垂分量分别为

$$F_x' = -\rho g h_{xC} A_x, \quad F_h' = \rho g \tau_p' = -\rho g \tau_p \qquad \text{（B2.6.6）}$$

上式与式（B2.6.2）和式（B2.6.3）仅差一个负号，表示总压力的方向与图 B2.6.3 相反。

式（B2.6.4）是压力体体积大小，压力体的虚实由液体与压力体的相对位置决定。例如，当液体与压力体位于曲壁同侧时，压力体为实，表示铅垂分力方向向下；当液体与压力体位于曲壁异侧时，压力体为虚，表示铅垂分力方向向上。

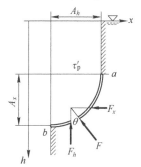

应注意，压力体法仅是计算曲壁面元铅垂分力在曲壁上积分的一种简化方法。一般来说压力体法适用于液体的大气压面淹没曲壁时的情况；当液面不淹没曲壁且

图 B2.6.4

液面上不是大气压时，用压力体法不一定方便，应分不同区域分别用压强积分法求解。

【例 B2.6.1】 水箱半圆柱形盖：二维曲壁总压力

已知：图 BE2.6.1 所示封闭水箱的斜侧壁夹角为 $\alpha = 40°$。侧壁上有一边长为 $l = 0.5\text{m}$ 的正方形孔，孔上有一半圆柱形盖。容器内盛有水，水面与方孔中心 C 的铅垂距离 $H = 0.8\text{m}$。上部的气体压强 $p_0 = 2.943 \times 10^4 \text{Pa}$。

求：（1）盖上总压力 F 大小；

（2）总压力的方向角 θ。

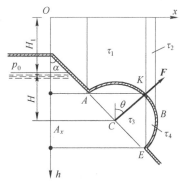

图 BE2.6.1

解：选基准面在液面上方，距离液面

$$H_1 = \frac{p_0}{\rho g} = \frac{29430 \text{Pa}}{9810 \text{Pa} \cdot \text{m}^{-1}} = 3\text{m}$$

建立坐标系 $Oxyh$ 如图所示：Ox 轴与液面平行，Oh 轴铅垂向下，y 轴垂直纸面。

（1）将半圆形盖 $AKBE$ 向 yOh 平面作水平投影，由于圆弧 AK 投影面有重叠，实际投影面积为

$$A_x = l^2 \cos 40°$$

A_x 的形心深度与 C 相同。总压力的水平分力为

$$\begin{aligned}
F_x &= p_{Cx} A_x = (p_0 + \rho g H) l^2 \cos 40° \\
&= [29430 \text{N/m}^2 + (9810 \text{N/m}^3) \times 0.8\text{m}] \times (0.5\text{m})^2 \cos 40° \\
&= (37278 \text{N/m}^2) \times 0.1915\text{m}^2 = 7138.7\text{N}
\end{aligned}$$

将半圆形盖 $AKBE$ 分两段向基准面 xOy 平面作铅垂投影，AB 段的压力体为负，BE 段的压力体为正，其中 τ_2 为重叠部分相互抵消。实际压力体为 $-\tau_1$ 和 τ_4，为便于计算分别与 $\triangle AKE$ 的 τ_3 组合，可得压力体为

$$\tau = \tau_4 - \tau_1 = (\tau_4 + \tau_3) - (\tau_1 + \tau_3) = \frac{1}{2} \cdot \frac{\pi}{4} l^2 \cdot l - (H_1 + H) l^2 \cos 40°$$

$$= \frac{\pi}{8} l^3 - (H_1 + H) l^2 \cos 40°$$

总压力的铅垂分力为

$$\begin{aligned}
F_h &= \rho g \tau = \frac{\pi}{8} l^3 \rho g - (p_0 + \rho g H) l^2 \cos 40° = \frac{\pi}{8} l^3 \rho g - F_x \\
&= \frac{\pi}{8} (0.5\text{m})^3 \times (9810 \text{kg/m}^2 \text{s}^2) - 7138.7\text{N} \\
&= 481.5\text{N} - 7138.7\text{N} = -6657.2\text{N}
\end{aligned}$$

总压力合力大小为

$$F = \sqrt{F_x^2 + F_h^2} = \sqrt{(7138.7\text{N})^2 + (-6657.2\text{N})^2} = 9761.1\text{N}$$

（2）总压力的方向角

$$\theta = \arctan \left| \frac{F_x}{F_h} \right| = \arctan \frac{7138.7\text{N}}{6657.2\text{N}} = 47.0°$$

讨论：（1）求总压力水平分量时无须坐标系，但用压力体方法求铅垂分量时必须建立坐标系，而且原点必须放在大气压面内，因此首要要确定大气压基准面。

（2）压力体计算要分清正与负。

（3）若箱内液面下降至 A 点以下（即半圆柱形盖处于非浸没状态），用压力体法应小心，液体和气体的压力应分开考虑（留作读者思考）。

B2.6.2 浮力定律

早在公元前 3 世纪阿基米德（Archimedes）就发现了浮力定律。浮力定律分为两

部分，描述沉体的为第一浮力定律："如果物体比液体重，就要沉到底部。在液体中称物体的重量比自身的重量轻，轻多少等于它排开液体的重量"；描述浮体的为第二浮力定律："如果物体比液体轻，就会浮在液面上，它排开的液体重量等于物体自身的重量"。本节利用压力体方法验证这两个浮力定律。

在图 B2.6.5a 所示的液体内有一沉没物体 $ABCD$，体积为 τ（灰色部分），重量为 W。设物体上表面的压力体 $ADCEF$ 体积为 τ_1（阴影部分），由于液体与压力体位于同侧，压力体为正，合力 F_1 方向向下。物体下表面的压力体 $ABCEF$ 体积为 $\tau_2 = \tau_1 + \tau$，由于液体与压力体位于异侧，压力体为负，合力 F_2 方向向上。二者合成后的压力体 τ 为负，合力 F_b 方向向上，称为浮力。

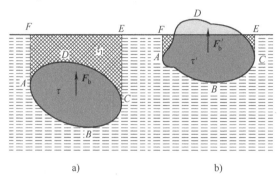

图 B2.6.5

$$F_b = \rho g \tau_1 - \rho g (\tau_1 + \tau) = -\rho g \tau \tag{B2.6.7}$$

上式表明沉没在均质液体中的物体所受的浮力大小等于排开的液体重量，此即阿基米德第一浮力定律。当 $|F_b| < W$ 时，物体下沉，称为沉体。当 $|F_b| = W$ 时，物体悬浮在液体内，称为潜体；当 $|F_b| > W$ 时，物体上浮，称为浮体；以上原理同样适用于物体在气体中受到的气体浮力。

如图 B2.6.5b 所示，在具有自由表面的液体中，当 $|F_b| > W$ 时物体上浮至液面上，露出部分体积后在空气中并处于平衡状态。用同样的方法分析物体浸在液体中部分（灰色部分）的压力体 τ' 为负，按阿基米德第一浮力定律 $F_b = -\rho g \tau'$。因物体处于平衡状态，$F_b + W = 0$，因此可得

$$F_b' = -\rho g \tau' = -W \tag{B2.6.8}$$

上式表明浮在液体自由表面上的物体排开液体的重量等于物体本身的重量，此即阿基米德第二浮力定律。

【例 B2.6.2】 液体比重计：浮力第二定律

液体比重计是一根上端为较细、下端为较粗的圆柱状密封玻璃管，如图 BE2.6.2 所示。粗管底部装有较重的铅材，使比重计插在液体中时保持铅垂平衡状态。先将比重计插入蒸馏水（4℃）中，沿液面在细圆柱管上标注基准线（$SG = 1$）。设此时的排水体积为 τ_0，比重计重量为 W，按浮力第二定律式（B2.6.8）有

$$W = \rho_{H_2O} g \tau_0 \qquad (a)$$

当把比重计插入被测液体中时，若液体的密度 $\rho > \rho_{H_2O}$，液面线将在基准线以下 Δh 位置处，设细圆柱管的截面积为 A，按浮力定律有

$$W = \rho g (\tau_0 - \Delta h A) \qquad (b)$$

由式(a)、式(b)相等可得

$$\Delta h = \frac{\tau_0}{A}\left(1 - \frac{\rho_{H_2O}}{\rho}\right) = k\left(1 - \frac{1}{SG}\right) \qquad (c)$$

式中，SG 为被测液体的相对密度，$SG = \rho/\rho_{H_2O}(4℃)$；$k$ 为常数。按不同 SG 值在细圆柱管上标注相应高度的刻度线，当 $SG > 1$ 时刻度线在基准线的下方；当 $SG < 1$ 时刻度线在基准线的上方。根据刻度线可读出被测液体的相对密度。

图 BE2.6.2

习　题

BP2.1.1　图 BP2.1.1 所示三种盛水容器，自由液面上均为大气压强。试画出各斜壁和曲壁 AB 和 $A'B'$ 上的压强分布示意图。

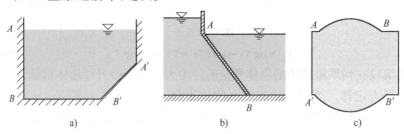

图　BP2.1.1

BP2.1.2　设水面上为大气压强，试求水面下 8m 深处的绝对压强 p_{ab} 和表压强 p_g(Pa)。

BP2.1.3　一气压表在海平面时的读数为 760 mmHg，在山顶时的读数为 700 mmHg，设空气的密度为 1.2 kg/m³，试计算山顶的高度。

BP2.1.4　图 BP2.1.4 所示密封罐内油和水层的厚度分别为 $h_1 = 0.3m$，$h_2 = 0.5m$。油的相对密度为 $SG = 0.8$，U 形测压管的右支管内水银柱高为 $h = 0.4m$。试求：

（1）罐内气体的压强 p_0(Pa)；

（2）油层中部 A 点的压强 p_A(Pa)；

（3）若放掉部分油，如何计算水银柱高 h 的变化。

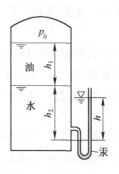

图　BP2.1.4

BP2.1.5　图 BP2.1.5 所示 U 形管内有两种互不相混的常温液体，液面上均为大气压。ρ_1，ρ_2 分别为水和煤油的密度。设煤油液柱长为 $h = 0.2m$，试求左右自由液面的高度差 Δh(mm)，并判断若在左支管中加水，Δh 将如何变化？

BP2.3.1 图 BP2.3.1 所示用 U 形管差压计测量蓄水容器 A，B 的压强差 Δp，已知 A，B 两点高差 $h_1 = 1.5$m，差压计内油的液面差 $h_2 = 0.7$ m。设油的相对密度为 $SG = 0.8$，试求 Δp（Pa）。

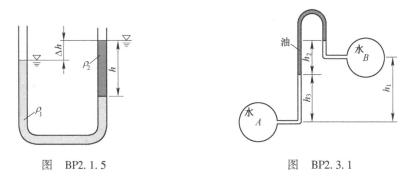

图 BP2.1.5   图 BP2.3.1

BP2.3.2 图 BP2.3.2 所示一连通器。重液体分别为水银（$SG = 13.6$）和水，轻液体分别为苯（$SG = 0.88$）和煤油（$SG = 0.82$），B 罐内为空气（$\rho = 1.2$kg/m^3）。各点与各液面高差如图所示。试求 A，B 罐的压强差 Δp(Pa)。

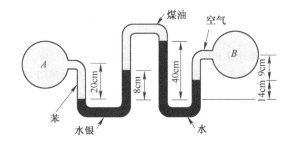

图 BP2.3.2

BP2.4.1 图 BP2.4.1 所示为三个相同的连有 S 形弯管的圆柱形盛水容器。图 BP2.4.1a 静止，图 BP2.4.1b、c 均以 $n = 100$rpm 旋转。已知管中水面高均为 $h = 0.5$m，但图 BP2.4.1b、c 所示弯管中水面位置不同。外管轴线离容器轴线 Oz 的距离为 $r_1 = 0.4$m。容器直径 $D = 1.2$m，上盖 A 点离 Oz 的距离为 $l = 0.2$m。试分别求图 BP2.4.1a、b、c 所示三种情况下：（1）A 点的压强p_A(Pa)；（2）上盖的压力合力 F(N)。

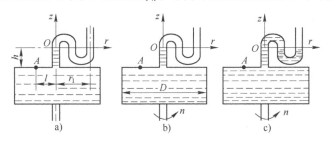

图 BP2.4.1

BP2.4.2 图 BP2.4.2 所示盛水的圆柱形容器绕中心轴的转速为 $n = 450$rpm。上盖开孔连有一圆筒，圆筒内有一重为 $mg = 50\text{kg} \times (9.81\text{m/s}^2) = 490.5\text{N}$ 的活塞。容器与活塞的直径分别为 $D = 0.4\text{m}$，$d = 0.2\text{m}$，高度尺寸为 $a = 0.17\text{m}$，$b = 0.35\text{m}$。不计活塞与筒壁之间的摩擦力，试分别求容器上下盖的螺栓群所受的合力 $F(\text{N})$。

BP2.5.1 图 BP2.5.1 所示在一水池的斜壁上有一矩形闸门，宽 $b = 5\text{m}$，高 $a = 4\text{m}$。顶边的深度为 $H = 8\text{m}$。试求：（1）闸门所受的总压力 $F(\text{N})$；（2）压强中心 D 的深度 $h_D(\text{m})$。

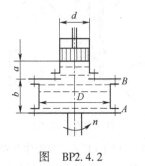

图 BP2.4.2

图 BP2.5.1

BP2.5.2 用力矩积分法重新计算 BP2.5.1 中的 $h_D(\text{m})$。

BP2.5.3 图 BP2.5.3 所示在一水池的直壁上有一倒置的三角形闸门。底宽 $b = 2\text{m}$，高 $a = 3\text{m}$。底边的深度为 $H = 6\text{m}$。试求：（1）闸门所受的总压力 $F(\text{N})$；（2）压强中心 D 的深度 $h_D(\text{m})$。

BP2.5.4 用力矩积分法重新计算 BP2.5.3 中的 $h_D(\text{m})$。

BP2.5.5 图 BP2.5.5 所示一敞开式梯形储油罐的斜壁上有一矩形闸门 AB。闸门宽 $b = 0.8\text{m}$，高 $a = 1.2\text{m}$，油深度 $H = 8\text{m}$。斜壁底角 $\alpha = 40°$，其他尺寸如图所示。罐中油的相对密度为 $SG = 0.82$。试求：（1）闸门总压力 $F(\text{N})$；（2）压强中心 D；（3）压强中心 D 离闸门顶部 A 的距离 $l(\text{m})$。

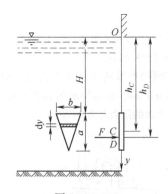

图 BP2.5.3

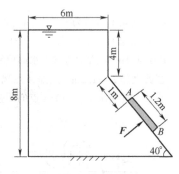

图 BP2.5.5

BP2.6.1 图 BP2.6.1 所示一圆柱形闸门浸于水中。圆柱直径 $d = 4\text{m}$，长 $l = 8\text{m}$。左侧水体自由液面与圆柱同高。试求：（1）作用于圆柱闸门上的总压力 $F(\text{N})$；（2）力与铅垂线的夹角 θ。

BP2.6.2 图 BP2.6.2 所示一 $90°$ 扇形闸门可绕轴 O 旋转。扇形闸门的对称轴 CO 处于水平状态。半径为 $R = 4\text{m}$。左侧水体自由液面与圆柱同高。试分别计算总压力的水平分量 $F_x(\text{N})$

和铅垂分量 $F_y(\text{N})$。

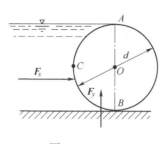

图 BP2.6.1

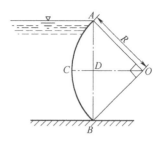

图 BP2.6.2

BP2.6.3 图 BP2.6.3 所示一密封水罐剖面图,长度(垂直纸面)为 $l = 2\text{m}$。水罐右上角装一等长的、半径为 $R = 1\text{m}$ 的圆柱体。设圆柱体底部(C)离水罐顶部距离为 $h = 1.6\text{m}$,水罐顶部的压强为 $p = 20\text{kPa}$,试求水对圆柱体 $\overset{\frown}{ABC}$ 面上的水平压力 $F_x(\text{N})$ 和铅垂压力 $F_y(\text{N})$。

BP2.6.4 图 BP2.6.4 所示一水库的弧形挡水坝剖面。在图示坐标系 Oxy 中,弧线的方程为 $y = x^2/4$。设水位高为 $H = 10\text{m}$,试求作用在单位长坝段的总压力分量 F_x,$F_y(\text{N})$。

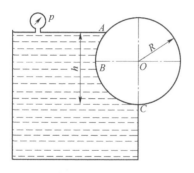

图 BP2.6.3

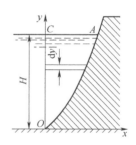

图 BP2.6.4

BP2.6.5 图 BP2.6.5 所示一均质物体悬浮在由水和水银组成的分层液体中且处于平衡状态。设物体在水中和水银中所占的体积比为 $4:6$,试求该物体的密度 $\rho(\text{kg/m}^3)$。

BP2.6.6 图 BP2.6.6 所示一矩形截面木杆,一头套在墙壁 O 点的销子上,另一头 A 垂放在水池中。设木杆的截面尺寸为 $a \times b = 0.15\text{m} \times 0.15\text{m}$,$OA$ 长 $l = 4\text{m}$,O 点与水面的铅垂距离为 $h = 1\text{m}$,木杆的相对密度为 $SG = 0.6$,试求木杆与水面的夹角 θ。

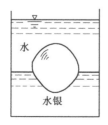

图 BP2.6.5

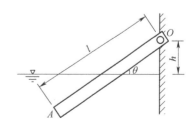

图 BP2.6.6

BP2.6.7 图 BP2.6.7 所示为一复合型矩形敞式水箱剖面图，长(垂直纸面)和宽的尺寸为 $l \times b = 4\text{m} \times 3\text{m}$。左侧有一不封底的隔板，将宽度分为 $b_1 = 1\text{m}$，$b_2 = 2\text{m}$ 两部分。窄腔上部盛油($SG = 0.82$)，深度为 h；其余部分为水，左、右侧水的深度分别为 $H_1 = 2\text{m}$，$H = 3\text{m}$。

试求：（1）$h(\text{m})$；（2）若在油体内投入一重量为 $W = 1000\text{N}$ 的木块，右侧水面上升高度 $\Delta H(\text{m})$。

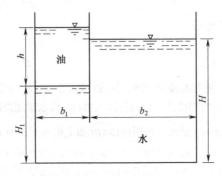

图　BP2.6.7

B3   流体运动学

流体运动学研究流体运动的一般规律，不涉及力的作用。流体力学对流体运动的数学描述以欧拉法为主，即用空间坐标系中的速度分布式来描述一个区域内的流体运动状态，称为流动速度场，简称为流场。利用流场的欧拉表达式可计算每个质点的运动规律，也可计算每个流体元的变形和旋转规律。流体运动学还涉及对流场的几何描述，以增强对流体运动规律的直观认识。

通过本章的学习，应学会用坐标点上的物理量来描述运动流体的物理量变化的方法；学会用速度剖面和流线等方法对流场作几何描述。要抛弃刚体运动模式，建立以质点和流体元为中心的流动模式。学习用简化的流动模型模拟实际的流动，并明确这种简化的合理性和局限性等。掌握这些基础知识和方法对以后学习流体动力学是非常必要的。

B3.1   流动的数学描述

B3.1.1   欧拉法与拉格朗日法

动物学家在研究候鸟运动规律时常采用两种方法：一种是在一些候鸟经过的栖息地建立观察站，在一年的不同时期记录候鸟到达和离开的数据，汇总后可得到全年候鸟的运动规律。另一种是在经选择的一些候鸟腿上捆绑小型无线电定位仪，通过信号接收装置确定每只候鸟的运动规律。第一种方法称为欧拉法，第二种方法称为拉格朗日法。流动的数学描述也采用这两种方法。

1. 拉格朗日法

拉格朗日法也称随体法。观察者跟随流体质点或系统一起运动，记录和描述流体质点或系统的物理量随位置和时间的变化规律。

（1）对流体质点运动的描述

对某质点作标记。如将质点在某一时刻（$t = t_0$）的空间坐标（$x_0 = a$，$y_0 = b$，$z_0 = c$）作为标记，其矢径随时间的变化为

$$r = r(a, b, c, t) \tag{B3.1.1}$$

上式代表了质点的运动轨迹。其中（a，b，c）称为拉格朗日坐标，不同的（a，b，c）值代表不同的质点。其他物理量 B 也可表达为

$$B = B(a, b, c, t)$$

质点的物理量对时间的导数称为质点随体导数或质点物质导数，简称为质点导

数。如矢径的质点导数是质点速度

$$\boldsymbol{v}(a,b,c,t) = \frac{\partial}{\partial t}\boldsymbol{r}(a,b,c,t) \tag{B3.1.2}$$

（2）对流体系统运动的描述

由大量流体元集合而成的有限尺度的流体团称为"流体系统"。在运动过程中流体系统的形状和表面积不断变化，但系统包含的质点群不变。所有流体质点物理量的总和(积分值)称为系统广延量。

流体系统包含了无数流体质点。由于流体的易变形性，在运动过程中各个质点将发生不同的运动。为了描述流体系统的运动必须描述每个质点的运动，显然这样做极其困难，几乎是不可能实现的(相比之下，用拉格朗日法描述刚体或固体质点系的运动是可能的)。拉格朗日法的缺点还在于不能直接给出物理量的空间连续分布，因此除研究单个污染物粒子在水中运动的轨迹、自由液面有规律的波动行为外，流体力学很少采用拉格朗日法。

虽然对流动的数学描述很少用拉格朗日法，但拉格朗日观点仍是重要的。因为观察流动总是着眼于质点和质点群。跟踪一个质点(如污染物粒子)的轨迹或对布满示踪剂的流动水体进行拍摄的图像都体现了拉格朗日观点。在流体力学中有时用到由同一批质点构成的流体线、流体面概念，也是拉格朗日观点。另外，物理学基本定律原来都是描述质点、物体或系统运动的，因此拉格朗日观点是定义和描述流体物理量的基础。

2. 欧拉法

欧拉法也称当地法，是观察者站在坐标点或区域上观察和描述流体质点或系统运动的方法。坐标点上的流体物理量是指某时刻占据坐标点时流体质点的物理量，不同时刻占据该坐标点的流体质点不同。因此欧拉法表示的是流体物理量在不同时刻的空间分布。

在直角坐标系中，在时刻 t 流体物理量 B 的空间分布可表为

$$B = B(x, y, z, t) \tag{B3.1.3}$$

式中，x, y, z, t 称为欧拉变量；(x, y, z) 称为欧拉坐标。

在欧拉法中最重要的流体物理量是速度 $\boldsymbol{v}$ 和压强 p。速度的空间分布为

$$\boldsymbol{v} = \boldsymbol{v}(x, y, z, t) \tag{B3.1.4a}$$

其分量式为

$$\left.\begin{array}{l} u = u(x, y, z, t) \\ v = v(x, y, z, t) \\ w = w(x, y, z, t) \end{array}\right\} \tag{B3.1.4b}$$

压强的空间分布为

$$p = p(x, y, z, t) \tag{B3.1.5}$$

按欧拉的观点，流体作为连续介质在空间构成一个"场"，式(B3.1.4)和式

（B3.1.5）是速度场和压强场的数学表达式。速度场是流体力学中最基本的场，简称为流场。运用成熟的连续函数理论和场论知识等数学工具可以方便地分析和计算流场，从中导出各种流动信息。例如，从速度矢量的分布可直接反映整个流场的运动状态；从速度分布式可分析每个流体元的运动、变形和旋转特性；在已知流体的本构关系后，从速度场可计算流体的应力场等。因此欧拉法是流体力学数学解析法中最常用的方法，也是本书采用的方法。

【例 B3.1.1】 由轨迹方程求速度场

已知：在一流场中某质点的参数式轨迹方程的拉格朗日表达式为

$$x = ae^t + t + 1, \quad y = be^t - 1 \tag{a}$$

式中，a，b 为常数。

求：该流场的速度表达式。

解：按速度的定义由式（a）可得速度的拉格朗日表达式

$$u = \frac{dx}{dt} = ae^t + 1, \quad v = \frac{dy}{dt} = be^t \tag{b}$$

由式（a）求得拉格朗日参数与欧拉参数的关系式

$$a = (x - t - 1)e^{-t}, \quad b = (y + 1)e^{-t} \tag{c}$$

将式（c）代入式（b）可得该流场的速度表达式为

$$u = x - t, \quad v = y + 1$$

B3.1.2 质点导数

根据牛顿第二定律，加速度与力联系在一起，因此如何描述和计算质点加速度是一个重要问题。在数学上质点加速度是质点速度对时间的导数，简称速度的质点导数，属于拉格朗日观点。问题是如何用欧拉法来表示和计算质点导数，本节将推导质点导数的欧拉表示式。

1. 加速度场

图 B3.1.1 所示一质点 a 沿某轨迹线 l 运动。设速度场为 $\boldsymbol{v}(x, y, z, t)$，该质点的欧拉坐标随时间的变化为 $x_a = x_a(t)$，$y_a = y_a(t)$，$z_a = z_a(t)$。在时刻 t 质点 a 的速度可表为

$$\boldsymbol{v}_a = \boldsymbol{v}_a(x_a(t), y_a(t), z_a(t), t)$$

上式表明质点 a 的四个欧拉变数都与时间 t 有关，可用求全导数的方法求质点 a 的加速度，即

$$\boldsymbol{a}_a = \frac{d}{dt}\boldsymbol{v}_a(x_a(t), y_a(t), z_a(t), t)$$

$$= \frac{\partial \boldsymbol{v}_a}{\partial t} + \frac{\partial \boldsymbol{v}_a}{\partial x}\frac{dx_a(t)}{dt} + \frac{\partial \boldsymbol{v}_a}{\partial y}\frac{dy_a(t)}{dt} + \frac{\partial \boldsymbol{v}_a}{\partial z}\frac{dz_a(t)}{dt}$$

根据速度的定义

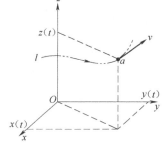

图　B3.1.1

$$u_a = \frac{dx_a(t)}{dt}, v_a = \frac{dy_a(t)}{dt}, w_a = \frac{dz_a(t)}{dt}$$

质点 a 的加速度可改写为

$$\boldsymbol{a}_a = \frac{\partial \boldsymbol{v}_a}{\partial t} + u_a \frac{\partial \boldsymbol{v}_a}{\partial x} + \boldsymbol{v}_a \frac{\partial \boldsymbol{v}_a}{\partial y} + w_a \frac{\partial \boldsymbol{v}_a}{\partial z}$$

上式适用于任何质点，取消脚标可得到用欧拉变数表示的加速度一般表示式

$$\boldsymbol{a}(x,y,z) = \frac{\partial \boldsymbol{v}}{\partial t} + u \frac{\partial \boldsymbol{v}}{\partial x} + v \frac{\partial \boldsymbol{v}}{\partial y} + w \frac{\partial \boldsymbol{v}}{\partial z} \quad \text{(B3.1.6)}$$

其分量式为

$$a_x = \frac{\partial u}{\partial t} + u \frac{\partial u}{\partial x} + v \frac{\partial u}{\partial y} + w \frac{\partial u}{\partial z} \quad \text{(B3.1.7a)}$$

$$a_y = \frac{\partial v}{\partial t} + u \frac{\partial v}{\partial x} + v \frac{\partial v}{\partial y} + w \frac{\partial v}{\partial z} \quad \text{(B3.1.7b)}$$

$$a_z = \frac{\partial w}{\partial t} + u \frac{\partial w}{\partial x} + v \frac{\partial w}{\partial y} + w \frac{\partial w}{\partial z} \quad \text{(B3.1.7c)}$$

与速度场一样，式（B3.1.6）和式（B3.1.7）是加速度场的数学表达式。

2. 任意物理量的质点导数

上述用欧拉变数表示质点加速度的方法，可推广到求任意物理量的质点导数。为了区别于拉格朗日法，用算子符号 D/Dt 表示欧拉法质点导数，定义为

$$\frac{D}{Dt} = \frac{\partial}{\partial t} + u \frac{\partial}{\partial x} + v \frac{\partial}{\partial y} + w \frac{\partial}{\partial z}$$

物理量 $B(x,y,z,t)$ 的质点导数定义为

$$\frac{DB}{Dt} = \frac{\partial B}{\partial t} + u \frac{\partial B}{\partial x} + v \frac{\partial B}{\partial y} + w \frac{\partial B}{\partial z} \quad \text{(B3.1.8)}$$

式中，$\frac{DB}{Dt}$ 表示在时刻 t 空间点上物理量 B 的质点导数。$\frac{\partial B}{\partial t}$ 表示空间点上物理量 B 随时间的变化率，称为物理量 B 的当地变化率（或局部导数），此项反映了流场随时间变化对 B 的影响。$u\frac{\partial B}{\partial x}$ 表示当质点以速度 u 沿 x 方向迁移时，物理量 B 因空间位置的差异引起的变化率，称为物理量 B 在 x 方向的迁移变化率（或位变导数）；$v\frac{\partial B}{\partial y}$ 和 $w\frac{\partial B}{\partial z}$ 分别表示在 y 和 z 方向的迁移变化率。上述三项反映了空间不均匀性对 B 的影响。因此式（B3.1.8）表明物理量 B 的质点导数为当地变化率和迁移变化率之和。用场论符号表示为

$$\frac{DB}{Dt} = \frac{\partial B}{\partial t} + (\boldsymbol{v} \cdot \nabla)B = \left(\frac{\partial}{\partial t} + \boldsymbol{v} \cdot \nabla\right)B \quad \text{(B3.1.9)}$$

式中，算子符号 ∇ 定义为

$$\nabla = \frac{\partial}{\partial x}\boldsymbol{i} + \frac{\partial}{\partial y}\boldsymbol{j} + \frac{\partial}{\partial z}\boldsymbol{k} \quad \text{(B3.1.10)}$$

用算子符号,式(B3.1.6)可改写为

$$a = \frac{\mathrm{D}\boldsymbol{v}}{\mathrm{D}t} = \frac{\partial \boldsymbol{v}}{\partial t} + (\boldsymbol{v} \cdot \nabla)\boldsymbol{v} \qquad (B3.1.11)$$

式中,$\frac{\partial \boldsymbol{v}}{\partial t}$ 称为当地加速度;$(\boldsymbol{v} \cdot \nabla)\boldsymbol{v}$ 称为迁移加速度。对定常流场

$$\frac{\partial \boldsymbol{v}}{\partial t} = \boldsymbol{0} \qquad (B3.1.12)$$

对均匀流场

$$(\boldsymbol{v} \cdot \nabla)\boldsymbol{v} = \boldsymbol{0} \qquad (B3.1.13)$$

若流体沿一管道运动,轴线坐标为 s,截面上的平均速度为 $V = V(s, t)$,其加速度为

$$a_s = \frac{\partial V}{\partial t} + V\frac{\partial V}{\partial s} \qquad (B3.1.14)$$

【例 B3.1.2A】 由速度场求加速度场

已知:速度分布式为

$$u = 4x^3, \quad v = -10x^2 y, \quad w = 2t$$

求:

(1) 加速度分布式;

(2) 在 $t = 1$ 时刻在(2,1,3)点的加速度分量值和总值。

解:(1) 加速度分布式为

$$a_x = \frac{\partial u}{\partial t} + u\frac{\partial u}{\partial x} + v\frac{\partial u}{\partial y} + w\frac{\partial u}{\partial z} = 0 + 4x^3 \cdot 12x^2 + 0 + 0 = 48x^5$$

$$a_y = \frac{\partial v}{\partial t} + u\frac{\partial v}{\partial x} + v\frac{\partial v}{\partial y} + w\frac{\partial v}{\partial z} = 0 + 4x^3(-20xy) + (-10x^2 y)(-10x^2) + 0 = 20x^4 y$$

$$a_z = \frac{\partial w}{\partial t} + u\frac{\partial w}{\partial x} + v\frac{\partial w}{\partial y} + w\frac{\partial w}{\partial z} = 2 + 0 + 0 + 0 = 2$$

(2) 在 $t = 1$ 时刻在(2,1,3)点的加速度分量值和总值分别为

$$a_x = 48x^5 = 48 \times 2^5 = 1536, \quad a_y = 20x^4 y = 20 \times 2^4 \times 1 = 320, \quad a_z = 2$$

$$a = \sqrt{a_x^2 + a_y^2 + a_z^2} = \sqrt{1536^2 + 320^2 + 2^2} = 1569.0$$

【例 B3.1.2B】 收缩管:定常流动迁移加速度

已知:图 BE3.1.2B 所示为一圆锥形收缩管。设喷管长为 $l = 3\text{m}$,进口与出口直径分别为 $d_1 = 0.9\text{m}$,$d_2 = 0.3\text{m}$,流量为 $Q = 3\text{m}^3/\text{s}$。

求:

(1) 进口与出口截面的平均速度 V_1,$V_2(\text{m/s})$;

(2) 进口与出口截面的加速度 a_1,$a_2(\text{m/s}^2)$。

解:取管轴线为 x 轴,原点在入口处。设管截面上的平均速度为 V。因流量不变,当地加速度为零,只有

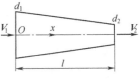

图 BE3.1.2B

迁移加速度

$$a = V \frac{\partial V}{\partial x}$$

截面积的函数关系式为

$$A = \frac{\pi}{4}(0.9 - 0.2x)^2 = 0.0314x^2 - 0.2827x + 0.6362 \, (\text{m}^2)$$

任一截面上的平均速度和加速度为

$$V = \frac{Q}{A}$$

$$a = V \frac{\partial V}{\partial x} = \frac{Q^2}{A^3}(0.2827 - 0.0628x)$$

进口与出口截面的面积分别为

$$A_1 = \frac{\pi}{4} d_1^2 = \frac{\pi}{4}(0.9\text{m})^2 = 0.6362\text{m}^2$$

$$A_2 = \frac{\pi}{4} d_2^2 = \frac{\pi}{4}(0.3\text{m})^2 = 0.0707\text{m}^2$$

（1）进口与出口截面的平均速度分别是

$$V_1 = \frac{Q}{A_1} = \frac{3\text{m}^3/\text{s}}{0.6362\text{m}^2} = 4.72\text{m/s}$$

$$V_2 = \frac{Q}{A_2} = \frac{3\text{m}^3/\text{s}}{0.0707\text{m}^2} = 42.43\text{m/s}$$

（2）进口与出口截面的加速度分别为

$$a_1 = \left[\frac{Q^2}{A_1^3}(0.2827 - 0.0628x) \right]_{x=0} = \frac{(3\text{m}^3/\text{s})^2}{(0.6362\text{m}^2)^3} \times 0.2827\text{m}^2 = 9.9\text{m/s}^2$$

$$a_2 = \left[\frac{Q^2}{A_2^3}(0.2827 - 0.0628x) \right]_{x=3} = \frac{(3\text{m}^3/\text{s})^2}{(0.0707\text{m}^2)^3} \times 0.0943\text{m}^2 = 2401.6\text{m/s}^2$$

讨论：（1）本例表明对管内定常流动由于管道收缩引起迁移加速度，且该加速度沿轴线变化。

（2）计算结果表明收缩管进、出口的直径比为 3∶1，速度比为 1∶9，加速度比为 1∶243。

（3）流体的加速运动必对管壁产生冲击力。收缩管的受力分析将在 B4.3.2 中讨论。

B3.1.3 控制体与雷诺输运公式

1. 控制体概念

前面介绍了用坐标点上的欧拉变数描述质点运动的方法和公式，为了用欧拉法描述流体元和流体系统的运动需要引入控制体概念。

在流场中将人为选定的空间几何区域称为控制体(CV)。控制体是一个假想的、不依赖于流体质点运动而独立存在的空间区域，一般情况下控制体是固定的、不变形的。流体作进入控制体或穿越控制体的流动。通常用有限尺度的控制体上的欧拉变数描述流体系统的运动，用微分尺度的控制体(称为控制体元)上的欧拉变数描述流体元的运动。控制体的边界面称为控制面(CS)。控制面可以是实际存在的物理面(如汽缸的内壁)，也可以是假想的几何面(如流体进出口截面)。

控制体上的广延量是指某一时刻位于控制体位置上的流体系统的广延量，另一种说法是某流体系统在某一时刻运动到控制体所在的空间区域，刚好与控制体重合时，可将系统的广延量作为控制体在该时刻的广延量。

2. 雷诺输运公式

在 B3.1.2 中曾建立了用欧拉变数表示的质点导数式，在建立了控制体及其广延量概念后可将其推广到系统导数的欧拉表示式。

如图 B3.1.2 所示，在流场中取一控制体 CV(实线包含的区域，厚度为 1)，表面为控制面 CS。有一流体系统在 t 时刻与控制体重合 $\tau(t) = CV$，在 $t + \delta t$ 时刻变形为 $\tau(t + \delta t)$(虚线包含的区域)。

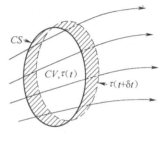

图　B3.1.2

设 $\eta(\boldsymbol{r}, t)$ 为物理量分布函数，称为分布量。在系统上的积分为系统广延量

$$N_{\text{sys}}(t) = \int_{\text{sys}} \eta \mathrm{d}\tau \qquad (\text{B3.1.15})$$

在控制体上的积分为控制体广延量

$$N_{CV}(t) = \int_{CV} \eta \mathrm{d}\tau$$

经推导[20]两者的关系为

$$\frac{\mathrm{D}N_{\text{sys}}}{\mathrm{D}t} = \frac{\partial N_{CV}}{\partial t} + \int_{CS} \eta(\boldsymbol{v} \cdot \boldsymbol{n}) \mathrm{d}A = \frac{\partial}{\partial t} \int_{CV} \eta \mathrm{d}\tau + \int_{CS} \eta(\boldsymbol{v} \cdot \boldsymbol{n}) \mathrm{d}A \quad (\text{B3.1.16})$$

上式称为雷诺输运公式，简称输运公式。式中，$\dfrac{\mathrm{D}N_{\text{sys}}}{\mathrm{D}t}$ 为系统导数，表示当系统与控制体重合时系统广延量对时间的变化率；$\dfrac{\partial}{\partial t} \int_{CV} \eta \mathrm{d}t$ 表示控制体广延量随时间的变化率，对固定的控制体它是由控制体内分布量随时间变化引起的，可称为系统广延量的当地变化率，反映了流场的不定常性影响；$\int_{CS} \eta(\boldsymbol{v} \cdot \boldsymbol{n}) \mathrm{d}A$ 表示通过控制面净流出控制体的广延量流量(参见 B3.1.4)，可称为系统广延量的迁移变化率，反映了流场的不均匀性影响。系统导数为两者之和。

如果流场是定常的，当地变化率项为零，式(B3.1.16)简化为

$$\frac{DN_{sys}}{Dt} = \int_{CS} \eta(\boldsymbol{v} \cdot \boldsymbol{n})\mathrm{d}A \qquad (B3.1.17)$$

上式表明在定常流动中系统导数只取决于控制面上的流动，与控制体内的流动无关。

在运用雷诺输运公式时控制体的位置和形状可以随意选取，就像求解理论力学和材料力学问题中取分离体一样。选取合理位置和形状的控制体将给计算带来简化。通常将控制面取在物理量已知的位置上或需要求解的位置上；而且由于在迁移项中要计算控制面上的流量 $(\boldsymbol{v} \cdot \boldsymbol{n})\mathrm{d}A$，取与速度矢量垂直的控制面总是方便的。

B3.1.4　曲面流量

给出了流场的速度分布式 $\boldsymbol{v}(x, y, z, t)$ 后，如何计算流过一个曲面或区域的流量是流体运动学中的一个基本问题，也是工程上关心的问题。

在图 B3.1.3 中的曲面 A 上取一面积元 $\mathrm{d}A$，面积元的外法线单位矢量为 $\boldsymbol{n}$。设流过面积元中心点的速度矢量 $\boldsymbol{v}$ 与 $\boldsymbol{n}$ 的夹角为 θ，单位时间内流过面积元的微分流量为

$$\mathrm{d}Q = (\boldsymbol{v} \cdot \boldsymbol{n})\mathrm{d}A = v\cos\theta\mathrm{d}A \qquad (B3.1.18)$$

式中，$(\boldsymbol{v} \cdot \boldsymbol{n})$ 称为矢量 $\boldsymbol{v}$ 与 $\boldsymbol{n}$ 的内积，表示 $\boldsymbol{v}$ 在 $\boldsymbol{n}$ 方向的投影值，$(\boldsymbol{v} \cdot \boldsymbol{n}) = v_n = v\cos\theta$。当 $-90° < \theta < 90°$ 时（图 B3.1.3），$\cos\theta > 0$，表示投影值为正，说明 $\boldsymbol{v}$ 与 $\boldsymbol{n}$ 的方向基本一致。若 $90° < \theta < 270°$，$\cos\theta < 0$，表示投影值为负，说明 $\boldsymbol{v}$ 与 $\boldsymbol{n}$ 的方向基本相反（图 B3.1.4）。

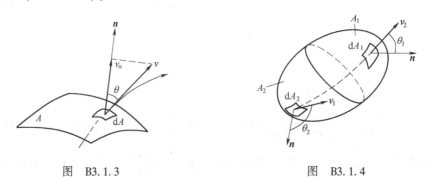

图　B3.1.3　　　　　　　　　　图　B3.1.4

将式（B3.1.18）在曲面 A 上积分可得流过曲面 A 的流量公式

$$Q = \int_A (\boldsymbol{v} \cdot \boldsymbol{n})\mathrm{d}A \qquad (B3.1.19)$$

上式积分值是代数值：当 $Q > 0$ 时表示流出曲面的流量；当 $Q < 0$ 时表示流入曲面的流量。

若设曲面的面积为 A，可定义流过曲面的平均速度为

$$V = \frac{Q}{A} = \frac{1}{A}\int_A (\boldsymbol{v} \cdot \boldsymbol{n})\mathrm{d}A \qquad (B3.1.20)$$

图 B3.1.4 所示是一个封闭曲面，沿流动方向可将其表面分成两部分 $A = A_1 + A_2$。在流出的曲面 A_1 上 $Q_1 > 0$，在流入的曲面 A_2 上 $Q_2 < 0$，总流量为

$$Q = \int_A (\boldsymbol{v} \cdot \boldsymbol{n})\,\mathrm{d}A = \left(\int_{A_1} + \int_{A_2}\right)(\boldsymbol{v} \cdot \boldsymbol{n})\,\mathrm{d}A = Q_1 - |Q_2| \qquad (B3.1.21)$$

上式表明当 A 为封闭曲面时，式(B3.1.19)计算的是净流出封闭曲面的流量。

通过曲面 A 的质量流量定义为

$$\dot{m} = \int_A \rho(\boldsymbol{v} \cdot \boldsymbol{n})\,\mathrm{d}A \qquad (B3.1.22)$$

对不可压缩流体，由式(B3.1.20)，得

$$\dot{m} = \rho Q = \rho V A \qquad (B3.1.23)$$

【例 B3.1.4】 粘性流体圆管流动流量计算

已知：粘性流体在直圆管内作定常流动时，根据流型的不同截面上有两种典型的速度分布式，其中层流型是抛物线分布 $u_1(r)$，湍流型是 1/7 次幂函数分布 $u_2(r)$（见图 B3.3.1）

$$u_1 = u_{m1}\left[1 - \left(\frac{r}{R}\right)^2\right] \qquad (B3.1.24a)$$

$$u_2 = u_{m2}\left(1 - \frac{r}{R}\right)^{1/7} \qquad (B3.1.24b)$$

式中，R 为圆管半径；u_{m1}，u_{m2} 分别为两种速度分布在管轴上的最大速度。

求：(1) 两种速度分布的流量 Q 的表达式；(2) 两种速度分布的截面上平均速度 V。

解：(1) 流量由式(B3.1.19)计算，面积分用极坐标。两种速度分布的流量分别为

$$Q_1 = \int_A (\boldsymbol{v} \cdot \boldsymbol{n})\,\mathrm{d}A = \int_0^R u_{m1}\left(1 - \frac{r^2}{R^2}\right)2\pi r\,\mathrm{d}r$$

$$= 2\pi u_{m1}\left(\frac{r^2}{2} - \frac{r^4}{4R^2}\right)\Big|_0^R = 0.5 u_{m1}\pi R^2$$

$$Q_2 = \int_A (\boldsymbol{v} \cdot \boldsymbol{n})\,\mathrm{d}A = \int_0^R u_{m2}\left(1 - \frac{r}{R}\right)^{1/7}2\pi r\,\mathrm{d}r$$

$$= 2\pi u_{m2}R^2\left[\frac{(1 - r/R)^{15/7}}{15/7} - \frac{(1 - r/R)^{8/7}}{8/7}\right]_0^R$$

$$= 0.8167 u_{m2}\pi R^2$$

(2) 两种速度分布的平均速度分别为

$$V_1 = \frac{Q_1}{\pi R_1^2} = 0.5 u_{m1} \qquad (B3.1.25a)$$

$$V_2 = \frac{Q_2}{\pi R_2^2} = 0.8167 u_{m2} \qquad (B3.1.25b)$$

讨论：计算结果表明抛物线分布的平均速度为最大速度的一半，1/7 次幂分布的平

均速度为最大速度的 0.8167 倍，说明湍流的速度分布中部比较均匀。

B3.2 流动的分类

实际流动是纷繁复杂的，可以从不同的角度对流动进行分类。例如，按流动的内部结构分为层流和湍流，按流体元是否旋转分为无旋和有旋流动，按流场是否被固体边界包围分为内流和外流等。这些特殊的分类将在以后的章节中作专门介绍。本节仅讨论最基本的分类，就是根据流场的时间参数和空间维度对流动进行分类。

B3.2.1 定常与不定常流动

根据流场是否含有时间参数可将流动分为不定常流动和定常流动两类。流动参数不随时间变化的流动称为定常流动，否则称为不定常流动。

通常设流动参数为 $B(x, y, z, t)$，这属于不定常流动。定常流动的数学定义为

$$\frac{\partial B}{\partial t} = 0 \qquad\qquad (B3.2.1)$$

上式等价于流动参数仅是坐标变量的函数，即 $B = B(x, y, z)$。

严格地讲，自然界中的流动很少有真正符合式（B3.2.1）条件的定常流动。但是在实验室里可以创造符合定常流条件的流动，这将对研究流动中不依赖于时间因素的性质和规律带来好处。例如，在实验风洞或水洞中，特地创造了一系列稳定流场的装置，在试验段内造成一个定常流场。这样可以连续地观察流动现象、测量流动参数，不必考虑时间的影响。流场显示实验在定常流动状态中才能取得理想的效果，便于拍摄不同部位的流动结构和细节。例如，在检验和改进汽车外形的研究和设计中，常采用定常烟线或水流来显示汽车模型周围的流场。

在不定常流动研究中两个极端情况常引起研究人员的特别关注：周期性脉动流和随机脉动流。前者的典型例子是人体内的动脉血流，后者的例子是湍流。借助于血压计可以检测到上臂动脉的收缩压和舒张压；在手腕和太阳穴处也可检测到浅表动脉的脉搏。利用超声多普勒测速仪、核磁共振仪等可以测量血管内的流量脉动波。目前已经有能力根据测到的信息计算和分析血管内的流场，用于临床诊断和辅助治疗。湍流是目前流体力学研究和工程应用中最关心、最具挑战性的课题，本书将在 B4.4、C1.3 等章节中作专门讨论。目前比较成功的处理方法是将湍流信号分成时间平均值（时均值）和随机脉动值两部分。对时均定常湍流，脉动值的时间平均值为零，否则称为时均不定常湍流。用普通测量仪器（如毕托管测速计、U 形管测压计、液柱式温度计等）测量湍流时测到的就是时均值，用热线测速仪等可测到随机脉动值。

因物体与流体相对运动造成的不定常流动，可以经过坐标变换转换为定常流。例如，当飞机以恒定速度在空中飞行时，在地面上的观察者看来飞机周围的流场是

不定常的；但对坐在飞机上的观察者看来，飞机周围的流场是定常的。图 B3.2.1a 所示为物体在静止流场中匀速运动时地面观察者看到的不定常流场，图 B3.2.1b 所示为随物体一起运动时观察到的定常流场。在风洞或水洞中将模型固定在试验段洞壁上，让空气或水匀速地流过模型，就是实现这种转换的具体应用。

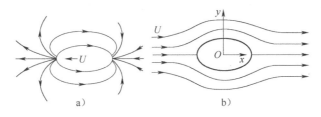

图 B3.2.1

B3.2.2　三维、二维与一维流动

　　根据空间的维度可将流动分为三维、二维与一维流动三类。三维流动符合自然界的实际情况，二维和一维流动是根据流动特点和数学处理需要人为简化的流动模型。三类流动分别定义为：如果速度矢量必须表示成 3 个空间坐标的函数，称这种流动是三维流动。在某些情况下，若速度矢量可简化为 2 个分量，且每个分量仅为 2 个坐标的函数时称为二维流动；若可简化为 1 个分量，且该分量仅为 1 个坐标的函数时称为一维流动。

　　一维流动模型是工程上处理管道和管路流动常采用的模型。例如，在等截面直圆管定常流动中，截面上的速度分布可用式（B3.1.24a）或式（B3.1.24b）表示，且沿轴线不改变。速度分布式中只有一个轴向速度分量 u，且该分量仅为一个径向坐标的函数 $u(r)$，符合一维流动的定义。如果是非等截面直圆管定常流动，截面上的速度分布沿轴线要发生变化。为简化计算，工程上常用平均速度代替截面上的分布速度，其定义由式（B3.1.20）给出。这样平均速度仅是轴线坐标 s 的函数 $V(s)$，也符合一维流动的定义。但应注意，用平均速度代替速度分布的简化方法将会给截面上的动量和动能计算造成偏差。因此用平均速度来建立管道流动的能量方程和动量方程时，动能项和动量项都应乘上修正因子（见例 B3.2.2）。另外用平均速度表示流动时不能计算壁面切应力。

　　二维流动模型常用在流场具有平面流动特征的场合。平面流动是指可用某一个坐标平面上的流动代表整个流场。典型的例子是无粘性均匀流场绕一个无限长的圆柱（图 B3.2.2）或机翼的定常流动，整个流场只要用 xy 平面上的流动就可以描述。其他的例子有：棱柱形宽明渠定常流动可以用纵向对称截面上的二维流场来描述；土层中圆

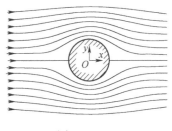

图 B3.2.2

柱形水井向土壤中的渗流可以用关于井中心轴的轴对称平面上的二维渗流流场来描述等。

【例B3.2.2】 圆管流动动能与动量修正因子

已知：设直圆管内粘性流体定常流动的截面速度分布与例 B3.1.4 相同。现用平均速度 V 代替速度分布来计算单位质量流体的动能和动量。动能修正因子 α 和动量修正因子 β 分别定义为

$$\int_A \left(\frac{1}{2}u^2\right)\mathrm{d}\dot{m} = \alpha\left(\frac{1}{2}V^2\right)\dot{m} \tag{B3.2.2}$$

$$\int_A u\mathrm{d}\dot{m} = \beta V\dot{m} \tag{B3.2.3}$$

求：(1) α 的表达式；(2) β 的表达式。

解：(1) 用极坐标求积分。取微分圆环面积 $\mathrm{d}A = 2\pi r\mathrm{d}r$。由式（B3.1.23），$\mathrm{d}\dot{m}(r)$ $= \rho\mathrm{d}Q(r) = \rho u\mathrm{d}A = \rho u\cdot 2\pi r\mathrm{d}r$，由式（B3.2.2）可得动能修正因子

$$\alpha = \int_A \left(\frac{u}{V}\right)^3 \frac{\rho u\mathrm{d}A}{\rho VA} = \frac{1}{A}\int_A \left(\frac{u}{V}\right)^3\mathrm{d}A = \frac{2}{R^2}\int_0^R \left(\frac{u}{V}\right)^3 r\mathrm{d}r \tag{a}$$

对抛物线分布，由式（B3.1.25a）$u_{m1} = 2V_1$，代入式（B3.1.24a）后再代入式（a）可得

$$\alpha_1 = \frac{2}{R^2}\int_0^R \left(\frac{u_1}{V_1}\right)^3 r\mathrm{d}r = \frac{16}{R^2}\int_0^R \left[1-\left(\frac{r}{R}\right)^2\right]^3 r\mathrm{d}r = -2\left[1-\left(\frac{r}{R}\right)^2\right]^4 \Bigg|_0^R = 2$$

对 1/7 次幂分布，由式（B3.1.25b）$u_{m2} = \frac{120}{98}V_2$，代入式（B3.1.24b）后再代入式（a）可得

$$\alpha_2 = \frac{2}{R^2}\int_0^R \left(\frac{u_2}{V_2}\right)^3 r\mathrm{d}r = \frac{2}{R^2}\left(\frac{120}{98}\right)^3 \int_0^R \left(1-\frac{r}{R}\right)^{3/7} r\mathrm{d}r = 1.05838$$

(2) 由式（B3.2.3）可得动量修正因子

$$\beta = \frac{1}{A}\int_A \left(\frac{u}{V}\right)^2\mathrm{d}A = \frac{2}{R^2}\int_0^R \left(\frac{u}{V}\right)^2 r\mathrm{d}r \tag{b}$$

对抛物线分布，由式（B3.1.25a）$u_{m1} = 2V_1$，代入式（B3.1.24a）后再代入式（b）可得

$$\beta_1 = \frac{2}{R^2}\int_0^R \left(\frac{u_1}{V_1}\right)^2 r\mathrm{d}r = \frac{8}{R^2}\int_0^R \left[1-\left(\frac{r}{R}\right)^2\right]^2 r\mathrm{d}r = \frac{4}{3} = 1.333$$

对 1/7 次幂分布，由式（B3.1.25b）$u_{m2} = \frac{120}{98}V_2$，代入式（B3.1.24b）后再代入式（b）可得

$$\beta_2 = \frac{2}{R^2}\int_0^R \left(\frac{u_2}{V_2}\right)^2 r\mathrm{d}r = \frac{2}{R^2}\left(\frac{120}{98}\right)^2 \int_0^R \left(1-\frac{r}{R}\right)^{2/7} r\mathrm{d}r = \frac{50}{49} \approx 1.020$$

讨论：结果表明速度抛物线分布的 α，β 值偏离 1 较大，速度 1/7 次幂分布的 α，β 值接近于 1。用平均速度计算动能和动量时，速度抛物线分布应进行修正，速度 1/7 次幂分布可不必修正，取 $\alpha = \beta = 1$。

B3.3　流动的几何描述

为了直观地显示流场中某些参数的分布特点，用几何线条或图形将其画出来，有的用实验手段直接显示出来，称为流动的几何描述法。借助于这种方法可加深对流场结构的定性认识，也有助于理论建模时作参考。

流动的几何描述法有许多种，本节介绍 4 种最常用的方法。其中速度廓线可描述局部曲面上的速度大小和分布，迹线可以描述单个质点的运动轨迹，流线可以描述某瞬时全流场各点的速度方向，脉线可以显示流场中相继从固定点出发的质点的行进脉络等。

B3.3.1　速度廓线与剖面

将流场中某截面或曲面上所有速度矢量的箭头端部用线连成包络线称为速度廓线，二维速度廓线又称为速度剖面。用画速度廓线或剖面的方法可显示流场中局部曲面上的速度大小和分布特征，是流动几何描述中最常用的方法之一。在画速度廓线或剖面的同时最好也标出速度矢量线，便于说明流动的方向。如果能直接判断流动方向也可不标速度矢量线，此时默认其速度矢量均垂直于截面，图 B3.3.1 所示直圆管定常流的截面上三条典型的速度剖面就属于此类。这三条剖面线流量相同但形状不同，剖面线 1 代表层流，剖面线 2，3 代表湍流。湍流速度剖面中部较平坦而壁面附近陡峭，说明壁面上的切应力比层流明显增大。如果流动方向难以判定，且速度矢量不垂直曲面时必须将速度矢量线标出。例如，图 B3.3.2 所示是某一控制面上的速度剖面和速度矢量图。其中，A_1，A_2 曲面上流体流出控制面，A_3，A_4 曲面上流体流入控制面；大部分速度矢量线均不垂直控制面。

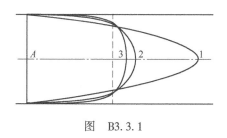

图　B3.3.1

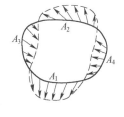

图　B3.3.2

B3.3.2　迹线

在流场中对某一流体质点作标记，将其在不同时刻所在的位置点连成线就是该

质点的迹线。迹线概念代表了拉格朗日观点。在 B3.1.1 中已列出了用拉格朗日坐标表示的迹线方程

$$\boldsymbol{r} = \boldsymbol{r}(a, b, c, t) \qquad (B3.3.1)$$

式中，a，b，c 为标记质点的常数；t 为自变量。

迹线的欧拉表示式可从式（B3.3.1）导出（见例 B3.1.1），也可以从速度场独立导出。按速度的定义

$$\boldsymbol{v}(x, y, z, t) = \frac{\mathrm{d}\boldsymbol{r}}{\mathrm{d}t}$$

写成速度分量式为

$$\left.\begin{array}{l} u(x, y, z, t) = \dfrac{\mathrm{d}x}{\mathrm{d}t} \\[2mm] v(x, y, z, t) = \dfrac{\mathrm{d}y}{\mathrm{d}t} \\[2mm] w(x, y, z, t) = \dfrac{\mathrm{d}z}{\mathrm{d}t} \end{array}\right\} \qquad (B3.3.2)$$

或写成

$$\frac{\mathrm{d}x}{u(x, y, z, t)} = \frac{\mathrm{d}y}{v(x, y, z, t)} = \frac{\mathrm{d}z}{w(x, y, z, t)} = \mathrm{d}t \qquad (B3.3.3)$$

式（B3.3.2）和式（B3.3.3）就是迹线的欧拉表示式。其中，t 为自变量，x，y，z 均看做 t 的函数。将式（B3.3.2）进行积分可分别得到三个积分常数，按质点在初始时刻所在位置 (a, b, c) 条件确定积分常数，即可得该质点的迹线的拉格朗日方程。

迹线是可以直接观察的线。在流场中加入示踪粒子或对某个流体微团作标记，用摄像机连续拍摄示踪粒子经过的路径就是迹线。在定常流场中通过某一坐标点的迹线形状不随时间变化；但在不定常流场中经过该点的流体质点可能走不同的轨迹，通过同一坐标点的迹线可能有多条。

B3.3.3 流线

流线被定义为流场中一条瞬时矢量线，该线上任意一点的切线方向（$\mathrm{d}\boldsymbol{r}$）与该点的速度矢量方向（$\boldsymbol{v}$）一致，如图 B3.3.3 所示。
在直角坐标系中，$\mathrm{d}\boldsymbol{r}$ 与 $\boldsymbol{v}$ 平行可用场论符号表示为

$$\mathrm{d}\boldsymbol{r} \times \boldsymbol{v} = \begin{vmatrix} \boldsymbol{i} & \boldsymbol{j} & \boldsymbol{k} \\ \mathrm{d}x & \mathrm{d}y & \mathrm{d}z \\ u & v & w \end{vmatrix} = \boldsymbol{0} \quad (B3.3.4)$$

展开行列式可得微分方程组为

图　B3.3.3

$$w\mathrm{d}y - v\mathrm{d}z = 0 \\ w\mathrm{d}x - u\mathrm{d}z = 0 \\ v\mathrm{d}x - u\mathrm{d}y = 0$$
（B3.3.5）

或写成

$$\frac{\mathrm{d}x}{u(x,\ y,\ z,\ t)} = \frac{\mathrm{d}y}{v(x,\ y,\ z,\ t)} = \frac{\mathrm{d}z}{w(x,\ y,\ z,\ t)}$$
（B3.3.6）

式（B3.3.6）称为 t 时刻的流线微分方程。其中，方程中的 t 是参数，x，y，z 是独立的坐标变量。

流线的概念体现了欧拉观点。在定常流场中流线形状不变，与迹线重合。在不定常流场中流线形状随时间改变，每一瞬时的流线形状均不同，与迹线不重合。因不定常流场中流线的瞬时性，难以直接观察与演示流线，即使用高速摄影技术也只能拍得流线的近似图像。流线只能用数学方法建立，通过求解式（B3.3.6）方程组可得流线方程。由于流线直接反映速度场，而速度场是流体力学的基本场，因此用流线来描绘流场是最常用的方法之一。无论是定常流还是不定常流，流线均不相交，因为在每一坐标点上，瞬时只能有一个速度矢量（奇点、驻点除外）。

将流线概念推广到空间，定义流面为：由通过任意非流线的一根曲线上每一点的流线组成的面。

【例 B3.3.3】 不定常流场几何描述：迹线与流线

已知：速度场为

$$u = x - t$$
$$v = y + 1$$

设 $t = 0$ 时刻质点 M 位于 $A(1,\ 1)$ 点。

求：（1）质点 M 的迹线方程；（2）$t = 0$ 时刻过 $A(1,\ 1)$ 点的流线方程；（3）$t = 1$ 时刻质点 M 的运动方向。

解：此流场属于无周期性的不定常流场。

（1）由式（B3.3.2），迹线的微分方程组为

$$\frac{\mathrm{d}x}{\mathrm{d}t} = x - t, \quad \frac{\mathrm{d}y}{\mathrm{d}t} = y + 1$$
（a）

按一阶常微分方程的解法，可求得式（a）两个方程的解分别为

$$x = \mathrm{e}^t \left[\int (-t) \mathrm{e}^{-t} \mathrm{d}t + C_1 \right] = -\mathrm{e}^t (-t\mathrm{e}^{-t} - \mathrm{e}^{-t} - C_1) = C_1 \mathrm{e}^t + t + 1$$

$$y = \mathrm{e}^t \left(\int \mathrm{e}^{-t} \mathrm{d}t + C_2 \right) = C_2 \mathrm{e}^t - 1$$

在 $t = 0$ 时刻质点 M 位于（1，1）点，可得 $C_1 = 0$，$C_2 = 2$。所以迹线的参数方程为

$$x = t + 1, \quad y = 2\mathrm{e}^t - 1$$
（b）

从方程（b）可知，随着时间的增大质点 M 的坐标 x，y 值均增大。将式（b）消去参数 t 可得迹线方程为

$$y = 2e^{x-1} - 1 \tag{c}$$

上式表明质点 M 的迹线为过 $(1, 1)$ 点的一条指数函数曲线（图 BE3.3.3 中的实线）。

（2）由式（B3.3.6），流线方程为

$$\frac{\mathrm{d}x}{x-t} = \frac{\mathrm{d}y}{y+1} \tag{d}$$

积分可得流线方程一般式

$$x - t = C_3(y+1) \tag{e}$$

在 $t = 0$ 时刻流线通过 $A(1, 1)$ 点，可得 $C_3 = 1/2$，相应的流线方程为

$$2x - y - 1 = 0 \tag{f}$$

上式表明 $t = 0$ 时刻过 $A(1, 1)$ 点的流线是一条直线，在 A 点与质点 M 的迹线相切（图 BE3.3.3 中的虚线）。

（3）为了确定 $t = 1$ 时刻质点 M 的运动方向，需求此时质点 M 的位置和过此点的流线方程。由迹线的参数式方程（b）可确定，$t = 1$ 时刻质点 M 位于 $B(x = 2,$ $y = 2e - 1 = 4.4)$ 位置，代入流线方程一般式（e）可得 $C_3 = 1/(2e)$。所以 $t = 1$ 时刻过 B 的流线方程为

$$y - 2ex - (1 + 2e) = y - 5.4x - 6.4 = 0 \tag{g}$$

这是一条与质点 M 的迹线相切于 B 点的斜直线（图 BE3.3.3 中的点画线），运动方向为沿该直线朝 x，y 值增大方向。

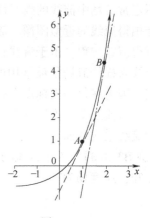

图　BE3.3.3

讨论：（1）对比式（c）和式（f），说明不定常流动中迹线与流线不重合。

（2）从式（e）可见，不同时刻通过某坐标点的流线不同（流场的不定常性）；同一时刻通过不同坐标点的流线也不同（流场的不均匀性）。

（3）利用迹线和流线方程可判断任意时刻质点的位置和运动方向。

B3.3.4　脉线

脉线是在某瞬时将在此瞬时之前某时段内相继通过某固定点的流体质点连成的线。脉线的概念既体现了欧拉观点又体现了拉格朗日观点。脉线方程的推导比迹线和流线复杂，由固定点的位置、质点的标记和某瞬时的时刻共同决定[18]。脉线的优点是可以观察或演示：在流场的某点上连续释放示踪剂（如水中用液态染料，空气中用烟气），在某一时刻用相机拍摄下来的示踪剂的脉络线就是该瞬时的脉线。在无风的环境中，烟头冒出的一缕烟丝就是脉线。从消防水龙喷管口中喷出的水柱线也是脉线，当摇晃喷管时脉线呈现蜿蜒的蛇形。脉线也称为染色线、烟线或条纹线。

在定常流场中脉线与流线、迹线重合，因此常用拍摄脉线的方法来显示流线和流场。在不定常流场中脉线也是常用的流场显示方法，但它既不代表流线，也不代表迹线。图 B3.3.4 所示为在油流中某瞬时拍摄的圆柱后面的脉线，该现象称为卡门涡街(参见 C5.4.3)。由于此现象属于不定常流，不同时刻拍摄的脉线图像是不同的。

图　B3.3.4

B3.3.5　流管、流束与总流

把流面围成一根管子就是流管，如图 B3.3.5 所示。因流管是由流线组成的，流线所有的特征流管都有。在定常流场中流管形状不变，流体就在流管内流动。在不定常流场中流管形状随时间变化，但在任何时候流体都不能穿越流管。

流管内的流体称为流束，流束内处处与流线垂直的截面称为有效截面(或过流截面)。工程上将流线相互平行或基本平行的流动称为缓变流(否则称为急变流)。缓变流的有效截面是平面，如图 B3.3.5 中 A_1，A_2 截面。

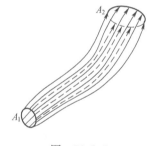

图　B3.3.5

微元流束是有效截面为无限小的流束，工程上常将微元流束代表流线。工程上将指定界面包围的流束称为总流，如管道内和渠道内的流体总体。若总流是缓变流时，常在有效截面上取流动参数的平均值(如平均速度)按一维流动处理。

B3.4　流体元的变形与旋转

前面讨论的都是质点的运动，本节要讨论流体元的变形和旋转。如前所述，从流场的速度分布式可直接分析流体元的运动、变形和旋转特性，本节将推导这些关系式。为便于分析，本节均以平面流动为主。认识并记住这些关系式对以后学习流体动力学方程、认识其物理意义是必要的。

B3.4.1　线应变率

设 xy 平面流场中矩形面积元边长分别为 δx 和 δy。速度分量 u 在 x 方向存在速度梯度 $\dfrac{\partial u}{\partial x} > 0$。在 δt 时段内面元在 x 方向增加的长度为 $\dfrac{\partial u}{\partial x}\delta x \delta t$，如图 B3.4.1 所示。

当取 $\delta t \to 0$ 时，面元长度 δx 在 x 方向的瞬时相对伸长率 ε_{xx} 为

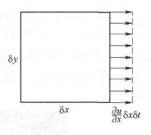

$$\varepsilon_{xx} = \lim_{\substack{\delta x \to 0 \\ \delta t \to 0}} \frac{\Delta(\delta x)}{\delta x \delta t} = \lim_{\substack{\delta x \to 0 \\ \delta t \to 0}} \frac{\left(\delta x + \frac{\partial u}{\partial x}\delta x \delta t\right) - \delta x}{\delta x \delta t} = \frac{\partial u}{\partial x}$$

（B3.4.1a）

图 B3.4.1

ε_{xx} 称为线应变速率，简称线应变率。用类似的方法可以推导得 y 和 z 方向的线应变率为

$$\varepsilon_{yy} = \frac{\partial v}{\partial y}$$

（B3.4.1b）

$$\varepsilon_{zz} = \frac{\partial w}{\partial z}$$

（B3.4.1c）

若矩形面元在 x 和 y 方向都有速度梯度，其面积将向两个方向同时扩张，面元面积的相对扩张速率（简称面积扩张率）为

$$\lim_{\substack{\delta A \to 0 \\ \delta t \to 0}} \frac{\Delta(\delta A)}{\delta A \delta t} = \frac{\partial u}{\partial x} + \frac{\partial v}{\partial y} = \nabla \cdot \boldsymbol{v}$$

（B3.4.2）

式中，$\nabla \cdot \boldsymbol{v}$ 为场论中的符号，称为速度散度。

推广到三维流场，体积元的体积相对膨胀速率（简称体积膨胀率）为

$$\lim_{\substack{\delta \tau \to 0 \\ \delta t \to 0}} \frac{\Delta(\delta \tau)}{\delta \tau \delta t} = \frac{\partial u}{\partial x} + \frac{\partial v}{\partial y} + \frac{\partial w}{\partial z} = \nabla \cdot \boldsymbol{v}$$

（B3.4.3）

上式为速度散度的三维表达式。当速度散度为零时，

$$\nabla \cdot \boldsymbol{v} = 0$$

上式表示任一点邻域流体的面积扩张率或体积膨胀率为零，这种流动称为不可压缩流动（参见 B4.1.2）。

【例 B3.4.1】 90°角域流:线应变率

已知：设速度场为

$$u = 2x, v = -2y$$

流场中边长为 2 的正方形流体面 $ABCD$ 在 $t = 0$ 时位于图 BE3.4.1 所示位置。

求：（1）流线表达式和第一象限流线图；（2）流体元的线应变率和面积扩张率；（3）A，B，C，D 四点在 $t = t_1 = 0.55$ 时的位置和流体面的形状。

解：（1）由式（B3.3.6），流线方程为

$$\frac{\mathrm{d}x}{2x} = \frac{\mathrm{d}y}{-2y}$$

积分上式可得流线表达式为

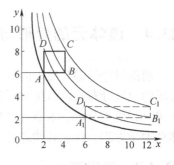

图 BE3.4.1

$$xy = C' \tag{a}$$

上式表明流线为双曲线，第一象限流线图为图 BE3.4.1 中的曲线所示。

（2）按式（B3.4.1a）和式（B3.4.1b）流体元在 x，y 方向上的线应变率分别为

$$\varepsilon_{xx} = \frac{\partial u}{\partial x} = 2, \quad \varepsilon_{yy} = \frac{\partial v}{\partial y} = -2$$

上式说明 x 方向的线元以速率 2 伸长，y 方向的线元以速率 -2 缩短。按式（B3.4.2）面积扩张率为

$$\nabla \cdot \boldsymbol{v} = \frac{\partial u}{\partial x} + \frac{\partial v}{\partial y} = 2 - 2 = 0$$

上式说明面积扩张率为零，即流体面在运动中形状改变但面积保持不变。

（3）为了求 A，B，C，D 四点的位置随时间的改变需要求各点的时间参数形式迹线方程。设 $t = 0$ 时质点位于 $A(x, y)$，$t = t_1$ 时位于 $A_1(x_1, y_1)$。由式（B3.3.2）积分可得

$$\frac{\mathrm{d}x}{\mathrm{d}t} = 2x, \int_x^{x_1} \frac{\mathrm{d}x}{x} = \int_0^{t_1} 2\mathrm{d}t, \ln \frac{x_1}{x} = 2t_1 \tag{b}$$

$$\frac{\mathrm{d}y}{\mathrm{d}t} = -2y, \int_y^{y_1} \frac{\mathrm{d}y}{y} = -\int_0^{t_1} 2\mathrm{d}t, \ln \frac{y_1}{y} = -2t_1 \tag{c}$$

现 $t_1 = 0.55$，由式（b）可得 $x_1 = 3x$；由式（c）可得 $y_1 = y/3$。因此 $t_1 = 0.55$ 时 A，B，C，D 四点分别移动到 A_1，B_1，C_1，D_1 位置，如图 BE3.4.1 中虚线矩形所示。

讨论：（1）由式（b）和式（c）知矩形流体面在 x 方向的扩张倍数和在 y 方向的收缩倍数相同，因此流体面在运动过程中面积保持不变。

（2）本例中流线与迹线重合，A，B，C，D 各点均沿各自的双曲线迹线运动。按流线和迹线方程画的图 BE3.4.1 形象地描述了质点运动、流体元和流体面运动和变形的规律。该流场的物理背景是二维平面驻点流或 90°角域流，本例提供了对这类流动的感性认识。

B3.4.2　角变形率

　　为了研究流体元的角变形规律，可考察图 B3.4.2 所示 xy 平面流场中一对正交于 M 点的微分线元 MA，MB 之间的角度变化。设线元 MA，MB 的长度分别为 δx，δy。在 δt 时段内，因速度分量 v 沿 x 方向存在梯度 $\frac{\partial v}{\partial x}$，线元 MA 绕 M 点沿逆时针方向旋转角度为 $\delta \alpha$；因速度分量 u 沿 y 方向存在梯度 $\frac{\partial u}{\partial y}$，线元 MB 绕 M 点沿

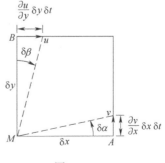

图　B3.4.2

顺时针方向旋转角度为 $\delta\beta$。旋转角度分别计算如下：

$$\left. \begin{aligned} \delta\alpha &= \lim_{\delta x \to 0} \frac{\dfrac{\partial v}{\partial x}\delta x \delta t}{\delta x} = \frac{\partial v}{\partial x}\delta t \\[2mm] \delta\beta &= \lim_{\delta y \to 0} \frac{\dfrac{\partial u}{\partial y}\delta y \delta t}{\delta y} = \frac{\partial u}{\partial y}\delta t \end{aligned} \right\} \qquad (\text{B3.4.4})$$

在 xy 平面内，一点邻域内流体的角变形速率定义为正交于该点的两微分线元的瞬时角度变化速率之和，用 $\dot{\gamma}_{ij}(i \neq j)$ 表示为

$$\dot{\gamma}_{xy} = \frac{\mathrm{d}\gamma_{xy}}{\mathrm{d}t} = \lim_{\delta t \to 0} \frac{\delta\alpha + \delta\beta}{\delta t} = \frac{\partial v}{\partial x} + \frac{\partial u}{\partial y} \qquad (\text{B3.4.5a})$$

约定 $\dot{\gamma}_{xy} > 0$ 表示正交线元的夹角减小。在 xz 平面和 yz 平面内的角变形速率分别表示为

$$\dot{\gamma}_{xz} = \frac{\partial w}{\partial x} + \frac{\partial u}{\partial z} \qquad (\text{B3.4.5b})$$

$$\dot{\gamma}_{yz} = \frac{\partial w}{\partial y} + \frac{\partial v}{\partial z} \qquad (\text{B3.4.5c})$$

角变形速率又称剪切变形速率，简称角变形率或切变率。

在流体力学中，角变形速率还有另外一种定义：取正交于该点的两微分线元的瞬时角度变化速率的平均值，用 $\varepsilon_{ij}(i \neq j)$ 表示，有

$$\varepsilon_{xy} = \frac{1}{2}\dot{\gamma}_{xy} = \frac{1}{2}\left(\frac{\partial v}{\partial x} + \frac{\partial u}{\partial y} \right) \qquad (\text{B3.4.6a})$$

$$\varepsilon_{xz} = \frac{1}{2}\dot{\gamma}_{xz} = \frac{1}{2}\left(\frac{\partial w}{\partial x} + \frac{\partial u}{\partial z} \right) \qquad (\text{B3.4.6b})$$

$$\varepsilon_{yz} = \frac{1}{2}\dot{\gamma}_{yz} = \frac{1}{2}\left(\frac{\partial w}{\partial y} + \frac{\partial v}{\partial z} \right) \qquad (\text{B3.4.6c})$$

两种定义仅差一个系数 1/2。

B3.4.3 旋转角速度

定义流体元的旋转角速度可借用定义角变形率的方法：分别将正交线元 MA 和 MB 的旋转角度直接对时间求导，计算两线元的旋转角速度（以逆时针方向为正）为

$$\omega_{MA} = \lim_{\delta t \to 0} \frac{\delta\alpha}{\delta t} = \lim_{\delta t \to 0} \frac{\dfrac{\partial v}{\partial x}\delta t}{\delta t} = \frac{\partial v}{\partial x} \qquad (\text{B3.4.7a})$$

$$\omega_{MB} = \lim_{\delta t \to 0} \frac{-\delta\beta}{\delta t} = \lim_{\delta t \to 0} \frac{-\dfrac{\partial u}{\partial y}\delta t}{\delta t} = -\frac{\partial u}{\partial y} \qquad (\text{B3.4.7b})$$

将两正交线元旋转角速度的平均值定义为流体元的旋转角速度。设过 M 点垂直于

xy 平面的轴为 z 轴,流体元绕 z 轴的旋转角速度为

$$\omega_z = \frac{1}{2}\left(\frac{\partial v}{\partial x} - \frac{\partial u}{\partial y}\right) \qquad (B3.4.8a)$$

同理,流体元绕 x 轴和 y 轴的旋转角速度分别为

$$\omega_x = \frac{1}{2}\left(\frac{\partial w}{\partial y} - \frac{\partial v}{\partial z}\right) \qquad (B3.4.8b)$$

$$\omega_y = \frac{1}{2}\left(\frac{\partial u}{\partial z} - \frac{\partial w}{\partial x}\right) \qquad (B3.4.8c)$$

上述三个角速度分量 $\omega_x, \omega_y, \omega_z$ 构成角速度矢量

$$\boldsymbol{\omega} = \omega_x \boldsymbol{i} + \omega_y \boldsymbol{j} + \omega_z \boldsymbol{k} = \frac{1}{2}\nabla \times \boldsymbol{v} \qquad (B3.4.9)$$

$\nabla \times \boldsymbol{v}$ 称为速度旋度,又称涡量。在场论中速度旋度 $\boldsymbol{\Omega}$ 的计算式为

$$\boldsymbol{\Omega} = \nabla \times \boldsymbol{v} = \begin{vmatrix} \boldsymbol{i} & \boldsymbol{j} & \boldsymbol{k} \\ \dfrac{\partial}{\partial x} & \dfrac{\partial}{\partial y} & \dfrac{\partial}{\partial z} \\ u & v & w \end{vmatrix} = 2\boldsymbol{\omega} \qquad (B3.4.10)$$

根据流体元的涡量(或角速度)是否为零可将流动分为有旋流动和无旋流动。粘性流动一般都是有旋流动,无旋流动总是与无粘流体模型联系在一起。

【例 B3.4.3】 平板剪切流:切变率与旋转角速度

已知:上平板以速度 U 平行于下固定平板运动,带动两板之间的粘性流体形成平行剪切流(又称库埃特流,参见 C2.3)。在图 BE3.4.3 所示坐标系中的速度场为

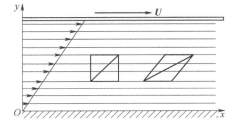

图 BE3.4.3

$$\begin{cases} u = ky \\ v = 0 \end{cases} \quad (k \text{ 为常数})$$

求:试分析该流场的运动学特性。

解:(1)流线:设 $k > 0$,Oy 截面上的速度剖面如图 BE3.4.3 左侧所示。由式(B3.3.5)中的第三式子可得流线微分方程为

$$u\mathrm{d}y = ky\mathrm{d}y = 0$$

上式积分后可得流线方程为

$$y = C \qquad (a)$$

上式说明流线是平行于 x 轴的直线簇,如图 BE3.4.3 所示。

(2)线应变率和面积扩张率:由式(B3.4.1a)、式(B3.4.1b)和式(B3.4.2)可得

$$\varepsilon_{xx} = \frac{\partial u}{\partial x} = 0, \quad \varepsilon_{yy} = \frac{\partial v}{\partial y} = 0, \quad \nabla \cdot \boldsymbol{v} = \frac{\partial u}{\partial x} + \frac{\partial v}{\partial y} = 0 \qquad (b)$$

上式说明 x,y 方向的线元既不伸长也不缩短，任何流体元的面积在流动中保持不变。

（3）角变形率：由式（B3.4.5a）可得

$$\dot{\gamma} = \frac{\partial v}{\partial x} + \frac{\partial u}{\partial y} = k \qquad\qquad (c)$$

上式说明角变形率为常值，即 x,y 方向正交线元的夹角以恒速率逐渐减小。

（4）旋转角速度：由式（B3.4.8a）可得

$$\omega = \frac{1}{2}\left(\frac{\partial v}{\partial x} - \frac{\partial u}{\partial y}\right) = -\frac{k}{2}$$

上式说明流体元以恒定的角速度作顺时针旋转。

讨论：（1）本例中 $\dot{\gamma} = k > 0$，说明沿流动方向正方形流体元变为平行四边形，如图 BE3.4.3 所示。越到下游平行四边形变得越狭长，但面积保持常值。

（2）本例流场中遍布涡量（$\Omega < 0$），形成涡量场。涡量沿流线分布形成线涡。实际上正是由于每条流线都是线涡，才形成速度沿 y 方向的线性增加。

（3）本例说明了已知速度分布式，就能利用式（B3.4.1）、式（B3.4.5）和式（B3.4.8）等式分别计算流场中任意流体元的线应变率、角变形率和角速度等运动学信息。该方法可推广到三维流场。

最后必须指出，由于流体的易变形性，流体的变形和旋转均以流体质点为中心。这就是说，上述以流体元为研究对象只是一个便于说明的模型，最终必须取流体元的线尺度趋于零的极限值才对（时间上取瞬时值），称为一点邻域的角变形率和旋转角速度。从式（B3.4.5）和式（B3.4.8）可看到，角变形率和旋转角速度均由一点邻域内的速度分布决定，角变形率和旋转角速度可以逐点不同，也具有空间分布的特征。因此流体的变形和旋转运动与固体的变形和刚体的旋转运动有本质区别，不能用固体和刚体的运动模式来理解流体的运动。

习　题

BP3.1.1　已知质点轨迹方程的一般式为

$$x = C_1 e^t - t - 1, \quad y = C_2 e^t + t - 1, \quad z = C_3$$

式中，C_1，C_2，C_3 为常数。

（1）若 $t=0$ 时刻质点的位置在 $x=a$，$y=b$，$z=c$，试求其轨迹方程；

（2）从轨迹方程导出速度场表达式。

BP3.1.2　已知质点的轨迹方程为

$$x = a e^t + b e^{-t}, \quad y = a e^t - b e^{-t}$$

式中，a，b 为常数。试导出速度场表达式。

BP3.1.3　试求习题 BP3.1.1 的加速度场。

BP3.1.4　试求习题 BP3.1.2 的加速度场。

BP3.1.5　圆锥形收缩管长 $l = 0.36\text{m}$，进、出口直径分别为 $d_1 = 0.09\text{m}$，$d_2 = 0.03\text{m}$。流量为 $Q =$

$0.01\mathrm{m}^3/\mathrm{s}$。试求进、出口的平均加速度 a_1，a_2（$\mathrm{m/s}^2$）。

BP3.1.6 不可压缩无粘性流体以均流速度 $U=1\mathrm{m/s}$ 对半径为 $R=0.1\mathrm{m}$ 的圆柱体作定常平面绕流。设沿前半支零流线 AB（图 BP3.1.6）的速度表达式为

$$u = U\left(1 - \frac{R^2}{x^2}\right)$$

试求沿 AB 线的加速度表达式，并分析速度和加速度沿 AB 线的变化规律（用图表示）。

BP3.1.7 已知速度场为 $u=y$（$\mathrm{m/s}$），$v=2$（$\mathrm{m/s}$），用流量公式（B3.1.19）求通过图 BP3.1.7 中所示阴影面积（1）（右侧面）和（2）（上侧面）（单位为 m）的体积流量 Q_1 和 Q_2。

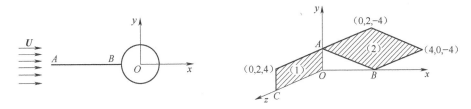

图 BP3.1.6   图 BP3.1.7

BP3.1.8 不可压缩粘性流体在圆管中作定常流动，圆管截面上的速度分布为 $u=10(1-r^2/R^2)$ $\mathrm{cm/s}$，圆管半径 $R=2\mathrm{cm}$，试求截面上的体积流量 Q、平均速度 V 和最大速度 u_m。

BP3.2.1 已知流场的速度分布为 $\boldsymbol{V}=2xy\boldsymbol{i}+y^2\boldsymbol{j}$。(1)试问该流场属几维流动？(2)求点(1，1)处的加速度。

BP3.2.2 已知流场的速度分布为 $\boldsymbol{V}=(4x^3+2y+xy)\boldsymbol{i}+(3x-y^3+z)\boldsymbol{j}$。(1)试问该流场属几维流动？(2)求点(2，2，3)处的加速度。

BP3.2.3 已知流场的速度分布为 $\boldsymbol{V}=x^2y\boldsymbol{i}-3y\boldsymbol{j}+2x^2\boldsymbol{k}$。(1)试问该流场属几维流动？(2)求点(2，1，1)处的加速度。

BP3.3.1 设平面定常流动的速度分布为 $u=x^2$，$v=-xy$，试求分别通过点(2，1)，(2，2)，(2，4)的流线，并画出第一象限的流线图。

BP3.3.2 设平面不定常流动的速度分布为 $u=x-t$，$v=-y+t$，在 $t=0$ 时刻流体质点 A 位于点(2，1)。试求：(1)质点 A 的迹线方程；(2)$t=0$ 时刻过(2，1)的流线方程并与迹线作比较。

BP3.3.3 设平面不定常流动的速度分布为 $u=xt$，$v=2$，在 $t=0$ 时刻流体质点 A 位于点(1，1)。试求：(1)质点 A 的迹线方程；(2)在 $t=1$，2，3 时刻通过点(1，1)的流线方程，并作示意图说明。

BP3.3.4 设平面不定常流动的速度分布为 $u=xt$，$v=-yt$，试求迹线与流线方程，并作讨论。

BP3.4.1 已知平面均流流场速度分布为 $u=1$，$v=0$，试分析流场中的运动状态：(1)线应变率；(2)面积扩张率；(3)角变形率；(4)旋转角速度。

BP3.4.2 已知平面纯剪切流场速度分布为 $u=2y$，$v=2x$，在直角坐标系中试分析流场中的运动状态：(1)线应变率；(2)面积扩张率；(3)角变形率；(4)旋转角速度。

BP3.4.3 已知平面点涡流场速度分布为

$$u = -\frac{y}{x^2 + y^2}, \ v = \frac{x}{x^2 + y^2}$$

在直角坐标系中试分析流场中的运动状态：(1)线应变率；(2)面积扩张率；(3)角变形率；(4)旋转角速度。

BP3.4.4　已知速度场为 $u = x - y$，$v = y - z$，$w = x^2 + y^2 + z^2$，试分析点$(2, 2, 2)$处的运动状态：(1)线应变率；(2)体积膨胀率；(3)角变形率；(4)旋转角速度。

BP3.4.5　已知速度场 $u = y + z$，$v = z + x$，$w = x + y$，试分析点$(1, 1, 1)$处的运动状态：(1)线应变率；(2)体积膨胀率；(3)角变形率；(4)旋转角速度。

B4　流体动力学

　　流体动力学研究力（能量）与流体运动之间的关系。这种关系遵循物理学的质量、动量和能量守恒定律。按照物理学基本定律，用数学方程表示力（能量）和运动之间的定量关系称为动力学基本方程。建立、求解和应用动力学基本方程构成工程流体力学的核心内容。根据研究对象是流体元或流体系统，方程的形式分为微分型和积分型两类。

　　微分型基本方程（如连续性方程和运动方程）反映流场中一点邻域内流体物理量的微分关系，求解这些方程可获得流体物理量的空间分布信息。这些信息对了解流场的结构、流动现象的微观机制及计算物理参数的空间分布等是必需的。

　　积分型基本方程反映一流体系统在运动中物理广延量之间的关系。与其他学科相比，用控制体形式描述流体系统的运动是流体力学的一大特色。在研究大范围内的流体运动，特别是求解流体对固体边界的总体作用时，微分分析法不如积分分析法实用。例如在边界条件满足后，积分方法无须了解流场的内部细节，甚至允许物理量在内部发生间断（对微分方法这是不允许的）。积分方法通过巧妙地选择控制体，能很快求得总体结果。因此，积分方法在工程上得到了广泛采用。

B4.1　质量守恒方程

B4.1.1　积分形式的连续性方程

　　在 B3.1.3 中已获得了雷诺输运公式（B3.1.16）

$$\frac{\mathrm{D}N_{\mathrm{sys}}}{\mathrm{D}t} = \frac{\partial N_{CV}}{\partial t} + \int_{CS} \eta(\boldsymbol{v}\cdot\boldsymbol{n})\mathrm{d}A = \frac{\partial}{\partial t}\int_{CV}\eta\mathrm{d}\tau + \int_{CS}\eta(\boldsymbol{v}\cdot\boldsymbol{n})\mathrm{d}A$$

式中，η 为物理量的分布密度。现取 $\eta = \rho(r,\ t)$，系统广延量为系统质量，则

$$N_{\mathrm{sys}} = m_{\mathrm{sys}} = \int_{\mathrm{sys}}\rho\mathrm{d}\tau$$

根据质量守恒定律，在流动过程中系统的质量不变，系统质量的系统导数为零，即

$$\frac{\mathrm{D}N_{\mathrm{sys}}}{\mathrm{D}t} = \frac{\mathrm{d}m_{\mathrm{sys}}}{\mathrm{d}t} = \frac{\mathrm{d}}{\mathrm{d}t}\int_{\mathrm{sys}}\rho\mathrm{d}\tau = 0$$

将密度 $\eta = \rho(r,\ t)$ 代入式（B3.1.16）右端，并令其为零，可得

$$\frac{\partial}{\partial t}\int_{CV}\rho\mathrm{d}\tau + \int_{CS}\rho(\boldsymbol{v}\cdot\boldsymbol{n})\mathrm{d}A = 0 \qquad (\mathrm{B4.1.1})$$

上式为控制体形式的流体质量守恒方程，又称为积分形式的连续性方程。将左边第

一项移至右边，表示通过控制面净流出控制体的质量流量等于控制体内流体质量随时间的减少率。在特殊条件下式（B4.1.1）可作简化。

1. 不可压缩流体

对不可压缩流体 $\rho \equiv$ 常数，式（B4.1.1）中左边第一项为零，第二项消去 ρ 后可得

$$\int_{CS} (\boldsymbol{v} \cdot \boldsymbol{n}) \mathrm{d}A = 0 \qquad (\text{B4.1.2})$$

上式称为积分形式的不可压缩流体连续性方程。它表明对不可压缩流体，通过控制面净流出的流量为零；或者说从控制面（出口）流出的流量总和必等于从控制面（入口）流入的流量总和。式（B4.1.2）对定常流和不定常流都适用。

将式（B4.1.2）用于流管，CS 为流管表面，如图 B4.1.1 所示。由于侧壁没有流体进出，流体从端面 A_1 流入，从端面 A_2 流出。由式（B4.1.2）可得

$$\int_{A_2} (\boldsymbol{v} \cdot \boldsymbol{n}) \mathrm{d}A = -\int_{A_1} (\boldsymbol{v} \cdot \boldsymbol{n}) \mathrm{d}A$$

$$(\text{B4.1.3})$$

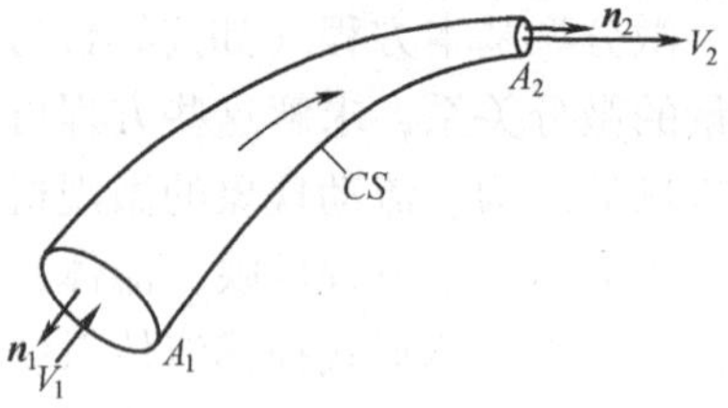

图 B4.1.1

为便于计算，设流过截面 A_i 的流量大小（绝对值）为 Q_i，平均速度为 V_i；用 $i = 2, 1$ 分别表示流出、流入截面。根据流量和平均速度的定义，由式（B4.1.3）可得

$$Q_2 = Q_1 \qquad (\text{B4.1.4})$$

$$(VA)_2 = (VA)_1 \qquad (\text{B4.1.5})$$

上述两式均称为不可压缩流体沿流管的连续性方程。它表明不可压缩流体通过流管的任一截面的流量守恒，流管截面上的平均速度与截面积成反比。

若控制面上有多个出、入口，则流出与流入的流量大小的关系式为

$$\sum Q_2 = \sum Q_1 \qquad (\text{B4.1.6})$$

或

$$\sum (VA)_2 = \sum (VA)_1 \qquad (\text{B4.1.7})$$

2. 可压缩流体定常流动

对定常流动 $\partial/\partial t = 0$，式（B4.1.1）中左边第一项为零，剩下第二项

$$\int_{CS} \rho (\boldsymbol{v} \cdot \boldsymbol{n}) \mathrm{d}A = 0 \qquad (\text{B4.1.8})$$

上式称为可压缩流体定常流动质量守恒方程一般式。它表明对可压缩流体定常流动，通过控制面净流出的质量流量为零。将式（B4.1.8）用于流管时，设出、入口质量流量的大小分别为 $\dot{m}_2$ 和 $\dot{m}_1$。根据质量流量和平均速度的定义，由式（B4.1.8）可得

$$\dot{m}_2 = \dot{m}_1 \qquad (\text{B4.1.9})$$

或 $$(\rho VA)_2 = (\rho VA)_1 \qquad (B4.1.10)$$

上述两式均称为可压缩流体沿流管定常流动的连续性方程。它表明可压缩流体在流管中定常流过任一截面的质量流量守恒。式（B4.1.10）中的 ρ 和 V 分别为截面上的平均密度和平均速度。

若控制面上有多个出、入口时，流出与流入的质量流量大小的关系式为

$$\sum \dot{m}_2 = \sum \dot{m}_1 \qquad (B4.1.11)$$

或 $$\sum (\rho VA)_2 = \sum (\rho VA)_1 \qquad (B4.1.12)$$

【例 B4.1.1】 积分形式不可压缩流体连续性方程

已知：水流以均流速度 U 对一直径为 d 的二维圆柱作定常绕流。取包含圆柱的正方形控制体 $ABCD$ 如图 BE4.1.1 所示，$AB = CD = 4d$。由于圆柱的存在，设 CD 上的速度剖面为凹形的正弦函数曲线

$$u = U\sin\left(\frac{\pi|y|}{4d}\right) \quad (-2d \leq y \leq 2d)$$

求：控制面各边单位厚度上的流量分配。

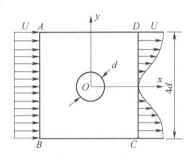

图 BE4.1.1

解：以圆柱中心为原点，建立坐标系 Oxy。流场满足积分形式不可压缩流体连续性方程（B4.1.2）

$$\int_{CS} (\boldsymbol{v} \cdot \boldsymbol{n}) \mathrm{d}A = 0$$

从 AB 流入的流量为 $4Ud$，从 CD 流出的流量（单位厚度）为

$$\int_{CD} (\boldsymbol{v} \cdot \boldsymbol{n}) \mathrm{d}A = 2\int_0^{2d} u\mathrm{d}y = 2U\int_0^{2d} \sin\left(\frac{\pi y}{4d}\right)\mathrm{d}y$$

$$= -\frac{8}{\pi}Ud\cos\left(\frac{\pi y}{4d}\right)\Big|_0^{2d} = \frac{8}{\pi}Ud$$

显然 AB 和 CD 的流量差值应从上、下边流出，每边流出的流量为

$$\int_{AD} (\boldsymbol{v} \cdot \boldsymbol{n}) \mathrm{d}A = \int_{BC} (\boldsymbol{v} \cdot \boldsymbol{n}) \mathrm{d}A = \frac{1}{2}\left(4Ud - \frac{8}{\pi}Ud\right) = 2\left(1 - \frac{2}{\pi}\right)Ud$$

讨论：水流对圆柱体的绕流流场前后不对称是由于流体粘性效应，在圆柱后部出现分离区的缘故（见 C5.2）。流场比较复杂，不易获得解析解，后部的速度剖面通常用实验方法测得。当获得速度剖面后用积分形式的质量守恒方程可进行流量分析。再用积分形式的动量方程还可求圆柱的绕流阻力（见 B4.3）。

B4.1.2 微分形式的连续性方程

对固定不变形的控制体，式（B4.1.1）中的偏导数可移至积分号内

$$\int_{CV} \frac{\partial \rho}{\partial t}\mathrm{d}\tau + \int_{CS} \rho(\boldsymbol{v} \cdot \boldsymbol{n}) \mathrm{d}A = 0 \qquad (B4.1.13)$$

根据数学上的高斯公式，上式左边第二项可化为体积分

$$\int_{CS} \rho(\boldsymbol{v} \cdot \boldsymbol{n}) \mathrm{d}A = \int_{CV} \nabla \cdot (\rho\boldsymbol{v}) \mathrm{d}\tau$$

将上式代入式（B4.1.13），可得

$$\int_{CV} \left[\frac{\partial \rho}{\partial t} + \nabla \cdot (\rho\boldsymbol{v}) \right] \mathrm{d}\tau = 0$$

由于控制体 CV 是任选的，为使积分值恒等于零，只有

$$\frac{\partial \rho}{\partial t} + \nabla \cdot (\rho\boldsymbol{v}) = 0 \qquad (B4.1.14)$$

运用矢量代数公式和式（B3.1.9），上式可改写为质点导数形式

$$\frac{\mathrm{D}\rho}{\mathrm{D}t} + \rho \nabla \cdot \boldsymbol{v} = 0 \qquad (B4.1.15)$$

式（B4.1.14）和式（B4.1.15）称为微分形式的连续性方程。它们的适用范围没有限制，无论是可压缩或不可压缩流体，粘性或无粘性流体，定常或非定常流动等均适用。唯一的限制条件是同种流体。

在一定条件下微分形式的连续性方程可作简化。现观察两种特殊的流动：

（1）不可压缩流动

对不可压缩流体 $\rho \equiv$ 常数，式（B4.1.15）可简化为

$$\nabla \cdot \boldsymbol{v} = 0 \qquad (B4.1.16)$$

在直角坐标系中可表示为

$$\frac{\partial u}{\partial x} + \frac{\partial v}{\partial y} + \frac{\partial w}{\partial z} = 0 \qquad (B4.1.17)$$

式（B4.1.16）和式（B4.1.17）称为微分形式的不可压缩流体连续性方程。在 B3.4 节中曾指出 $\nabla \cdot \boldsymbol{v}$ 的运动学意义是流体元的体积膨胀率，式（B4.1.16）表示流体不可压缩与体积膨胀率为零是等价的。式（B4.1.17）反映了不可压缩流体的速度分量在三个坐标方向上的运动学限制条件。

（2）可压缩流体定常流动

对定常流动 $\partial / \partial t = 0$，式（B4.1.14）可简化为

$$\nabla \cdot (\rho\boldsymbol{v}) = 0 \qquad (B4.1.18)$$

在直角坐标系中可表示为

$$\frac{\partial(\rho u)}{\partial x} + \frac{\partial(\rho v)}{\partial y} + \frac{\partial(\rho w)}{\partial z} = 0 \qquad (B4.1.19)$$

式（B4.1.18）和式（B4.1.19）称为微分形式的可压缩流体定常流动的连续性方程。

【例 B4.1.2】 微分形式不可压缩流体连续性方程

已知：在 Oxy 坐标系中，不可压缩流体在 x 方向的速度分量为

$$u = -\frac{y}{x^2 + y^2}$$

求: y 方向的速度分量 v 的表达式。

解: 该流动满足微分形式的不可压缩流体连续性方程(B4.1.17)

$$\nabla \cdot \boldsymbol{v} = \frac{\partial u}{\partial x} + \frac{\partial v}{\partial y} = 0$$

可得

$$\frac{\partial v}{\partial y} = -\frac{\partial u}{\partial x} = -\frac{2xy}{(x^2 + y^2)^2}$$

$$v = -\int \frac{\partial u}{\partial x} \mathrm{d}y + f(x) = \int \left[-\frac{2xy}{(x^2 + y^2)^2} \right] \mathrm{d}y + f(x) = \frac{x}{x^2 + y^2} + f(x)$$

讨论: 上式表明对不可压缩流体, 当 x 方向的速度分量已知时, 连续性方程决定了 y 方向速度分量的基本形式。本例 $v(x, y)$ 中的 $f(x)$ 表示流场在 y 方向的附加特征。若 $f(x) = 0$, 无附加特征, 流场属于绕原点旋转的无旋流动; 若 $f(x) = U$, 则在 y 方向需再叠加一个均流(见 B4.6.2)。本例说明速度的坐标分量形式受到连续性方程的制约。

B4.2 伯努利方程及其应用

瑞士科学家伯努利(D. Bernoulli)于 1738 年出版的《水力学》(Hydraulica)一书, 是奠定流体力学学科的经典性著作之一。他在该书中首次建立了流体的内压强概念, 在将能量守恒原理引入流体运动中时用实验验证了压强势能与动能、重力势能的守恒规律, 建立了伯努利方程。该方程又称为"压力方程", 在整个流体动力学领域内具有根本的重要性。后来, 欧拉(L. Euler, 1755)运用了内压强概念, 用线性动量定理完成了伯努利方程的理论推导过程。伯努利方程虽然以无粘性流体为模型, 但方程揭示的速度与压强的相互转换关系具有普适性, 能解释诸如河道流动、虹吸管、机翼升力等现象的机理。

B4.2.1 伯努利方程

有一长为 ds、截面面积为 dA 的圆柱形流体元沿流线 s 运动, 如图 B4.2.1 所示。初始时流体元位于 $s = a$ 处, 任意时刻 t 它的速度为 $v(a, t)$。流体元两端的压强分别为 p 和 $p + \frac{\partial p}{\partial s} \mathrm{d}s$。忽略流体粘性, 由牛顿第二定律, 流体元的运动方程为

$$-\rho g \mathrm{d}A \mathrm{d}s \cos\theta + p \mathrm{d}A - \left(p + \frac{\partial p}{\partial s} \mathrm{d}s \right) \mathrm{d}A = \rho \mathrm{d}A \mathrm{d}s \frac{\mathrm{d}v(a,t)}{\mathrm{d}t}$$

化为单位质量流体元的运动方程为

$$-g\cos\theta - \frac{1}{\rho} \frac{\partial p}{\partial s} = \frac{\mathrm{d}v(a,t)}{\mathrm{d}t} \tag{B4.2.1}$$

式中, θ 为重力与流线切线之间的夹角。

在流场中位于流线 s 上某处沿流线切线方向取一控制体元, 长度为 ds, 截面积

为 dA，如图 B4.2.1 所示。设某时刻流体元正好运动到与控制体元重合，受力也相同。按质点导数概念将式（B4.2.1）右边加速度项改写为欧拉形式，从而方程改写为

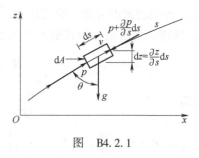

$$-g\cos\theta - \frac{1}{\rho}\frac{\partial p}{\partial s} = \frac{\mathrm{D}v(s,t)}{\mathrm{D}t} = \frac{\partial v}{\partial t} + v\frac{\partial v}{\partial s}$$

$$（B4.2.2）$$

图 B4.2.1

由几何关系

$$\cos\theta = \frac{\partial z}{\partial s}$$

式（B4.2.2）可改写为

$$-g\frac{\partial z}{\partial s} - \frac{1}{\rho}\frac{\partial p}{\partial s} = \frac{\partial v}{\partial t} + v\frac{\partial v}{\partial s} \qquad （B4.2.3）$$

上式为无粘性流体沿流线的欧拉运动方程。为便于积分两边乘以 ds，各项化为

$$\frac{\partial z}{\partial s}\mathrm{d}s = \mathrm{d}z, \quad \frac{\partial p}{\partial s}\mathrm{d}s = \mathrm{d}p, \quad \frac{\partial v}{\partial s}\mathrm{d}s = \mathrm{d}v$$

代入式（B4.2.3）并移项可得

$$\frac{\partial v}{\partial t}\mathrm{d}s + v\mathrm{d}v + g\mathrm{d}z + \frac{1}{\rho}\mathrm{d}p = 0$$

将上式沿流线积分可得

$$\int_s \frac{\partial v}{\partial t}\mathrm{d}s + \frac{v^2}{2} + gz + \int_s \frac{\mathrm{d}p}{\rho} = 常数 \qquad （沿流线） \qquad （B4.2.4）$$

上式称为运动方程沿流线的积分式，适用条件是：无粘性、可压缩流体、沿流线的不定常运动。对不可压缩流体的定常流动，式（B4.2.4）可作进一步简化为

$$\frac{v^2}{2} + gz + \frac{p}{\rho} = 常数 \qquad （沿流线） \qquad （B4.2.5）$$

上式称为伯努利方程。方程中的 $v^2/2$，gz，p/ρ 分别是单位质量流体的动能、位置势能和压强势能。伯努利方程表明了流体元的动能、位置势能和压强势能之和沿流线保持不变，即总机械能沿流线守恒；方程给出了三种机械能沿流线的相互转换关系，是能量守恒和转换定律在无粘性流体运动中的具体应用，具有重要的理论意义。

在流线上任取两点 1 和 2，伯努利方程的另一种形式为

$$\frac{v_1^2}{2} + gz_1 + \frac{p_1}{\rho} = \frac{v_2^2}{2} + gz_2 + \frac{p_2}{\rho} \qquad （沿流线） \qquad （B4.2.6）$$

伯努利方程是在流体力学历史上建立最早、应用最广的动力学方程之一。伯努利方程的使用条件为：①无粘性流体；②不可压缩流体；③定常流动；④沿流线。伯努利方程适用于粘性力影响很小的液体和低速气体的定常流动。应用伯努利方程

时必须确认四个条件同时满足。

【例 B4.2.1A】 小孔出流：伯努利方程应用一

已知：图 BE4.2.1Aa 所示一大的敞口薄壁储水箱，箱中液位保持不变。水箱右侧壁下方开一小圆孔，水从孔口流入大气中。设孔口中心线与液面的垂直距离为 h。

求：（1）出流的速度 v；（2）出流的流量 Q；（3）讨论计算值与实际值的偏差。

解：（1）忽略水的粘性，设流动符合伯努利方程的条件。从液面上任选一点①，画一条流线到出口②，列伯努利方程为

$$\frac{v_1^2}{2} + gz_1 + \frac{p_1}{\rho} = \frac{v_2^2}{2} + gz_2 + \frac{p_2}{\rho} \tag{a}$$

因水箱截面积远大于小孔面积，由连续性方程可得 $v_2 >> v_1 \approx 0$。液面和孔口外均为大气压强 $p_1 = p_2 = 0$，高度差 $z_1 - z_2 = h$，由式（a）可得

$$v = v_2 = \sqrt{2g(z_1 - z_2)} = \sqrt{2gh} \tag{b}$$

（2）由于孔口面积很小，可认为式（b）为孔口的平均速度。但是由于孔口附近的流线呈弧线形，孔口内的流线也不平行而是发生缩颈效应，如图 BE4.2.1Ab 所示。设孔口面积为 A，缩颈处面积为 A_e，二者之比称为收缩系数 ε，即

$$\varepsilon = \frac{A_e}{A} \tag{c}$$

计算孔口流量时，应取流线平行处的截面面积，则有

$$Q = vA_e = v\varepsilon A = \varepsilon A \sqrt{2gh} \tag{d}$$

式中，收缩系数 ε 与孔边缘的长度和形状有关。根据孔边缘长度有薄壁和厚壁之分，孔壁厚大于 3 倍孔直径的称为厚壁孔（又称为管嘴），否则称为薄壁孔。根据孔边缘形状分为锐边形、圆弧形、收缩形、扩张形等。实际孔口情况复杂，应查阅相关工程手册选取。这里仅列举两个极端情况：对图 BE4.2.1Ab 所示锐角边薄壁孔口，取 $\varepsilon = 0.64$。对图 BE4.2.1Ac 所示厚壁孔（管嘴），虽然在管嘴入口段流线收缩，但在出口段又扩张到充满管嘴，因此取 $\varepsilon = 1$。

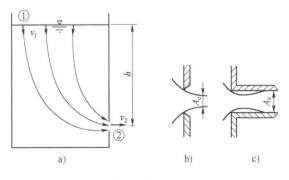

图　BE4.2.1A

（3）实际流体因有粘性引起能量损耗，实际的孔口出流速度应小于理论公式

（b），流量也小于式（d）。工程上用一系数 $k < 1$ 作修正，即

$$Q = k\varepsilon A \sqrt{2gh} = KA \sqrt{2gh} \tag{e}$$

式中，$K = k\varepsilon$ 称为流量修正系数，由实验测定。不同孔口和管嘴的值可查有关工程手册。

讨论：（1）式（b）称为托里拆利公式，是意大利科学家托里拆利(E. Torricelli)于1644年首先建立的。当水体元从液面降落到孔口时，由于两头压强相同并忽略粘性作用，水体元的位能完全转变为动能，速度公式与初始速度为零的自由落体运动一样。

（2）本例先按无粘性流体从伯努利方程计算理论值，然后用实验对理论值作修正的方法。这是工程计算中常用的方法。

（3）流量公式（d）、公式（e）只适用于小孔出流情况。当孔径 $d > 0.1h$ 时称为大孔口，应考虑淹深变化引起的速度不均匀分布（见例B4.2.1C）。

（4）公式（b）、公式（d）和公式（e）也适用于缝隙很小的水平狭缝出流。

【例 B4.2.1B】 皮托管：伯努利方程应用二

皮托测速管简称皮托管，由法国人皮托（H. d. Pitot, 1732）发明，经达西(1856)改进成形，是测量液体和低速气体局部流速的常用仪器。皮托管是一根L形的、前端和侧面开孔的细长金属管（直径约6mm），如图BE4.2.1B上半部分所示。管内轴线上装有一根更细的圆管（直径约1.5mm），前端开孔。粗管在离前端约8倍直径处（B 点）的圆周上开6个以上的小孔，在孔后足够长距离处弯成90°。粗细管分别称为静压管和总压管。测速时管轴沿来流方向放置，静压管和总压管中的压强被分别引入U形测压计的左、右分支管中。

已知：来流的速度为 v，压强为 p，流体密度为 ρ。U形管中的液体密度为 ρ_m，测速时两支液位差为 Δh。

求：流速 v 与 Δh 的关系式。

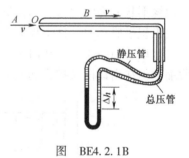

图 BE4.2.1B

解：设流动符合不可压缩无粘性流体定常流动条件。从皮托管正前方 A 点到端点 O 再到侧壁孔 B 点的 AOB 线是一条流线（常称为零流线），A 点的速度和压强分别为 v 和 p，沿流线 AO 段按式（B4.2.6）列伯努利方程

$$\frac{v^2}{2} + gz_A + \frac{p}{\rho} = \frac{v_0^2}{2} + gz_0 + \frac{p_0}{\rho} \tag{a}$$

在皮托管端点 O，流体速度降至零即 $v_0 = 0$，称为驻点（或滞止点），p_0 称为驻点压强，U形管右支管测到的即是驻点压强。由于 $z_A = z_0$，由式（a）可得

$$p_0 = p + \frac{1}{2}\rho v^2 \tag{b}$$

式中，$\dfrac{1}{2}\rho v^2$ 称为动压强，是流体质点的动能全部转化为压强势能时应具有的压强。

式（b）表明驻点压强为静压强和动压强之和，故 p_0 称为总压强。由式（b），动压强可表为

$$\frac{1}{2}\rho v^2 = p_0 - p \tag{c}$$

由于皮托管较细，流线上的 A，B 两点的位置差可忽略，伯努利方程为

$$\frac{1}{2}v^2 + \frac{p}{\rho} = \frac{v_B^2}{2} + \frac{p_B}{\rho}$$

因 $v_B = v$，由上式 $p_B = p$，即 U 形管左支管通过皮托管侧壁小孔测到的是当地静压强。在 U 形管内列静力学关系式可得

$$p_0 - p = (\rho_m - \rho)g\Delta h \tag{d}$$

由于实际流体具有粘性及皮托管加工误差等原因，流体动压强转化为 U 形管内液位差读数存在误差，需乘上一个修正系数 k，由式（c）、式（d）可得

$$k(\rho_m - \rho)g\Delta h = \frac{1}{2}\rho v^2 \tag{e}$$

式中，k 称为皮托管系数，可通过用标准皮托管作标定测量后确定。由式（e）可得

$$v = \sqrt{k\left(\frac{\rho_m}{\rho} - 1\right)}\sqrt{2g\Delta h} \tag{f}$$

【例 B4.2.1C】 大孔出流：三角堰

已知：在明渠的横截面上设置一上方有三角形豁口的薄壁，称为三角堰，如图 BE4.2.1C 所示。设三角堰上游的水面保持恒定，离角尖的淹深为 h。豁口角为 α。

求：流量 Q 的表达式。

解：沿三角形对称轴取 z 轴铅垂向下，原点在水面上。考察任意位置 z 上 dz 高的狭缝面元上的流量，狭缝宽为 $b = 2(h - z)\tan(\alpha/2)$。应用水平狭缝面元出流的托里拆利公式，$dz$ 上的平均速度为

图　BE4.2.1C

$$V = \sqrt{2gz}$$

狭缝面元的流量（不考虑收缩效应）为

$$dQ = VdA = \sqrt{2gz} \cdot bdz = 2\sqrt{2g}\left(\tan\frac{\alpha}{2}\right)(h - z)\sqrt{z}dz$$

因沿铅垂方向速度不均匀分布，孔口的总流量应为取积分值，即

$$Q = \int_A dQ = 2\sqrt{2g}\left(\tan\frac{\alpha}{2}\right)\int_0^h (hz^{1/2} - z^{3/2})dz$$

$$= 2 \sqrt{2g}\left(\tan\frac{\alpha}{2}\right)\left(\frac{2}{3}hz^{3/2} - \frac{2}{5}z^{5/2}\right)\Big|_0^h$$

$$= \frac{8}{15}\sqrt{2g}\left(\tan\frac{\alpha}{2}\right)h^{5/2} \tag{a}$$

考虑到孔口流线收缩及粘性损失等影响，实际流量比式（a）小，可表为

$$Q = f(\alpha)h^{5/2} \tag{b}$$

式中，$f(\alpha)$由实验测定。

B4.2.2 伯努利方程沿总流的表达式

1. 速度与压强沿流线法线方向的变化

在图 B4.2.2 中，以流线 s 的某点为中心沿外法线方向 n 取一圆柱形体积元，长为 $\mathrm{d}n$，端面面积为 $\mathrm{d}A$。体积元的速度为 v，向心加速度为 v^2/R，其中 R 为曲率半径。设在流线凹面一侧的端面上的压强为 p（指向 n 方向），在凸面一侧的端面上的压强为 $-\left(p + \dfrac{\partial p}{\partial n}\mathrm{d}n\right)$（指向曲率中心 C）。重力与外法线的夹角为 θ，列出沿 n 方向的运动方程为

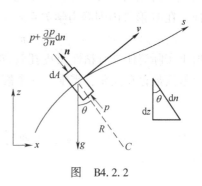

图 B4.2.2

$$p\mathrm{d}A - \left(p + \frac{\partial p}{\partial n}\mathrm{d}n\right)\mathrm{d}A - \rho g\mathrm{d}A\mathrm{d}n\cos\theta = -\rho\mathrm{d}A\mathrm{d}n\frac{v^2}{R}$$

在图示坐标系中有几何关系

$$\cos\theta = \frac{\mathrm{d}z}{\mathrm{d}n}$$

代入运动方程后整理可得

$$\frac{1}{\rho}\frac{\partial p}{\partial n} + g\frac{\mathrm{d}z}{\mathrm{d}n} = \frac{v^2}{R} \tag{B4.2.7}$$

上式为不可压缩无粘性重力流体沿流线法线方向的速度压强关系式。若不计重力作用，式（B4.2.7）可写成

$$\frac{\partial p}{\partial n} = \frac{\rho v^2}{R} \tag{B4.2.8}$$

上式表明流线弯曲（流体元有向心加速度）是因为沿法线方向存在压强梯度。当取 $R>0$ 时，由上式可得出 $\dfrac{\partial p}{\partial n}>0$。说明流线凸出的一侧（外侧）的压强总是大于凹进的一侧（内侧）。若速度一定时，流线曲率半径与法向压强梯度成反比。

将式（B4.2.7）沿流线法线方向积分可得

$$-\int\frac{v^2}{R}\mathrm{d}n + gz + \frac{p}{\rho} = 常数（沿流线法线方向） \tag{B4.2.9}$$

上式称为沿流线法线方向的积分关系式，其适用条件与伯努利方程相同。式(B4.2.9)反映了当单位质量流体元沿曲线流线运动时，重力势能、压强势能与惯性离心力($-v^2/R$)所做的功之和沿流线法线方向守恒。当流线为直线即$R\to\infty$时，由式(B4.2.9)可得

$$gz + \frac{p}{\rho} = 常数（沿流线法线方向）\tag{B4.2.10}$$

上式说明不可压缩无粘流体作定常直线运动时，压强沿法线方向的变化规律与静止流体中一样。工程上将流线互相平行的直线流动称为缓变流（否则称为急变流）。在缓变流流束中压强分布符合静力学规律。

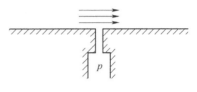

图 B4.2.3

根据上述性质，利用测压探头可以测量运动流体中的静压强。在壁面上开一垂直小孔，如图 B4.2.3 所示。当流体沿壁面流过时孔内静止流体与外部流动流体形成速度间断面，但分界面上的压强是连续的。测量孔内的压强就代表壁面上的流动静压强。小孔称为测压孔。为了尽可能减小开孔对流场的扰动，通常取小孔直径$d = 0.5 \sim 1.0\text{mm}$，孔深度$h \geqslant 3d$，孔轴与壁面垂直度好，孔内壁平整，孔口无毛刺。壁面测压孔和例 B4.2.1B 中的皮托管均属于测压探头。

2. 伯努利方程沿总流的表达式

将流线上的三项机械能在总流（或流束）的有效截面A上按质量流量积分，可得

$$\int_A \left(\frac{v^2}{2} + gz + \frac{p}{\rho}\right)\rho\mathrm{d}Q = 常数（沿总流）\tag{B4.2.11}$$

在例 B3.2.2 中曾指出用平均速度V代替截面A上的速度分布来计算单位质量流体的动能时，要乘上动能修正系数α，即

$$\int_A \frac{v^2}{2}\rho\mathrm{d}Q = \alpha\frac{V^2}{2}\rho Q\tag{B4.2.12}$$

再设截面A符合缓变流条件，将式(B4.2.10)和式(B4.2.12)代入式(B4.2.11)，考虑到$\rho Q = 常数$，可得

$$\frac{\alpha V^2}{2} + gz + \frac{p}{\rho} = 常数（沿总流）\tag{B4.2.13}$$

沿总流取两个缓变流截面A_1，A_2，由式(B4.2.13)可得

$$\frac{\alpha_1 V_1^2}{2} + gz_1 + \frac{p_1}{\rho} = \frac{\alpha_2 V_2^2}{2} + gz_2 + \frac{p_2}{\rho}（沿总流）\tag{B4.2.14}$$

式(B4.2.13)和式(B4.2.14)是伯努利方程沿总流的表达式，又称为沿总流的伯努利方程。该方程的适用条件是①不可压缩流体；②无粘性；③定常流动；④A_1，A_2截面符合缓变流条件。在例 B3.2.2 曾得出在湍流中$\alpha \approx 1$。因此，沿湍流总流的伯

努利方程与沿流线的伯努利方程形式相同。

【例B4.2.2】 文丘里管：沿总流的伯努利方程

已知：文丘里管的结构如图BE4.2.2所示。U形
管的两支分别接到缓变流截面 A_1，A_2 上。U形
管中的液体密度为 ρ_m，左、右支管液位差为 Δh。

求：按图示的条件推导流量公式 $Q(\Delta h)$。

解：在缓变流截面 A_1，A_2 上可列伯努利方程沿
总流的表达式为

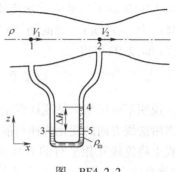

图 BE4.2.2

$$\frac{\alpha_1 V_1^2}{2} + gz_1 + \frac{p_1}{\rho} = \frac{\alpha_2 V_2^2}{2} + gz_2 + \frac{p_2}{\rho}$$

移项可得

$$\frac{\alpha_2 V_2^2 - \alpha_1 V_1^2}{2} = \left(gz_1 + \frac{p_1}{\rho}\right) - \left(gz_2 + \frac{p_2}{\rho}\right) \tag{a}$$

在缓变流截面上压强分布与U形管内的液体一样具有连续性，由压强公式
（B2.1.4）可得

$$p_1 = p_3 - \rho g(z_1 - z_3)$$

$$p_2 = p_5 - \rho_m g \Delta h - \rho g(z_2 - z_4)$$

将上两式代入式（a），并因 $p_3 = p_5$ 及 $\Delta h = z_4 - z_3$，可得

$$\frac{\alpha_2 V_2^2 - \alpha_1 V_1^2}{2} = \left(gz_1 + \frac{p_3}{\rho} - gz_1 + gz_3\right) - \left(gz_2 + \frac{p_5}{\rho} - \frac{\rho_m}{\rho}g\Delta h - gz_2 + gz_4\right)$$

$$= \frac{\rho_m}{\rho}g\Delta h - g(z_4 - z_3)$$

$$= \left(\frac{\rho_m}{\rho} - 1\right)g\Delta h \tag{b}$$

由连续性方程

$$V_2 = \frac{A_1}{A_2}V_1 \tag{c}$$

将式（c）代入式（b），整理后可得大管的平均速度为

$$V_1 = \mu \sqrt{2g\Delta h} \tag{d}$$

式中，μ 称为流速系数，且

$$\mu = A_2\left[\frac{(\rho_m/\rho) - 1}{\alpha_2 A_1^2 - \alpha_1 A_2^2}\right]^{1/2} \tag{e}$$

文丘里管的流量公式为

$$Q = \mu A_1 \sqrt{2g\Delta h} \tag{f}$$

当文丘里管中为湍流时，取 $\alpha_1 = \alpha_2 = 1$。流速系数简化为

$$\mu = \left[\frac{(\rho_{\mathrm{m}}/\rho) - 1}{(A_1/A_2)^2 - 1} \right]^{1/2} \qquad (g)$$

讨论：（1）式（f）表明当所有参数确定后文丘里管的流量与 $\sqrt{\Delta h}$ 成比例关系。文丘里管流量计就是按此原理设计的。（2）式（e）表明当流体密度 ρ，ρ_{m} 确定后，流量与 Δh 的关系仅取决于大、小管的截面积；式（g）表明对湍流，流量与 Δh 的关系仅取决于面积比 A_1/A_2。（3）由静力学压强公式可知，管子倾斜放置不影响上述速度和流量的表达式。（4）本例说明缓变流截面之间存在急变流（收缩段）不影响总流伯努利方程的运用。

B4.2.3　伯努利方程的水头表达式

类似于静力学中的测压管水头，运动流体的动能、位能和压强势能也可以用水头表示。$v^2/2g$、z 和 $p/\rho g$ 均具有长度量纲，分别可称为速度水头、位置水头和压强水头。$z + p/\rho g$ 为后两者之和，称为测压管水头；三者之和称为总水头。这样沿流线和沿总流的伯努利方程可分别写成

$$\frac{v^2}{2g} + z + \frac{p}{\rho g} = 常数（沿流线） \qquad (B4.2.15a)$$

$$\frac{\alpha V^2}{2g} + z + \frac{p}{\rho g} = H = 常数（沿总流） \qquad (B4.2.15b)$$

上两式是伯努利方程的水头表达式，又称为水头形式的伯努利方程。式（B4.2.15b）中的 H 为总水头，表明不可压缩无粘性流体作定常流动时总水头沿流程不变。式（B4.2.15b）也可写成常用形式

$$\frac{\alpha_1 V_1^2}{2g} + z_1 + \frac{p_1}{\rho g} = \frac{\alpha_2 V_2^2}{2g} + z_2 + \frac{p_2}{\rho g} （沿总流） \qquad (B4.2.16)$$

因水头具有长度量纲，沿流线或总流可画出各种水头高度的变化曲线，称为水头线。其中最常用的是测压管水头线（或水力坡度线，HGL）和总水头线（或能

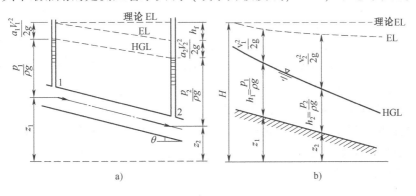

图　B4.2.4

量坡度线，EL）。圆管流动的水头线如图 B4.2.4a 所示。最上面的是忽略粘性损失的理论能量线，第二条是考虑粘性损失（h_f）后的实际能量线，沿流程是不断降低的（见 B4.2.4）。第三条是测压管水头线（$z + p/\rho g$）。明渠流动的水头线如图 B4.2.4b 所示。上面两条水头线的意义与图 B4.2.4a 相同，第三条测压管水头线就是水面线。总水头线与测压管水头线之差代表速度水头，速度水头的变化反映流速的变化。可见用水头线图可形象地反映流动中速度、压强和总能量的变化。

B4.2.4　伯努利方程的推广形式

在理论上，无论是沿流线还是沿总流的伯努利方程都有严格的限制条件。为了在工程上运用伯努利方程，可以将限制条件适当放宽，对方程形式作适当修正。这些修正的方程称为伯努利方程的推广形式，在本质上仍遵循着能量守恒定律。

1. 有能量损失的伯努利方程推广形式

不可压缩粘性流体在长的管道内流动时，由粘性效应引起的能量损失（机械能转化为热能）不能忽略不计，因此总机械能沿程不守恒。沿总流的伯努利方程可修正为

$$\frac{\alpha_1 V_1^2}{2} + gz_1 + \frac{p_1}{\rho} = \frac{\alpha_2 V_2^2}{2} + gz_2 + \frac{p_2}{\rho} + e_L \qquad (B4.2.17a)$$

上式右边的 e_L 为单位质量流体的能量损失。在工程上常把上式写成水头形式

$$\frac{\alpha_1 V_1^2}{2g} + z_1 + \frac{p_1}{\rho g} = \frac{\alpha_2 V_2^2}{2g} + z_2 + \frac{p_2}{\rho g} + h_L \qquad (B4.2.17b)$$

上式右边的 $h_L = e_L/g$ 称为水头损失。在管道流动中如何确定 h_L 将在 C1.4 中讨论。

2. 有能量输入的伯努利方程推广形式

若在流动中有能量输入 w_{in}，式（B4.2.17a）可改写为

$$\frac{\alpha_1 V_1^2}{2} + gz_1 + \frac{p_1}{\rho} = \frac{\alpha_2 V_2^2}{2} + gz_2 + \frac{p_2}{\rho} + e_L - w_{in} \qquad (B4.2.18a)$$

式中，w_{in} 为单位质量流体输入的能量。写成水头形式为

$$\frac{\alpha_1 V_1^2}{2g} + z_1 + \frac{p_1}{\rho g} = \frac{\alpha_2 V_2^2}{2g} + z_2 + \frac{p_2}{\rho g} + h_L - h_{in} \qquad (B4.2.18b)$$

式中，$h_{in} = w_{in}/g$ 称为输入能量水头。式（B4.2.18）可直接用于包含有泵和风机的总流中，不必将泵和风机前后分为两段分别考虑。

3. 用于气体的伯努利方程推广形式

对气体的一维定常流动，重力影响可忽略，但由于气体密度变化引起的热力学能（e）变化必须加入到方程中去。若忽略粘性损失且与外界无能量交换，伯努利方程可改写为

$$e + \frac{\alpha V^2}{2} + \frac{p}{\rho} = 常数 \qquad (B4.2.19)$$

上式称为气体的一维定常绝能流动能量方程，在 C3 章中还将作进一步讨论。

B4.3 动量方程及其应用

B4.3.1 积分形式的动量方程

根据牛顿第二定律，外力引起流体系统加速度变化也可用动量变化率表示

$$\frac{\mathrm{d}\boldsymbol{p}_{\mathrm{sys}}}{\mathrm{d}t} = \sum \boldsymbol{F} \tag{B4.3.1}$$

上式称为流体系统的动量定理。外力包括所有的体积力和表面力，流体系统的动量表示为

$$\boldsymbol{p}_{\mathrm{sys}} = \int_{\mathrm{sys}} \rho \boldsymbol{v} \mathrm{d}\tau$$

在流场中取控制体 CV，控制面为 CS。设在 t 时刻，流体系统正好与控制体重合，利用输运公式（B3.1.16）可得系统动量在控制体上的随体导数

$$\frac{\mathrm{d}\boldsymbol{p}_{\mathrm{sys}}}{\mathrm{d}t} = \frac{\mathrm{D}}{\mathrm{D}t} \int_{\mathrm{sys}} \rho \boldsymbol{v} \mathrm{d}\tau = \frac{\partial}{\partial t} \int_{CV} \rho \boldsymbol{v} \mathrm{d}\tau + \int_{CS} \rho \boldsymbol{v} (\boldsymbol{v} \cdot \boldsymbol{n}) \mathrm{d}A \tag{B4.3.2}$$

由式（B4.3.1）和式（B4.3.2）可得

$$\frac{\partial}{\partial t} \int_{CV} \rho \boldsymbol{v} \mathrm{d}\tau + \int_{CS} \rho \boldsymbol{v} (\boldsymbol{v} \cdot \boldsymbol{n}) \mathrm{d}A = \sum \boldsymbol{F} \tag{B4.3.3}$$

上式为积分形式的动量方程。式中，CV 为控制体；CS 为控制面；$\boldsymbol{v}$ 为绝对速度。该式没有限制条件，适用于各种流动。

当流动为定常时，式（B4.3.3）可简化为

$$\int_{CS} \rho \boldsymbol{v} (\boldsymbol{v} \cdot \boldsymbol{n}) \mathrm{d}A = \sum \boldsymbol{F} \tag{B4.3.4}$$

上式为积分形式的定常流动动量方程。该式表明在定常流动中从控制面上净流出的动量流量等于作用在控制体上的合外力。大量的工程流动问题均可按定常流动处理，因此式（B4.3.4）是最常用的动量方程式。根据控制体、出入口的不同，式（B4.3.4）可化为不同的形式。

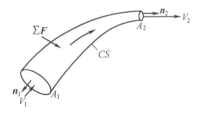

图　B4.3.1

1. 沿流管的定常流动

设流体沿流管作定常流动，如图 B4.3.1 所示。控制面由流管侧面和出、入口截面 A_2，A_1 组成，净流出控制面的动量流量归结为出、入口截面的动量流量之差

$$\int_{CS} \rho \boldsymbol{v} (\boldsymbol{v} \cdot \boldsymbol{n}) \mathrm{d}A = \int_{A_2} \rho \boldsymbol{v} (\boldsymbol{v} \cdot \boldsymbol{n}) \mathrm{d}A + \int_{A_1} \rho \boldsymbol{v} (\boldsymbol{v} \cdot \boldsymbol{n}) \mathrm{d}A = \int_{A_2} \boldsymbol{v} \mathrm{d}\dot{m} - \int_{A_1} \boldsymbol{v} \mathrm{d}\dot{m}$$

式中，$\dot{m}$ 为质量流量。在例 B3.2.2 中曾讨论了将动量积分式化为平均速度的动量

表达式时应加上动量修正系数 β。设出、入口截面上的平均速度为 V_2，V_1，净流出控制面的动量流量应表为

$$\int_{CS} \rho \boldsymbol{v} \, (\boldsymbol{v} \cdot \boldsymbol{n}) \, \mathrm{d}A = \beta_2 V_2 \dot{m}_2 - \beta_1 V_1 \dot{m}_1 \qquad (\text{B4.3.5})$$

对湍流可取 $\beta_1 = \beta_2 = 1$，以后若不指明通常取 $\beta = 1$。由质量守恒定律 $\dot{m}_2 = \dot{m}_1 = \dot{m}$，式（B4.3.4）可化为

$$\dot{m}(V_2 - V_1) = \sum F \qquad (\text{B4.3.6})$$

上式称为沿流管的定常流动动量方程。应注意方程中的速度和外力均为矢量。

2. 控制面上有多个出、入口的定常流动

当控制面上有多个出、入口时，式（B4.3.6）可改写为

$$\sum (\dot{m}_i V_i)_{\text{out}} - \sum (\dot{m}_i V_i)_{\text{in}} = \sum F \qquad (\text{B4.3.7})$$

其中，$\dot{m}_i$ 应满足连续性方程（B4.1.11）。

3. 在运动坐标系中的定常流动

当控制体作匀速直线运动时，将坐标系固结于控制体上后仍是惯性系，动量方程形式不变，只要将原来的绝对速度 $\boldsymbol{v}$ 改为相对速度 $\boldsymbol{v}_r$。例如，式（B4.3.4）改为

$$\int_{CS} \rho \boldsymbol{v}_r (\boldsymbol{v}_r \cdot \boldsymbol{n}) \, \mathrm{d}A = \sum F \qquad (\text{B4.3.8})$$

上式为在运动坐标系中积分形式的定常流动动量方程。式（B4.3.6）改为

$$\dot{m}(V_{r2} - V_{r1}) = \sum F \qquad (\text{B4.3.9})$$

上式为在运动坐标系中沿流管的定常流动动量方程。

B4.3.2　定常流动量方程应用举例

【例 B4.3.2A】　弯曲收缩喷管受力分析：定常流动量方程一

已知：图 BE4.3.2Aa 所示为用螺栓固定在一水箱直壁上的一弯曲的圆锥形收缩喷管。水从出口端 A_2 喷入大气中，流量为 $Q = 0.02\mathrm{m}^3/\mathrm{s}$。出、入口截面积分别为 $A_1 = 0.00636\mathrm{m}^2$，$A_2 = 0.000707\mathrm{m}^2$；出、入口平均速度分别为 $V_1 = 3.144\mathrm{m/s}$，$V_2 = 28.294\mathrm{m/s}$；喷管出口与入口的偏转角为 $\theta = 60°$。

求：螺栓上的受力。

解：取图 BE4.3.2Ab 中虚线框控制体，包含了喷管和喷管内水流。作用于控制体上的外力即固定喷管的力，与螺栓上的受力大小相等、方向相反。大气压强可不必考虑，出口截面 A_2 上的压强为零即 $p_2 = 0$，入口截面 A_1 上的压强用表压强 p_1 表示。

因喷管很短，忽略粘性力和重力影响。用沿总流的伯努利方程（B4.2.14），取 $\alpha_1 = \alpha_2 = 1$，则

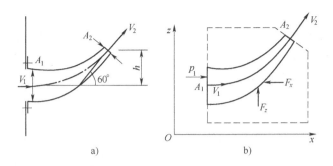

图　BE4.3.2A

$$\frac{V_1^2}{2} + \frac{p_1}{\rho} = \frac{V_2^2}{2} + \frac{p_2}{\rho} \tag{a}$$

因 $p_2 = 0$，可得喷管入口压强

$$p_1 = \frac{1}{2}\rho(V_2^2 - V_1^2)$$

$$= \frac{1}{2}(10^3 \text{kg/m}^3) \times [(28.294\text{m/s})^2 - (3.144\text{m/s})^2]$$

$$= 395332.85\text{Pa}$$

由连续性方程 $\dot{m}_1 = \dot{m}_2 = \rho Q$，矢量形式的动量方程（B4.3.6）为

$$\rho Q(\boldsymbol{V}_2 - \boldsymbol{V}_1) = \sum \boldsymbol{F} \tag{b}$$

如图 BE4.3.2Ab 所示，建立坐标系 Oxz。设作用在喷管上的外力分量分别为 F_x，F_z，方向如图所示。式（b）在 x 方向的分量式为

$$\rho Q(V_2\cos\theta - V_1) = -F_x + p_1 A_1 \tag{c}$$

$$F_x = p_1 A_1 - \rho Q(V_2\cos 60° - V_1)$$

$$= (395332.85\text{N/m}^2) \times 0.00636\text{m}^2 - (10^3 \text{kg/m}^3) \times (0.02\text{m}^3/\text{s}) \times$$

$$(28.294\text{m/s} \times 0.5 - 3.144\text{m/s})$$

$$= 2514.32\text{N} - 220.06\text{N} = 2294.26\text{N}$$

式（b）在 z 方向的分量式为

$$\rho Q V_2 \sin\theta = F_z \tag{d}$$

则

$$F_z = \rho Q V_2 \sin 60° = (10^3 \text{kg/m}^3) \times (0.02\text{m}^3/\text{s}) \times (28.294\text{m/s}) \times 0.866$$

$$= 490.05\text{N}$$

用式（c）和式（d）计算出的 F_x，F_z 结果为正，说明原所设的方向正确。螺栓受力大小与之相同，方向应与图示方向相反。

讨论：（1）本例说明了用动量方程解题的步骤：①取控制体；②用伯努利方程和连续性方程求流动参数；③建立坐标系；④设外力（或分量）的方向；⑤注明压力方向；⑥沿坐标方向列动量方程分量式；因速度、压强和外力均为矢量，应注意投影

的正负号。

(2)从式(c)计算结果来看，收缩喷管受力中压强合力占主要成分，流体加速造成的动量变化引起的力只占次要成分。当 θ 角改变时压强合力保持不变，动量变化将发生改变，但所占的比例始终很小。当 $\theta = 83.62°$ 时，动量变化占的比例为零。

(3)本例喷管数据取自例 B3.1.3B。令 $\theta = 0°$，用式(c)、式(d)可计算直喷管受力：

$F_z = 0$，

$$
\begin{aligned}
F_x &= p_1 A_1 - \rho Q(V_2 \cos 0° - V_1) \\
&= (395332.85 \text{N/m}^2) \times (0.00636 \text{m}^2) - (10^3 \text{kg/m}^3) \times (0.02 \text{m}^3/\text{s}) \times \\
&\quad (28.294 \text{m/s} - 3.144 \text{m/s}) \\
&= 2514.32 \text{N} - 503 \text{N} = 2011.32 \text{N}
\end{aligned}
$$

【例 B4.3.2B】 自由射流冲击固定导流片：定常流动量方程二

已知：一股平均速度为 $V_1 = 45 \text{m/s}$、截面积为 $A_1 = 40 \text{cm}^2$ 的自由水流射流，沿水平方向冲入固定导流片的水平入口，如图 BE4.3.2Ba 所示。设导流片出口偏转角为 $\theta = 45°$，忽略粘性和重力影响。

求：自由射流对导流片的作用力。

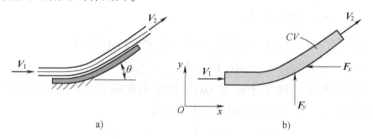

a)   b)

图 BE4.3.2B

解：取控制体 CV 为沿导流片内壁面上包含自由射流的区域，如图 BE4.3.2Bb 所示。由于射流处于大气环境中，压强处处相等。用沿总流的伯努利方程 (B4.2.14)，取 $\alpha_1 = \alpha_2 = 1$，则

$$
\frac{V_1^2}{2} + \frac{p_1}{\rho} = \frac{V_2^2}{2} + \frac{p_2}{\rho} \tag{a}
$$

因 $p_1 = p_2 = 0$，可得 $V_1 = V_2 = V$。由不可压缩连续性方程 $Q = VA = $ 常数，可得 $A_1 = A_2 = A$。质量流量为

$$
\dot{m} = \rho Q = \rho V A = (10^3 \text{kg/m}^3) \times (45 \text{m/s}) \times 40 \times 10^{-4} \text{m}^2 = 180 \text{kg/s} \tag{b}
$$

建立坐标系 Oxy 如图 BE4.3.2Bb 所示。忽略重力和粘性影响，作用在控制体上的外力为导流板对射流的作用力 $\boldsymbol{F}$。设 $\boldsymbol{F}$ 的分量方向如图所示，由动量方程 (B4.3.6)和式(b)可得

$$
\dot{m}(\boldsymbol{V}_2 - \boldsymbol{V}_1) = \rho V A(\boldsymbol{V}_2 - \boldsymbol{V}_1) = \boldsymbol{F} \tag{c}
$$

式(c)在 x 方向的分量式为

$$\rho VA(V\cos\theta - V) = -F$$

$$F_x = \rho V^2 A(1 - \cos\theta) = (180\text{kg/s}) \times (45\text{m/s}) \times (1 - \cos\theta)$$

$$= [8100(1 - \cos45°)]\text{N} = 2372.4\text{N}$$

式(c)在 y 方向的分量式为

$$F_y = \rho VA(V\sin\theta) = (180\text{kg/s}) \times (45\text{m/s})\sin\theta$$

$$= (8100\sin45°)\text{N} = 5727.6\text{N}$$

自由射流对导流片的作用力与 **F** 大小相等、方向相反。

讨论:(1)本例中射流在大气中作自由流动,压强合力为零。对导流片的作用力完全由出、入口的动量变化决定。

(2)本例中导流板对射流的作用力 **F** 的大小、方向角 α 与 θ 的关系式为

$$F = \sqrt{F_x^2 + F_y^2} = 8100\sqrt{2(1 - \cos\theta)}\ \text{N} \qquad (\text{d})$$

$$\alpha = \arctan(F_y/F_x) = \arctan[\sin\theta/(1 - \cos\theta)] \qquad (\text{e})$$

上两式表明作用力大小和方向均由导流板偏转角 θ 决定。由式(d)可知:θ 从零增至 $180°$ 时,F 从零单调增至最大值。由式(e)可知,F 的方向从铅垂方向($\alpha = 90°$)逐渐转到水平方向($\alpha = 0°$)。

【例 B4.3.2C】 自由射流冲击运动导流片:运动坐标系中的动量方程

已知:其他条件与例 B4.3.2B 相同,但导流片以速度 $U = 10\text{m/s}$ 沿射流方向作独立运动,如图 BE4.3.2Ca 所示。

求:自由射流对运动导流片的作用力。

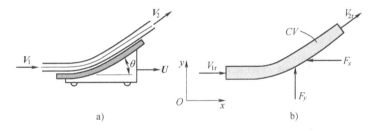

图 BE4.3.2C

解:将坐标系 Oxy 固结于运动导流片上。在运动坐标系中的处理方法与例 B4.3.2B 相同,只是速度改为相对速度,即取 $V_{r1} = V_{r2} = V - U = (45 - 10)\text{m/s} = 35\text{m/s}$,如图 BE4.3.2Cb 所示。质量流量为

$$\dot{m} = \rho Q_r = \rho V_r A = (10^3\text{kg/m}^3) \times (35\text{m/s}) \times (40 \times 10^{-4}\text{m}^2)$$

$$= 140\text{kg/s}$$

动量方程为

$$\dot{m}(V_{r2} - V_{r1}) = \rho V_r A(V_{r2} - V_{r1}) = F$$

导流片对射流在 x 方向的作用力分量为

$$F_x = \rho V_r A V_r (1 - \cos\theta) = (140\text{kg/s}) \times (35\text{m/s}) \times (1 - \cos\theta)$$

$$= [4900(1 - \cos45°)]\text{N} = 1435.2\text{N}$$

导流片对射流在 y 方向的作用力分量为

$$F_y = \rho V_r A(V_r \sin\theta) = (140\text{kg/s}) \times (35\text{m/s}) \sin\theta$$

$$= (4900\sin45°)\text{N} = 3464.8\text{N}$$

自由射流对导流片的作用力与 $\boldsymbol{F}$ 大小相等、方向相反。

讨论：本例若直接按以绝对速度 $V = 35\text{m/s}$ 的射流冲击固定导流片计算，结果相同。

B4.4 层流与湍流

在 B1.5.1 中曾指出，按内部结构的不同粘性流体存在两种流型（regimes）：层流与湍流。两种流型的当地和瞬时动力学性质明显不同：层流的动力学参数是确定性的，而湍流是随机性的。因此对两种流型的数学描述和分析方法迥然不同。

在 19 世纪 30 年代德国工程师哈根（G. Hagen，1839）就发现管道流动阻力与流速的关系在低速和高速流动中存在明显差别：低速时阻力与速度 1 次方成正比，高速时与速度的 1.75 次方（雷诺测到 2 次方）成正比。英国物理学家雷诺（O. Reynolds，1883）观察到低速和高速管流具有不同的流动结构，分别称其为层流和蜿蜒曲折流（sinuous flow，后来由 Kelvin 命名为湍流）。雷诺经过一系列管流实验，归纳出区分这两种流型的无量纲参数为

$$Re = \frac{\rho V d}{\mu} \tag{B4.4.1}$$

式中，Re 被称为雷诺数；d 为圆管直径；V 为平均流速；ρ 和 μ 分别为流体的密度和粘度。

1. 层流与湍流的区别

用 3 个有代表性的经典实验结果来认识层流与湍流的区别。

（1）雷诺实验

雷诺在 1883 年所做的著名实验的装置如图 B4.4.1 左图所示。矩形水箱 1 中维持恒定高度的静置水位，水从喇叭口 2 平稳地进入直的长玻璃圆管 3 内保持定常流动，流量由出口水位调节器 4 调节。有色液体（苯胺染料）从与染液罐连接的细管 5 末端的针管中沿圆管轴线流入喇叭口内，在圆管内形成一根有色的脉线（与流线重合），通过一个移动观察镜 6 观察色线形态。

雷诺发现在小流量时脉线是一条平滑直线，如图 B4.4.1a 所示，且几乎不受外界扰动的影响。雷诺认为这代表了一种层次分明互不干扰的稳定结构，称其为层流。随着流量逐渐增大，脉线开始波动并出现间歇性断裂。雷诺认为这时流动处于从稳定向不稳定结构转捩的过渡类型。当流量达到一定值时，脉线突然变得模糊不

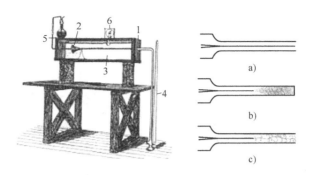

图　B4.4.1

清，染料色弥散到整个管内，如图 B4.4.1b 所示。用火花闪光拍摄的图像如图 B4.4.1c 所示，显示卷曲的流丝和涡旋。这些涡旋的脉动频率可高达几千赫兹，用肉眼根本无法辨认。雷诺认为流体内部形成了极不稳定的紊乱结构，流体质点之间发生剧烈掺混，并称其为蜿蜒曲折流，即湍流。

雷诺在整理数据后发现存在一个共同的下临界雷诺数 $Re_{cr} = 2000$，低于该值时一定是层流；而高于 $Re = 3000$ 后一般是湍流，中间为过渡区。雷诺还测量了不同速度下管道的压强损失（参见图 B4.4.2b）。他通过移动观察镜还发现，即使在圆管的大部分区域成为湍流的情况下，在管的入口处仍是层流。针管喷出的脉线至下游某位置处才突然破碎，该位置随着雷诺数的增大而逐渐向管口移动。这说明在管入口段存在一个从层流向湍流过渡的区域，如果将下游称为充分发展的湍流区，那么从脉线破碎到充分发展湍流区之间则称为湍流过渡区或转捩区。为了纪念雷诺的发现，后人将式（B4.4.1）定义的 Re 数命名为雷诺数。

（2）哈根实验

1839 年，哈根用三根直径分别是 2.55mm，4.02mm，5.91mm，长度分别是 47.4cm，109cm，105cm 的黄铜管做定常水流实验。他测量了管两端的压强差 Δp 与平均速度 V 的关系，在常规坐标系中得到如图 B4.4.2a 所示曲线图。在 OA 段 Δp 与 V 呈线性关系，对应于雷诺实验中的层流区。A 到 C 对应于雷诺实验中过渡状态。实际上 AC 的路径不确定，取决于每次实验的条件。从 C 点起曲线的斜率增大，哈根测得在 CD 段 Δp 与 V 成 1.75 次方关系，对应于雷诺实验中的湍流区。当水流减速时实验点从 C 不按原路返回，而沿另一条曲线回至 A 点，再沿 AO 斜线下降。A 点称为下临界点，按哈根的实验数据计算相应的雷诺数为 2100；C 点称为上临界点，相应的雷诺数为 4200（上临界点的数值与实验条件、外界干扰甚至操作步骤均有关）。

图 B4.4.2b 所示是根据雷诺实验数据绘制的 h_f-V 双对数坐标曲线图。$h_f = \Delta p / \rho g$ 称为沿程水头损失。n 是 V 的幂次，在湍流区有 $n = 1.75$，2.00 两条曲线。在转捩区内加速（BC 段）和减速（CA 段）走不同路径。对比 B4.4.2a、b 两图，哈根与雷诺实验结果基本一致。

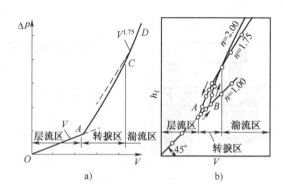

图 B4.4.2

（3）热线测速实验

热线测速仪发明于 20 世纪 20 年代。用热线测速仪可以测量流体速度及速度随时间的脉动值。图 B4.4.3 所示为在圆管定常流动实验中，将热线探头放在离入口处足够远的位置上测得的三条输出信号曲线。最上面的一条平滑的直线对应于层流区，没有脉动信号，而且稍有扰动会自动消失，显示层流型的稳定性。在过渡区，信号开始不稳定，出现间歇性的局部随机脉动信号（见中间曲线）。据认为间歇性脉动是流场中的"湍流斑"流过热线探头时记录的信号。"湍流斑"代表局部区域内不稳定状态猝发的湍流脉动，而"湍流斑"外仍是层流（直流信号）。随着雷诺数的增大，"湍流斑"逐渐增大，并相互连接重叠，最后连成一片，形成连续不断的脉动信号谱（见最下面的曲线）。

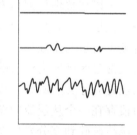

图 B4.4.3

如果将热线探头放到雷诺实验装置的圆管入口段作测量，可发现在入口的层流区中无脉动信号，在下游某个位置上出现间歇性湍流（即湍流斑），这是湍流过渡区。随着位置向下游移动，间歇湍流所占比例越来越大，最后进入充分发展的湍流区。

除了热线技术外，还有多种技术可以测量或显示湍流脉动，如激光多普勒测速仪（LDA）、高灵敏度压力传感器、氢气泡流动显示技术等。

2. 对湍流及其转捩的初步认识

上述三个实验都表明从层流转变为湍流存在着一个界限。在圆管流动中通常以下临界雷诺数作为两种流型的判别界限，简称为临界雷诺数。达到和超过临界雷诺数即形成湍流。在普朗特对光滑管内湍流流动的理论分析和尼古拉兹（J. Nikuradse，1933）对粗糙管内湍流流动的实验研究基础上，穆迪（L. Moody，1944）制定了商用管道流动阻力系数计算图（见 C1.4.4），图中确定的临界雷诺数为 $Re_{cr} = 2300$。

层流向湍流的转捩是一个极其复杂的过程，虽然至今还没有完全弄清楚，但经过大量的实验和理论研究已取得定性的和局部定量的认识。图 B4.4.4a 所示为在小扰动下半无限尖前缘光滑平板上边界层从层流区变为转捩区再到充分发展湍流区演变的示意图。在转捩区内先产生不稳定的二维 T/S 波，再变成三维不稳定波，然后出现涡旋；从三维涡旋的破碎到湍斑形成要用非线性理论解释；湍斑连成一片即变为充分发展湍流。图 B4.4.4b 所示为用氢气泡技术拍摄的湍斑照片（流动从左向右）。边界层转捩雷诺数有一个范围，约为

$$Re_{x,\mathrm{cr}} = \frac{Ux}{\nu} = 3.2 \times 10^5 \sim 1.0 \times 10^6$$

式中，U 为来流速度；x 为从前缘算起的位置坐标。

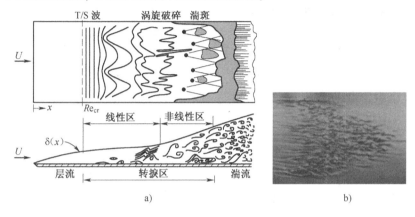

图 B4.4.4

在自然和工程界，湍流是比层流更为普遍的流型，也是远比层流复杂得多的流型。一般认为，湍流是每个流体质点在宏观空间尺度上和在时间上作随机运动的流动。湍流的特点除了随机性外还有流体质点间的掺混性和流场的涡旋性，这些特点使流体质点的质量、动量和能量传输强度超过分子运动的几个数量级。例如，湍流的表观粘度可比层流的牛顿粘度大几个数量级。近期的研究发现在湍流中除了由粘性决定的小尺度随机运动外，还存在着一种有结构的大尺度涡结构运动。这种大涡结构被称为"拟序结构"，它与流动环境有关，具有某种规律和重复性。例如，在明渠湍流中大涡的尺度可达到河流、湖泊或水库的深度，小涡的尺度则在毫米量级或更小。因此对湍流描述可初步归纳为：湍流运动是由各种不同大小和不同涡量的涡旋叠加而形成的流动，在湍流中随机运动和拟序运动并存。

【例 B4.4.1】 圆管流动：流态判别

已知：用直径 $d = 20\mathrm{cm}$ 的圆管输送密度 $\rho = 900\mathrm{kg/m^3}$ 的原油，质量流量 $\dot{m} = 100\mathrm{t/h}$。设原油的运动粘度在冬天为 $\nu_1 = 1.092 \times 10^{-4}\mathrm{m^2/s}$，在夏天为 $\nu_2 = 0.355 \times 10^{-4}\mathrm{m^2/s}$。

求：判别在冬天和夏天时管内的流态。

解：

$$Q = \frac{\dot{m}}{3600\rho} = \frac{100\mathrm{T/h}}{(3600\mathrm{s/h})(0.9\mathrm{t/m^3})} = 0.031\mathrm{m^3/s}$$

$$V = \frac{4Q}{\pi d^2} = \frac{4(0.031\mathrm{m}^3/\mathrm{s})}{\pi(0.2\mathrm{m})^2} = 0.99\mathrm{m/s}$$

冬天： $Re_1 = \dfrac{Vd}{\nu_1} = \dfrac{(0.99\mathrm{m/s})(0.2\mathrm{m})}{1.092\times 10^{-4}\mathrm{m}^2/\mathrm{s}} = 1813 < 2300$ 层流

夏天： $Re_2 = \dfrac{Vd}{\nu_2} = \dfrac{(0.99\mathrm{m/s})(0.2\mathrm{m})}{0.355\times 10^{-4}\mathrm{m}^2/\mathrm{s}} = 5577 > 2300$ 湍流

B4.5　纳维-斯托克斯方程

纳维-斯托克斯方程简称为 N-S 方程，是牛顿第二定律在牛顿流体流动中的应用形式。N-S 方程具有深刻的内涵和广泛的应用领域，是流体力学中最重要的方程，也是本书中占主导地位的控制方程。本书主要讨论不可压缩牛顿流体的 N-S 方程。

B4.5.1　流体运动微分方程

设在坐标系 $Oxyz$ 中流场为 $\boldsymbol{v}(x, y, z, t)$。一个边长分别为 $\mathrm{d}x$, $\mathrm{d}y$, $\mathrm{d}z$，密度为 ρ 的长方体流体元运动到与以 M 点为基点的控制体元相重合。运动方程的欧拉形式为

$$\mathrm{d}\boldsymbol{F} = \rho\mathrm{d}x\mathrm{d}y\mathrm{d}z\frac{\mathrm{D}\boldsymbol{v}}{\mathrm{D}t} \tag{B4.5.1}$$

式中，$\mathrm{d}\boldsymbol{F}$ 为外力，包括体积力和表面力

$$\mathrm{d}\boldsymbol{F} = \mathrm{d}\boldsymbol{F}_\mathrm{b} + \mathrm{d}\boldsymbol{F}_\mathrm{s} \tag{B4.5.2}$$

体积力 $\mathrm{d}\boldsymbol{F}_\mathrm{b}$ 的分量为

$$\mathrm{d}F_{\mathrm{b}x} = \mathrm{d}mf_x, \ \mathrm{d}F_{\mathrm{b}y} = \mathrm{d}mf_y, \ \mathrm{d}F_{\mathrm{b}z} = \mathrm{d}mf_z \tag{B4.5.3}$$

表面力 $\mathrm{d}\boldsymbol{F}_\mathrm{s}$ 的分量是由各坐标方向的表面力梯度造成的。图 B4.5.1 所示为控制体元表面在 x 方向上的表面应力示意图。法向应力均沿平面外法线方向；切向应力在过 M 点的平面上且方向与坐标方向相反，在其余三个平面上切应力有增量，且方向与坐标方向相同。其合力为

$$\mathrm{d}F_{\mathrm{s}x} = \left[\left(p_{xx} + \frac{\partial p_{xx}}{\partial x}\mathrm{d}x\right) - p_{xx}\right]\mathrm{d}y\mathrm{d}z + \left[\left(\tau_{yx} + \frac{\partial \tau_{yx}}{\partial y}\mathrm{d}y\right) - \tau_{yx}\right]\mathrm{d}x\mathrm{d}z +$$

$$\left[\left(\tau_{zx} + \frac{\partial \tau_{zx}}{\partial z}\mathrm{d}z\right) - \tau_{zx}\right]\mathrm{d}x\mathrm{d}y$$

$$= \left(\frac{\partial p_{xx}}{\partial x} + \frac{\partial \tau_{xy}}{\partial y} + \frac{\partial \tau_{xz}}{\partial z}\right)\mathrm{d}x\mathrm{d}y\mathrm{d}z \tag{B4.5.4a}$$

上式中利用了切应力对称原理式（B1.6.12）。同理可得

$$\mathrm{d}F_{\mathrm{s}y} = \left(\frac{\partial \tau_{yx}}{\partial x} + \frac{\partial p_{yy}}{\partial y} + \frac{\partial \tau_{yz}}{\partial z}\right)\mathrm{d}x\mathrm{d}y\mathrm{d}z \tag{B4.5.4b}$$

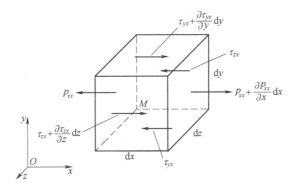

图 B4.5.1

$$dF_{sz} = \left(\frac{\partial \tau_{zx}}{\partial x} + \frac{\partial \tau_{zy}}{\partial y} + \frac{\partial p_{zz}}{\partial z}\right)dxdydz \qquad (B4.5.4c)$$

将式(B4.5.4)、式(B4.5.3)和式(B4.5.2)代入式(B4.5.1)中,并运用质点导数公式(B3.1.8),整理后可得

$$\rho\left(\frac{\partial u}{\partial t} + u\frac{\partial u}{\partial x} + v\frac{\partial u}{\partial y} + w\frac{\partial u}{\partial z}\right) = \rho f_x + \frac{\partial p_{xx}}{\partial x} + \frac{\partial \tau_{xy}}{\partial y} + \frac{\partial \tau_{xz}}{\partial z} \qquad (B4.5.5a)$$

$$\rho\left(\frac{\partial v}{\partial t} + u\frac{\partial v}{\partial x} + v\frac{\partial v}{\partial y} + w\frac{\partial v}{\partial z}\right) = \rho f_y + \frac{\partial \tau_{yx}}{\partial x} + \frac{\partial p_{yy}}{\partial y} + \frac{\partial \tau_{yz}}{\partial z} \qquad (B4.5.5b)$$

$$\rho\left(\frac{\partial w}{\partial t} + u\frac{\partial w}{\partial x} + v\frac{\partial w}{\partial y} + w\frac{\partial w}{\partial z}\right) = \rho f_z + \frac{\partial \tau_{zx}}{\partial x} + \frac{\partial \tau_{zy}}{\partial y} + \frac{\partial p_{zz}}{\partial z} \qquad (B4.5.5c)$$

上式为流体运动微分方程,又称为微分形式的流体动量方程,原则上对任何流体均适用。该方程可直接应用于层流,也可应用于湍流,但要作一定的数学处理(见B4.7)。

从式(B4.5.5)中可看到,如果表面应力用式(B1.6.17)表示,方程中至少包含了10个动力学未知变量(3个速度分量、3个切应力分量、1个压强和3个附加正应力)。必须补充流体的本构方程(6个分量的本构关系式),再加上连续性方程才能使方程组封闭。对不同的粘性流体模型式(B4.5.5)可化为不同的形式,其中牛顿流体是最常用的模型。

B4.5.2 N-S方程

虽然牛顿于1687年就提出了流体内摩擦的概念,建立了牛顿流体模型,但在以后很长的时期内并没有得到人们的重视。伯努利在1743年出版的经典著作《水力学》(Hydraulica)中并未涉及内摩擦力。欧拉在1755年推导出著名的流体运动方程中也未加入粘性力。随着发现无粘性流体的理论结果与实验结果不相符合的例子日益增多,许多力学家试图在欧拉运动方程中加入摩擦项。但泊松(S. Poisson,1829)、圣维南(St. Venant,1843)等的努力未得到广泛认可。柯西(A. Cauchy)

于 1822 年引入了应力张量概念，得到了连续介质运动方程的一般式，但也未解决粘性流体运动的问题。直至纳维（C. Navier, 1827）和斯托克斯（G. Stokes, 1845）通过不同的途径，创造性地建立了正确描述粘性流体运动的方程，才标志着长期的努力获得了结果，此时距离牛顿提出内摩擦概念已经历了 158 年。

法国力学家纳维认为流体运动的粘性行为是分子之间的相互作用造成的。他在欧拉运动方程中加入了分子之间的动量交换项，该项就是粘性力项，其系数就是流体粘度。英国数学家和力学家斯托克斯则从连续介质模型出发，基于柯西的应力张量概念，将牛顿粘性定律从一维推广到三维。他为了建立粘性力的完整表达式，引入了两个粘性常数（剪切变形粘度 μ 和体积变化粘度 λ），提出了三个基本假设：

1) 在三维空间中应力与变形率呈线性关系。

2) 当变形率为零（流体静止）时，变形应力消失，法向应力等于静压强。

3) 流体是各向同性的，应力与变形率的关系与坐标系的选择无关。

斯托克斯将牛顿形式的粘性力加入欧拉方程后得到了与纳维相同的粘性流体运动方程。方程被称为纳维-斯托克斯方程，简称为 N-S 方程。

对体积变化很小的流体，斯托克斯假设 $\lambda = -(2/3)\mu$，从而推导出广义牛顿应力公式[5]为

$$p_{xx} = -p + 2\mu\frac{\partial u}{\partial x} - \frac{2}{3}\mu\,\nabla\cdot\boldsymbol{v} \tag{B4.5.6a}$$

$$p_{yy} = -p + 2\mu\frac{\partial v}{\partial y} - \frac{2}{3}\mu\,\nabla\cdot\boldsymbol{v} \tag{B4.5.6b}$$

$$p_{zz} = -p + 2\mu\frac{\partial w}{\partial z} - \frac{2}{3}\mu\,\nabla\cdot\boldsymbol{v} \tag{B4.5.6c}$$

$$\tau_{xy} = \tau_{yx} = \mu\left(\frac{\partial v}{\partial x} + \frac{\partial u}{\partial y}\right) \tag{B4.5.6d}$$

$$\tau_{xz} = \tau_{zx} = \mu\left(\frac{\partial u}{\partial z} + \frac{\partial w}{\partial x}\right) \tag{B4.5.6e}$$

$$\tau_{yz} = \tau_{zy} = \mu\left(\frac{\partial w}{\partial y} + \frac{\partial v}{\partial z}\right) \tag{B4.5.6f}$$

上式中式（B4.5.6a）~ 式（B4.5.6c）的右边第一项 p 为压强；后两项为附加法向应力；第二项为面积元线应变引起的应力，第三项为流体元体积变化引起的应力，对不可压缩流体该项为零。式（B4.5.6d）~ 式（B4.5.6f）是切应力与切变率的关系式。

对不可压缩牛顿流体，在式（B4.5.6）中令 $\nabla\cdot\boldsymbol{v}=0$，$\mu=$ 常数，并将各式代入式（B4.5.5）中，在整理中再次用到 $\nabla\cdot\boldsymbol{v}=0$ 后可得

$$\rho\left(\frac{\partial u}{\partial t} + u\frac{\partial u}{\partial x} + v\frac{\partial u}{\partial y} + w\frac{\partial u}{\partial z}\right) = \rho f_x - \frac{\partial p}{\partial x} + \mu\left(\frac{\partial^2 u}{\partial x^2} + \frac{\partial^2 u}{\partial y^2} + \frac{\partial^2 u}{\partial z^2}\right) \tag{B4.5.7a}$$

$$\rho\left(\frac{\partial v}{\partial t} + u\frac{\partial v}{\partial x} + v\frac{\partial v}{\partial y} + w\frac{\partial v}{\partial z}\right) = \rho f_y - \frac{\partial p}{\partial y} + \mu\left(\frac{\partial^2 v}{\partial x^2} + \frac{\partial^2 v}{\partial y^2} + \frac{\partial^2 v}{\partial z^2}\right) \tag{B4.5.7b}$$

$$\rho\left(\frac{\partial w}{\partial t} + u\frac{\partial w}{\partial x} + v\frac{\partial w}{\partial y} + w\frac{\partial w}{\partial z}\right) = \rho f_z - \frac{\partial p}{\partial z} + \mu\left(\frac{\partial^2 w}{\partial x^2} + \frac{\partial^2 w}{\partial y^2} + \frac{\partial^2 w}{\partial z^2}\right)$$

(B4.5.7c)

矢量式为

$$\rho\left[\frac{\partial \boldsymbol{v}}{\partial t} + (\boldsymbol{v} \cdot \nabla)\boldsymbol{v}\right] = \rho\boldsymbol{f} - \nabla p + \mu \nabla^2 \boldsymbol{v}$$

(B4.5.8)

式（B4.5.7）和式（B4.5.8）适用于不可压缩牛顿流体，若不特别指明，将其称为 N-S 方程。N-S 方程的柱坐标形式列于附录 E1.3 中。

N-S 方程在描述不可压缩牛顿流体层流流动时的物理意义是（将方程的左边项移至右边）表示单位体积流体元的受力平衡关系为

惯性力 + 体积力 + 压差力(压强梯度) + 粘性力合力(粘性应力散度) = 0

(B4.5.9)

N-S 方程的三个分量式（B4.5.7a）~式（B4.5.7c）加上不可压缩流体连续性方程（B4.1.16）共 4 个方程，加上适当的边界条件和初始条件，原则上可以求解不可压缩牛顿流体层流流场中的 4 个动力学变量 u, v, w, p。

B4.5.3 定解条件

求解 N-S 方程时设定的边界条件和初始条件称为定解条件，除了满足数学要求外还应该符合物理要求。它们包括：

1. 常见的边界条件

（1）固体壁面

粘性流体运动应满足壁面不滑移条件，即壁面上流体的速度应为

$$\boldsymbol{v} = \boldsymbol{v}_w$$

(B4.5.10)

式中，$\boldsymbol{v}_w$ 为壁面的速度。当壁面静止时 $\boldsymbol{v}_w = \boldsymbol{0}$。

无粘性流体可以在壁面上滑移，无须满足壁面不滑移条件。但根据流体不脱离固壁的物理要求，应满足流体法向速度与壁面法向速度连续的条件

$$\boldsymbol{v} = \boldsymbol{v}_{nw}$$

(B4.5.11)

（2）特殊的流体界面

对内流流场，通常给出出、入口截面的速度和压强条件

$$\boldsymbol{v} = \boldsymbol{v}_{in(out)}, \quad p = p_{in(out)}$$

(B4.5.12)

其中，出、入口截面上的条件一般由实验测得。

对外流流场，通常给出无穷远处（或足够远处）的速度和压强条件

$$\boldsymbol{v} = \boldsymbol{v}_\infty, \quad p = p_\infty$$

(B4.5.13)

其中，无穷远处（或足够远处）的条件也由实验测得。

（3）两种不相溶流体的交界面

两种不相溶流体的交界面两侧的速度、压强和切应力应连续，即

$$v_1 = v_2, \ p_1 = p_2, \ \boldsymbol{\tau}_1 = \boldsymbol{\tau}_2 \tag{B4.5.14}$$

液体的自由液面是典型的液体与气体交界面。大气环境下的自由液面上大气压强是默认的边界条件。一般情况下自由液面上的切应力可取为零。

2. 初始条件

当流场是不定常时应考虑初始条件。通常给出某初始时刻 $t = t_0$ 时的值，如

$$\left.\begin{array}{l} \boldsymbol{v} = \boldsymbol{v}(x,y,z,t_0) \\ p = p(x,y,z,t_0) \end{array}\right\} \tag{B4.5.15}$$

当流场是定常时无须初始条件。

B4.5.4 N-S 方程的求解与建模

不可压缩牛顿流体的 N-S 方程可看做不可压缩牛顿流体流动的普适模型，分析此类流动可归结为求 N-S 方程的解。但在用 N-S 方程建模和求解方面，应用力学家和数学家采用了不同的方法。由于 N-S 方程的非线性特征，数学家在求解方程时遇到很大困难。应用力学家另辟蹊径。他们根据实际问题的特点合理地略去 N-S 方程中某些不重要的项，建立符合实际问题特点的简化模型，使方程可以求精确解。

求解 N-S 方程的解分为完整方程的精确解、简化方程的精确解和数值解。

1. 完整方程的精确解

数学家的目标是对完整的 N-S 方程求解析解。但 N-S 方程是二阶非线性偏微分方程，只有在边界条件极其简单的情况下才可求得解析解，被称为 N-S 方程的精确解。至今为止能够得到 N-S 方程的精确解为数不多，其中真正有实际意义的仅十几个，如平行平板间库埃特流（参见 C2.3）、圆管泊肃叶流（参见 C1.2）等。精确解能揭示粘性流动的基本特性，检验近似解和数值解的误差和适用性，因此具有理论意义。对不能求得精确解的问题，数学家只能寻求完整 N-S 方程的数学近似解。但实际上，求解完整 N-S 方程的近似解也非常困难。

2. 简化方程的精确解

为了说明简化方程精确解的特点，可用两个特殊流动模型加以说明。将 N-S 方程分量式（B4.5.7）（这里仅讨论定常流）进行无量纲化（具体方法见 B5.3.2）后得

$$u^* \frac{\partial u^*}{\partial x^*} + v^* \frac{\partial u^*}{\partial y^*} + w^* \frac{\partial u^*}{\partial z^*}$$

$$= \left(\frac{lg}{V^2}\right)f_x^* - \left(\frac{p_0}{\rho V^2}\right)\frac{\partial p^*}{\partial x^*} + \left(\frac{\mu}{\rho Vl}\right)\left(\frac{\partial^2 u^*}{\partial x^{*2}} + \frac{\partial^2 u^*}{\partial y^{*2}} + \frac{\partial^2 u^*}{\partial z^{*2}}\right)$$

$$= \frac{1}{Fr}f_x^* - Eu\frac{\partial p^*}{\partial x^*} + \frac{1}{Re}\left(\frac{\partial^2 u^*}{\partial x^{*2}} + \frac{\partial^2 u^*}{\partial y^{*2}} + \frac{\partial^2 u^*}{\partial z^{*2}}\right) \tag{B4.5.16}$$

式中,带 $*$ 号的量是无量纲量。如 $u^* = u/V$, V 是已知的参考特征速度（如来流速度）。右边三项前的系数是由各个参考特征量组成的无量纲特征参数。其中与粘性

项有关的无量纲特征参数就是雷诺发现的雷诺数 $Re = \rho Vl/\mu$。它的物理意义是单位体积流体的迁移惯性力与粘性力之比。根据雷诺数的大小,可以建立两种有实际应用价值的模型。

（1）小雷诺数流动模型

在粘性流动中当 $Re \ll 1$ 时,从式(B4.5.16)中判断在 N-S 方程中忽略惯性项(系数为1)是合理的。若不考虑重力影响,原 N-S 方程(B4.5.7a)可简化为

$$\frac{\partial p}{\partial x} = \mu\left(\frac{\partial^2 u}{\partial x^2} + \frac{\partial^2 u}{\partial y^2} + \frac{\partial^2 u}{\partial z^2}\right) \qquad (B4.5.17)$$

上式称为斯托克斯方程,是描述小雷诺数流动的数学模型(参见式(C5.5.2))。在数学上式(B4.5.17)称为泊松方程,可以求得解析解。

（2）大雷诺数流动模型

当 $Re \gg 1$ 时,从式(B4.5.16)中判断在 N-S 方程中忽略粘性项是合理的。这说明虽然存在粘性,但在未受到(壁面)特殊影响的区域中流场可用无粘性的 N-S 方程(称为欧拉方程)描述。在受壁面影响的边界层中则根据 $Re \gg 1$ 的特点可对 N-S 方程作进一步简化。对二维的大雷诺数边界层流动,可得

$$\rho\left(u\frac{\partial u}{\partial x} + v\frac{\partial u}{\partial y}\right) = -\frac{\partial p}{\partial x} + \mu\frac{\partial^2 u}{\partial x^2} \qquad (B4.5.18)$$

上式称为普朗特边界层方程。在一定条件下可求得精确解（参见 C4.3.2）。该精确解具有重要的理论和实用价值。

由上可见,用应用力学方法对原始方程进行合理简化的优点是：①简化后的方程能求得解析解或精确解,称为近似解析解或精确解。这些解能满足工程上需要的精度,而完整 N-S 方程的近似解一般不能控制精度。②用近似解析解或精确解能分析现象的物理本质,预计变化的趋势,具有重要的理论价值,这正是数值解法的短处。

3. 数值解

近年来随着计算机数值解法的发展,求解 N-S 方程数值解已取得很大进展。流体力学数值计算商业软件在各种领域和行业中得到广泛应用。这些软件大多数是以 N-S 方程为基础的。但如上所述,用数值软件计算所得的数据本身并不能直接反映流动的物理本质,需要研究人员根据流体力学知识和经验对数据作整理并给出解释。

用商业软件对一个流动问题求数值解的步骤是：①建立物理模型；②建立数学模型（如 N-S 方程）；③对方程进行离散化；④对流动区域作网格划分；⑤选择边界和初始条件；⑥确定计算方法,编制程序进行计算；⑦对计算结果作处理和分析；⑧检验和解释计算结果。虽然借助商业软件可以求解 N-S 方程数值解,但是它不是万能的。除了掌握必要的网格划分和计算技巧外,几乎每一步都需要软件使用者掌握流体力学的基本概念和必要的理论知识。特别是第①,②,⑦和⑧步。如

果缺乏正确的流体力学知识，从建模开始就可能出现错误，对计算结果的正误不能进行有效的判断，也不能对其作出正确的解释，因此也就谈不上解决实际的流动问题。

B4.6 欧拉运动方程与平面势流

无粘性流体模型是最早提出的流体物理模型之一，在分析机翼升力和波浪运动中有重要应用。虽然在本书中不占主导地位，但是无粘性流体运动理论在流体力学发展史上占有重要地位。它的基本知识和数学处理方法是每个流体力学工作者应该了解的，因此下面作简要介绍。

B4.6.1 欧拉运动方程

在 18 世纪中期理论流体力学奠基人、著名数学家欧拉（L. Euler）首先将微积分方法引入无粘性流体力学中，使其成为早期成功应用和发展微积分方法的少数物理领域之一。后来拉格朗日、达朗贝尔、拉普拉斯等一批著名数学家进一步完善了无粘性流体运动的基本理论。例如，拉格朗日（J. Lagrange）首先获得了无粘性流体保持无旋流动的动力学条件，并根据无旋和不可压缩条件引入速度势和流函数概念，运用复变函数工具建立了近乎完美的平面势流理论。不可压缩无粘性流体平面势流具有绝妙特点：在保证几何相似的条件下，不需要动力学条件可自动达到运动相似，因此用简单叠加方法可直接求出速度场。无粘性流体平面势流也是最早应用计算机数值计算方法并获得成功的领域之一，建立在势流理论上的有限基本解数值方法是流体动力学的工程计算方法之一。

无粘性流体模型在实际问题中有直接应用，如计算机翼升力、有限翼展的诱导阻力，喷管流动、水波运动等；也有间接应用，如对粘性力影响不占主要地位的流动可先用无粘性流动理论（如欧拉运动方程、伯努利方程等）作动力学分析，然后根据实验观察粘性影响的大小，对结果作适当修正。这是工程上常用的方法之一。

对无粘性流体，切应力为零，附加法向应力也为零，法向压应力为平均压强之负值

$$\tau_{xy} = \tau_{xz} = \tau_{yz} = 0$$
$$\tau_{xx} = \tau_{yy} + \tau_{zz} = 0$$
$$p_{xx} = p_{yy} = p_{zz} = -p$$

将上述条件代入流体运动一般微分方程（B4.5.5），或在 N-S 方程（B4.5.7）中令 $\mu = 0$ 可得

$$\rho \left(\frac{\partial u}{\partial t} + u \frac{\partial u}{\partial x} + v \frac{\partial u}{\partial y} + w \frac{\partial u}{\partial z} \right) = \rho f_x - \frac{\partial p}{\partial x} \qquad \text{(B4.6.1a)}$$

$$\rho\left(\frac{\partial v}{\partial t} + u\frac{\partial v}{\partial x} + v\frac{\partial v}{\partial y} + w\frac{\partial v}{\partial z}\right) = \rho f_y - \frac{\partial p}{\partial y} \qquad (\text{B4.6.1b})$$

$$\rho\left(\frac{\partial w}{\partial t} + u\frac{\partial w}{\partial x} + v\frac{\partial w}{\partial y} + w\frac{\partial w}{\partial z}\right) = \rho f_z - \frac{\partial p}{\partial z} \qquad (\text{B4.6.1c})$$

写成矢量式为
$$\rho\left[\frac{\partial \boldsymbol{v}}{\partial t} + (\boldsymbol{v} \cdot \nabla)\boldsymbol{v}\right] = \rho\boldsymbol{f} - \nabla p \qquad (\text{B4.6.2})$$

式（B4.6.1）和式（B4.6.2）称为欧拉运动方程，由欧拉在 1755 年首先导出。在 B4.2.1 中曾推导了欧拉运动方程沿流线的一维形式，此处是三维形式。当补充气体状态方程后，该方程也适用于可压缩流体的运动。

　　欧拉运动方程是研究无粘性流体运动的控制方程。虽然欧拉运动方程比 N-S 方程少了粘性项，仍是非线性偏微分方程，对稍复杂一点的边界条件仍无法求解析解。但在加上一些条件后从欧拉运动方程可得到一些非常有用的积分方程。通常将在加上定常条件后沿流线积分得到的方程称为伯努利积分。特别是再加上不可压缩和重力场条件后，将伯努利积分直接称为伯努利方程（B4.2.5）（见 B4.2.1）

$$\frac{v^2}{2} + gz + \frac{p}{\rho} = C \text{（沿流线）}$$

由此可见，伯努利方程与欧拉运动方程本质上属于同类，前者是后者的一种特殊表达式。

　　若在无粘、定常、不可压缩、重力场条件上再加无旋流动条件，伯努利方程可拓展为在全流场均成立的伯努利积分

$$\frac{v^2}{2} + gz + \frac{p}{\rho} = C \text{（全流场）} \qquad (\text{B4.6.3})$$

上式可用于平面势流流场。

B4.6.2　平面势流简介

1. 平面势流模型

　　理论流体力学家们发现有一种特殊的无粘性流动无须直接求解欧拉运动方程，利用运动学条件就能获得其速度场，这种流动称为平面势流。平面势流是无粘性流动中的一个重要模型，其条件是无粘性、不可压缩、无旋（角速度为零）和平面流动。某些实际流动可以用平面势流模型来描述。例如，当一个很长机翼（横截平面上符合平面流动条件）在静止的、无界的（实际只需要比较宽阔的空间）空气或水中作横向平移运动时，离物体稍远的区域内就满足平面势流条件。

　　当平面流场满足无旋条件时，在直角坐标系中满足：

$$\nabla \times \boldsymbol{v} = \boldsymbol{0}, \frac{\partial v}{\partial x} - \frac{\partial u}{\partial y} = 0 \qquad (\text{B4.6.4})$$

数学上的矢量场理论已证明，必存在一个标量函数 $\varphi(x,y)$，与速度分量满足关系式

$$u = \frac{\partial \varphi}{\partial x}, \quad v = \frac{\partial \varphi}{\partial y} \qquad (\text{B4.6.5})$$

称 $\varphi(x,y)$ 为速度势函数或速度势,称平面流场为平面势流。

当平面流场满足不可压缩条件时,有

$$\nabla \cdot \boldsymbol{v} = \frac{\partial u}{\partial x} + \frac{\partial v}{\partial y} = 0 \qquad (B4.6.6)$$

仿照势函数可引进称为流函数的标量函数 $\psi(x,y)$,与速度分量满足关系式

$$u = \frac{\partial \psi}{\partial y}, \quad v = -\frac{\partial \psi}{\partial y} \qquad (B4.6.7)$$

将式(B4.6.5)代入式(B4.6.6),及将式(B4.6.7)代入式(B4.6.4)可得

$$\nabla^2 \varphi = \frac{\partial^2 \varphi}{\partial x^2} + \frac{\partial^2 \varphi}{\partial y^2} = 0, \nabla^2 \psi = \frac{\partial^2 \psi}{\partial x^2} + \frac{\partial^2 \psi}{\partial y^2} = 0 \qquad (B4.6.8)$$

上式称为拉普拉斯方程。满足拉普拉斯方程的函数称为调和函数,因此速度势和流函数均是调和函数。求解平面势流问题归结为给定边界条件下求解拉普拉斯方程。拉普拉斯方程的特点是其解叠加后仍满足方程,因此可确定一些基本流动的解作为平面势流基本解。根据所求问题的边界条件挑选若干个基本解,如果这几个基本解叠加后满足给定的边界条件,则叠加后的解就是所求问题的解。在 Oxy 直角坐标平面或 $Or\theta$ 极坐标平面上,最常用的平面势流基本流动有[18]:

(1)均流: $u = U$, $v = 0$（U 为来流速度）

(2)点源流: $v_r = \dfrac{Q}{2\pi r}$, $v_\theta = 0$（Q 为从一点流出后沿径向均匀地流向各方向的流量）

(3)点汇流: $v_r = \dfrac{Q}{2\pi r}$, $v_\theta = 0$（Q 为从各个方向沿径向均匀地汇集到一点的流量）

(4)偶极子流:一个点源和一个点汇无限接近时（不重合）形成的流动。

(5)点涡流:一根无限长直线自身旋转时在铅垂平面内诱导的环流。环流的强度称为环量 Γ（Γ 为速度沿环线的积分值,如沿圆周线的环量为 $\Gamma = 2\pi r v_\theta$）。

【例B4.6.2】 速度势和流函数

已知:平面流动的速度分布为 $u = -kx$, $v = ky$（k 为常数）。

求:(1)判断该流场是否存在速度势。若存在,求其表达式并画等势线图;(2)判断该流场是否存在流函数。若存在,求其表达式并画流线图。

解:(1)角速度为

$$\omega = \frac{\partial v}{\partial x} - \frac{\partial u}{\partial y} = 0 - 0 = 0$$

说明是无旋流动,存在速度势。由式(B4.6.5)

$$\frac{\partial \varphi}{\partial x} = u = -kx, \varphi = -\frac{1}{2}kx^2 + f(y)$$

$$\frac{\partial \varphi}{\partial y} = f'(y) = v = ky, f(y) = \frac{1}{2}ky^2 + C$$

式中，C 为常数。速度势函数为

$$\varphi = \frac{1}{2} k \ (y^2 - x^2) \ + C \qquad (a)$$

等势线方程为 $y^2 - x^2 =$ 常数。等势线是分别以第一、三象限角平分线和第二、四象限角平分线为渐近线的双曲线簇，如图 BE4.6.2 中的虚线所示。

（2）速度散度为

$$\nabla \cdot v = \frac{\partial u}{\partial x} + \frac{\partial v}{\partial y} = -k + k = 0$$

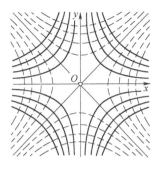

图　BE4.6.2

说明是不可压缩流动，存在流函数。由式（B4.6.7）

$$\frac{\partial \psi}{\partial y} = u = -kx, \psi = -kxy + g(x)$$

$$\frac{\partial \psi}{\partial x} = -ky + g'(x) = -v = -ky, g'(x) = 0, g(x) = C$$

式中，C 为常数，流函数为

$$\psi = -kxy + C \qquad (b)$$

流线方程为 $xy =$ 常数。流线是分别以 x，y 轴为渐近线的双曲线簇，如图 BE4.6.2 中的实线所示。x，y 轴也是流线，称其为零流线。流线簇与等势线簇正交。

2. 平面势流的应用

（1）绕圆柱的平面势流

当不可压缩无粘性流体以均流 $u = U$ 绕一个无限长的、半径为 a 的圆柱体流动时，边界条件是圆柱表面是一条流线（壁面滑移），无穷远处是均流。在原点位于圆柱中心、x 轴沿流动方向的平面坐标系中，选择两个基本解分别为均流（代表速度 U）和一定强度的偶极子流（表征圆柱体的大小）。两个基本解叠加后能满足边界条件，因此代表了绕圆柱的平面势流流场。

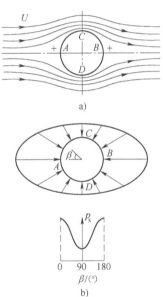

图　B4.6.1

这个解就是欧拉运动方程对圆柱绕流的理论解（若直接求解只能用数值方法）。解的结果表明速度分布和流线在圆柱体的前后、上下都是对称的。用伯努利方程求得的压强分布也是对称的，如图 B4.6.1 所示，因此圆柱的阻力为零。达朗贝尔（J. d'Alembert，1752）将圆柱体前后的势流结果推而广之：任何在无粘性流体中作匀速运动的物体所受到的阻力为零。此结论显然与实际情况相悖，在当时被称为"达朗贝尔之谜"（参见 C5.1）。

在上述绕圆柱的平面势流流场的原点上再叠加一个环量为 Γ 的点涡流，三个基本解叠加后的解称为有环量圆柱绕流的解。解的结果表明流线在前后仍是对称的，但在上下不对称，如图 B4.6.2 所示。相应的压强分布在上下也不对称，压强合成后形成一个向上的升力（$F_L = \rho U \Gamma$）。此现象可以得到实验验证。例如在平摊的左手手心上横放一根圆棒，右手手心压住圆棒向前方快速搓动，圆棒在空中旋转的同时将

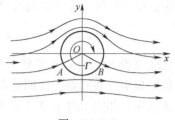

图 B4.6.2

向上升起，通常称此现象为马格努斯效应。根据同样原理，在足球运动中如果足球在前进过程中发生横向旋转，产生的侧向升力使足球路线发生侧向弯曲，称为香蕉球。

（2）绕机翼的平面势流

儒可夫斯基（N. Joukowski，1906）运用拉格朗日的复变函数理论，引入一个变换函数（儒可夫斯基变换）将圆柱变换为机翼，并证明机翼获得与旋转圆柱相同的升力。此升力大小为

$$F_L = \rho U \Gamma \tag{B4.6.9}$$

上式称为儒可夫斯基升力定律。式中，Γ 称为机翼环量，表征绕机翼的环流大小（由机翼的形状和来流速度决定）。式（B4.6.9）表明升力与流体密度、来流速度和绕机翼的环量成正比。儒可夫斯基升力定律得到实验的支持，是现代飞机设计机翼理论线型并估算机翼升力大小的基础公式[20]。

（3）地下水的平面势流

用平面势流理论和方法也可用于求解地下水的平面流动问题，特别是求解井和井群周围的地下水渗流流动。具体内容可参见 C7.5。

B4.7　雷诺方程与雷诺应力

1. 雷诺方程

N-S 方程也可以描述牛顿流体湍流运动的瞬时行为，但是湍流的随机性和不规则性给求解方程带来极大困难。问题是工程上并不一定对湍流运动的瞬时行为感兴趣，而主要关心湍流在有限时间段和有限空间域上的平均宏观效应。因此有效的处理方法是如同对分子运动取统计平均值一样，对流体质点在更大范围内（流体团）再取一次统计平均。在时域上对有限时间段取平均称为时均法；在空间域上对有限空间域取平均称为体均法等。

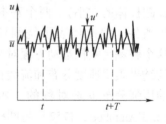

图 B4.7.1

图 B4.7.1 所示为在一定常湍流的某空间点上用热线测速仪测得的 x 方向的瞬时速度分量 u 随时间的变化值。瞬时速度可看做均值（$\bar{u}$）与脉动值（u'）之和

$$u = \bar{u} + u' \tag{B4.7.1}$$

时均速度是瞬时速度在平均周期 T 上的积分

$$\bar{u} = \frac{1}{T}\int_0^T u\,\mathrm{d}t \tag{B4.7.2}$$

定常湍流的时均值与时间无关，而仅是是空间位置的函数。脉动值的时间平均值为零，即

$$\bar{u'} = \frac{1}{T}\int_0^T u'\,\mathrm{d}t = \frac{1}{T}\int_0^T (u - \bar{u})\,\mathrm{d}t = \bar{u} - \bar{u} = 0 \tag{B4.7.3}$$

类似地，压强也表示为

$$p = \bar{p} + p' \tag{B4.7.4}$$

不定常湍流的时均值也不像瞬时值那样随时间剧烈变化，而是较缓慢地变化，可用确定性函数表示。因此用取时均值的方法对湍流运动方程处理后可以进行类似确定性变量方程的数学求解。为了获得湍流时均值运动方程，将 N-S 方程第一式即式（B4.5.7a）改写成

$$\rho\left[\frac{\partial u}{\partial t} + \frac{\partial(u^2)}{\partial x} + \frac{\partial(uv)}{\partial y} + \frac{\partial(uw)}{\partial z}\right] = \rho f_x - \frac{\partial p}{\partial x} + \mu\,\nabla^2 u \tag{B4.7.5}$$

另两式也作类似改写。改写中运用了不可压缩连续性方程（B4.1.17）

$$\frac{\partial u}{\partial x} + \frac{\partial v}{\partial y} + \frac{\partial w}{\partial z} = 0$$

将式（B4.7.1）和式（B4.7.4）分别代入式（B4.7.5）和式（B4.1.17），并按式（B4.7.2）取平均值[16]。对线性项,脉动量的时间平均值为零；但对非线性项,两个脉动速度之积的时间平均值不为零。可整理得

$$\frac{\partial \bar{u}}{\partial x} + \frac{\partial \bar{v}}{\partial y} + \frac{\partial \bar{w}}{\partial z} = 0 \tag{B4.7.6}$$

$$\rho\left[\frac{\partial \bar{u}}{\partial t} + \bar{u}\frac{\partial \bar{u}}{\partial x} + \bar{v}\frac{\partial \bar{u}}{\partial y} + \bar{w}\frac{\partial \bar{u}}{\partial z}\right] = \rho \bar{f}_x - \frac{\partial \bar{p}}{\partial x} + \mu\,\nabla^2 \bar{u}$$
$$- \left[\frac{\partial(\rho\,\overline{u'u'})}{\partial x} + \frac{\partial(\rho\,\overline{u'v'})}{\partial y} + \frac{\partial(\rho\,\overline{u'w'})}{\partial z}\right] \tag{B4.7.7a}$$

$$\rho\left[\frac{\partial \bar{v}}{\partial t} + \bar{u}\frac{\partial \bar{v}}{\partial x} + \bar{v}\frac{\partial \bar{v}}{\partial y} + \bar{w}\frac{\partial \bar{v}}{\partial z}\right] = \rho \bar{f}_y - \frac{\partial \bar{p}}{\partial y} + \mu\,\nabla^2 \bar{v}$$
$$- \left[\frac{\partial(\rho\,\overline{v'u'})}{\partial x} + \frac{\partial(\rho\,\overline{v'v'})}{\partial y} + \frac{\partial(\rho\,\overline{v'w'})}{\partial z}\right] \tag{B4.7.7b}$$

$$\rho\left[\frac{\partial \bar{w}}{\partial t} + \bar{u}\frac{\partial \bar{w}}{\partial x} + \bar{v}\frac{\partial \bar{w}}{\partial y} + \bar{w}\frac{\partial \bar{w}}{\partial z}\right] = \rho \bar{f}_z - \frac{\partial \bar{p}}{\partial z} + \mu\,\nabla^2 \bar{w}$$
$$- \left[\frac{\partial(\rho\,\overline{w'u'})}{\partial x} + \frac{\partial(\rho\,\overline{w'v'})}{\partial y} + \frac{\partial(\rho\,\overline{w'w'})}{\partial z}\right] \tag{B4.7.7c}$$

上式为不可压缩流体湍流时均值运动方程，又称为雷诺方程。与层流 N-S 方程相比雷诺方程的右边多了三个附加项。由于还不能建立这三个附加项与时均速度之间的普适关系，因此目前还不能从理论上求解雷诺方程。只能在一定条件下观察实验结果后建立半经验的湍流模型，然后求解雷诺方程以满足工程需要。例如，普朗特建立了混合长度模型求解出圆管湍流速度分布式，解决了圆管湍流阻力计算问题(参见 C1)。

2. 雷诺应力

雷诺方程中的附加项 $-\rho \overline{u'u'}$，$-\rho \overline{u'v'}$，$-\rho \overline{u'w'}$ 等反映了不同方向的湍流脉动速度引起的力效应，通常将其称为湍流表观应力或雷诺应力，记为 τ_t。为理解雷诺应力表达式 $-\rho \overline{u'v'}$ 的物理意义，现考察湍流流场中垂直于 y 轴的面元 δA，如图 B4.7.2 所示。

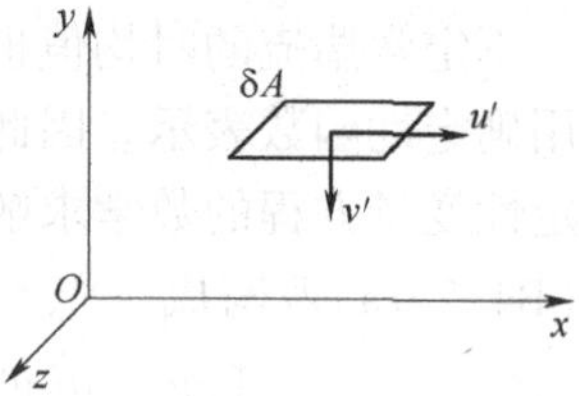

设面元内 x，y 方向的脉动速度分量为 u'，v'。单位时间内通过 δA 进入下层的流体质量为 $\rho v' \delta A$。该部分流体在 x 方向的速度是 u'，动量变化为 $\rho v'u'\delta A$。由动量定理，面元 δA 上在 x 方向受到的切向力为

$$\delta F' = -\rho v'u'\delta A \qquad (\text{B4.7.8})$$

图 B4.7.2

上式中取负号是依据脉动速度的连续性方程，u' 和 v' 的符号相反。将式(B4.7.8)除以 δA 并取时均值可得雷诺应力

$$\tau_t = \frac{\overline{\delta F'}}{\delta A} = -\rho \overline{u'v'} \qquad (\text{B4.7.9})$$

上式表明雷诺应力是由湍流脉动速度引起的动量交换形成的表观阻力。

按布辛涅斯克(Boussinesq J，1877)的建议，雷诺应力可仿照牛顿粘性定律的形式表示为

$$\tau_t = -\rho \overline{u'v'} = \mu_t \frac{d\overline{u}}{dy} = \rho \varepsilon_t \frac{d\overline{u}}{dy} \qquad (\text{B4.7.10})$$

式中，μ_t 称为湍流(表观)粘度；ε_t 称为湍流(表观)运动粘度(或涡粘度)。与分子粘度的根本差别是 μ_t，ε_t 不是流体的物性参数，而是强烈地依赖于当地的流动状况。

习　题

BP4.1.1　在一直的矩形明渠中，设在宽度为 $b=20\text{m}$ 的水体横截面上有两种速度剖面

$$u_1 = U\left(\frac{y}{h}\right)^2, u_2 = U\left(\frac{h}{h}\right)^{1/7}$$

式中，y 为垂直底面的坐标，底面为零，向上为正；水面速度为 $U=1.5\text{m}$；水深 $h=2\text{m}$。

(1)分别求流过该截面的流量 Q_1，$Q_2(\text{m}^3/\text{s})$；

(2)若该截面上通过的水量为 $\tau=10^6\text{m}^3$，分别求通过该截面的时间 t_1，$t_2(\text{h})$。

BP4.1.2　图 BP4.1.2 所示边界层的一入口段流动。取图示矩形控制体，高度为 δ。入口为均流 U，出口为正弦函数分布 $u=U\sin\frac{\pi y}{2\delta}$。试计算从上侧边(单位宽度)流出的流量 Q。

BP4.1.3 试判断下列各二维流场中的速度分布是否满足不可压缩流体连续性条件：

(1) $u = 3xt$, $v = -3yt$

(2) $u = x^2 + xy - y^2$, $v = x^2 + y^2$

(3) $u = xy + y^2 t$, $v = xy + x^2 t$

(4) $u = 3x^2 y^2$, $v = -2xy^3$

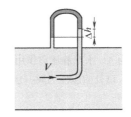

图 BP4.1.2

BP4.1.4 试判断下列各三维流场的速度分布是否满足不可压缩流体连续性条件：

(1) $u = x^2 y$, $v = y^2 z$, $w = -2xyz - yz^2$

(2) $u = xyt$, $v = -2yzt^2$, $w = z^2 t^2 - zyt$

(3) $u = 2xz + y^2$, $v = -2yz + x^2 yz$, $w = 2xy + z^2 x$

BP4.1.5 对不可压缩二维流场，已知 $u = a(x^2 - y^2)$，a 为常数。试求 v 的表达式。

BP4.1.6 对不可压缩三维流场，已知 $u = x^2 + y^2 + z^2$，$v = xy^2 - yz^2 + xy$。试求 w 的表达式。

BP4.2.1 一股空气射流以速度 V 吹到一与之垂直的壁面上，壁面上的测压孔与 U 形管水银测压计相通，如图 BP4.2.1 所示。设测压计读数 $\Delta h = 4\text{mmHg}$，空气密度 $\rho = 1.269\text{kg/m}^3$，试求空气射流的速度 V。

BP4.2.2 用图 BP4.2.2 所示的 U 形管测压计测量水管中的流速。U 形管一端垂直壁面，一端正对轴线上的来流。设 U 形管内液体的密度为 $\rho_1 = 680\text{kg/m}^3$，液位差为 $\Delta h = 0.1\text{m}$，试求轴线上测得的速度 V。

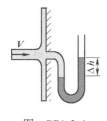

图 BP4.2.1

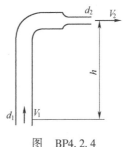

图 BP4.2.2

BP4.2.3 图 BP4.2.3 所示为一风洞收缩段和试验段示意图。试验段气流速度为 $U = 22.5\text{m/s}$，总压管测得轴线压强为 $p_0 = -0.006\text{mH}_2\text{O}$。若环境条件为 $T = 23℃$，$p = 99.1\text{kP(ab)}$。(1)计算试验段轴线上的动压强 $p_{v1}(\text{Pa})$ 和静压强 $p_1(\text{Pa})$；(2)定性比较收缩段壁面上与轴线上静压强大小。

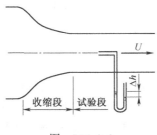

图 BP4.2.3

图 BP4.2.4

BP4.2.4 图 BP4.2.4 所示水从铅垂圆管末端通过收缩管喷入大气。设圆管直径为 $d_1 = 0.1\text{m}$，收缩管出口直径为 $d_2 = 0.05\text{m}$。为使出口速度为 $V_2 = 20\text{m/s}$，求出口下方 $h = 4\text{m}$ 处圆管内的压强 $p_1(\text{Pa})$。

BP4.2.5 图 BP4.2.5 所示一虹吸管将储水池的水从出口 2 吸出。虹吸管直径为 $d = 0.075\text{m}$，流量为 $Q = 0.03\text{m}^3/\text{s}$。不计流动损失，试求：（1）虹吸管流量取决于哪个参数并计算其大小；（2）设水的饱和蒸汽压为 $p_{\text{vap}} = 2330\text{Pa}(\text{ab})$，为达到最大流量（保证连续性条件）取决于哪个尺寸并计算其大小。

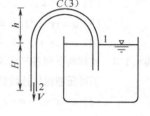

图 BP4.2.5

BP4.3.1 设例 B3.1.2B 中的圆锥形收缩管进口端与等直径的长圆管连接，出口端水喷入大气，几何尺寸不变。试求固定收缩管所需的力 $F(\text{N})$。

BP4.3.2 图 BP4.3.2 所示一圆管末端连有收缩弯管，水流从弯管出口流入大气。收缩弯管的进、出口直径分别为 $d_1 = 3.81\text{cm}$，$d_2 = 1.27\text{cm}$，流量为 $Q = 1.27\text{L/s}$。不计损失，试求：（1）收缩弯管进口处的压强 $p_1(\text{Pa})$；（2）在图示坐标系中固定弯管的力分量 F_x，$F_y(\text{N})$。

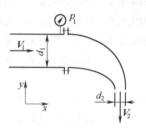

图 BP4.3.2

BP4.3.3 图 BP4.3.3 所示一圆管出口内处安放一同轴流线型塞子，水通过环形狭缝流入大气。设圆管内径为 $d_1 = 0.05\text{m}$，塞子外径为 $d_2 = 0.04\text{m}$；圆管中平均速度为 $V_1 = 7\text{m/s}$。不计损失，试求：（1）塞子前方的压强 $p_1(\text{Pa})$；（2）固定塞子的力 $F(\text{N})$。

BP4.3.4 图 BP4.3.4 所示一大水箱侧壁装有一内伸小直径圆管，轴线距水面深度为 h，入口面积为 A。水在静压力作用下从内伸管射出，形成收缩的流面，收缩面积为 A_e。设内伸管入口处的压强为同一水平线上的静压强，忽略摩擦损失，试求面积收缩比。

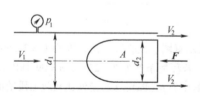

图 BP4.3.3

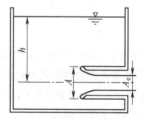

图 BP4.3.4

BP4.3.5 在明渠中有一由平面闸门控制的泄水孔道如图 BP4.3.5 所示。闸门上游水深为 $h_1 = 10\text{m}$，下游水深为 $h_2 = 2\text{m}$，上游平均流速为 $V_1 = 1\text{m/s}$。忽略摩擦力，试求水流对单位宽度闸门的水平作用力 F。

BP4.3.6 图 BP4.3.6 所示一股速度为 $V = 3\text{m/s}$、厚度为 $h = 0.01\text{m}$ 的平面水流射到一尖缘铅垂板的顶部。一部分水流沿板向下流，另一部分改变方向成为自由射流。设铅垂板阻挡水柱厚度 $0.3h$，自由射流与水平线的夹角为 θ。忽略重力和粘性力影响，试求：（1）θ 大小；（2）射流对铅垂板（单位宽度）的作用力 F。

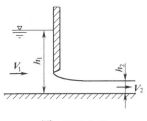

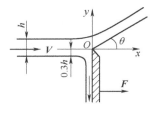

图 BP4.3.5   图 BP4.3.6

BP4.3.7   图 BP4.3.7 所示一股速度为 $V = 20\text{m/s}$、厚度为 $h = 3\text{cm}$ 的平面射流射到二维圆柱状导流片中线上,流出导流片时速度与水平线夹角为 $\theta = 40°$。试求下面两种情况射流对单位宽度导流片的作用力 F_1 和 F_2:(1)导流片固定($U = 0$);(2)导流片以 $U = 8\text{m/s}$ 速度后退。

BP4.3.8   在例 B4.1.1 中设来流速度 $U = 40\text{m/s}$,圆柱直径为 $d = 0.2\text{m}$,空气密度为 $\rho = 1.2\text{kg/m}^3$,试计算作用在圆柱(单位宽度)上的力 $F(\text{N})$。

BP4.3.9   图 BP4.3.9 所示一股速度为 $V = 40\text{m/s}$、厚度 $h = 0.03\text{m}$ 的平面射流射到倾斜角为 $\theta = 45°$ 的平壁上。忽略重力和粘性力影响,试求:(1)在平壁上的分流厚度 h_1,$h_2(\text{m})$;(2)水流对平壁的冲击力 $F(\text{N})$,并讨论 θ 角改变的影响。

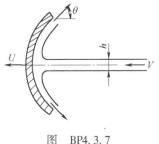

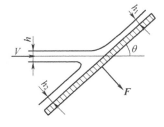

图 BP4.3.7   图 BP4.3.9

BP4.5.1   图 BP4.5.1 所示矩形明渠顺坡均匀流动的纵剖面。底坡倾角为 θ,水深为 h,液面上为大气压强。在坐标系 Oxy 中,试验证速度、体积力和压强分布的下述表达式是否满足 N-S 方程及边界条件:

$$u = \frac{g\sin\theta}{2\nu}(2hy - y^2), v = 0$$

$$f_x = g\sin\theta, f_y = -g\cos\theta$$

$$p = \rho g(h - y)\cos\theta$$

BP4.6.1   平面流动的速度表达式为 $u = 2xy + x$,$v = x^2 - y^2 - y$。(1)判断是否有势函数?若有,试求之;(2)试验证速度势是否满足拉普拉斯方程。

BP4.6.2   已知平面流场存在速度势 $\varphi = -\dfrac{xy^3}{3} - x^2 + \dfrac{x^3y}{3} + y^2 + C$。

(1)试求速度分量 u,v 的表达式;

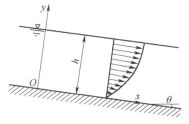

图   BP4.5.1

（2）试验证速度势是否满足拉普拉斯方程。

BP4.6.3 平面流动的速度表达式为 $u = 3x^2 - 3y^2$，$v = -6xy$。（1）判断是否有势函数？若有，试求之；（2）判断是否有流函数？若有，试求之。

BP4.6.4 试写出不可压缩均匀流流场 $u = 3\text{m/s}$，$v = 4\text{m/s}$ 的势函数 $\varphi(x, y)$ 和流函数 $\psi(x, y)$ 的表达式。

BP4.6.5 平面势流的点源流在平面极坐标中的速度表达式为：$v_r = \dfrac{Q}{2\pi r}$，$v_\theta = 0$（Q 为从一点流出后沿径向均匀地流向各方向的流量），试求其势函数 $\varphi(r, \theta)$ 和流函数 $\psi(r, \theta)$ 的表达式。

B5　量纲分析法与相似理论

流体力学的研究方法分为理论方法、实验方法和数值方法。理论方法又可分为数学分析法与物理分析法。本章介绍的量纲分析法属于理论方法中的物理分析法。量纲分析法又称因次分析法，它是通过揭示物理量量纲之间存在的内在联系，对物理现象作定性或半定量分析。量纲分析法不仅用于指导模型实验，而且为理论分析提供重要信息。因此量纲分析是在研究复杂现象（参数众多）和新现象（未知参数）中行之有效的分析手段，广泛应用于各个学科领域中。本章将介绍量纲分析法的基本原理及其在流体力学中的应用。

无论是探索未知的流动现象，还是验证理论分析或数值计算的结果，都需要进行模拟实验研究。如何确定实验方案、搭建实验装置，使模型内的流动能真正模拟实际的流动（原型）；如何选择实验参数、制定实验步骤，能用最少的实验次数和最低的代价获得最有价值的结果；如何归纳和处理实验数据，使之具有广泛的代表性，能有效地推广应用到工程中去。要回答这些问题需要建立指导模拟实验的理论，相似理论即属于这种理论。

B5.1　量纲与无量纲化

1. 量纲的概念

一个物理量包含大小和类别两种属性。物理量的大小可以用一个约定的尺度来度量，那就是单位。单位的大小由人为规定，目前已建立了国际统一的标准：国际单位制（SI）。建立物理系统的单位制时，先对少数彼此独立的物理量规定单位，称为基本单位（基本量）；其他单位根据已知的物理关系导出，称为导出单位（导出量）。绪论中表 1.4.1 列出了国际单位制中与流体力学有关的基本单位和导出单位。

物理量的类别称为量纲，是表征物理量特征的主要属性。流体力学中的基本量（单位）包括质量类、长度类、时间类和温度类，本书主要讨论前 3 个。基本量的量纲称为基本量纲，任何导出量的量纲均可用基本量纲的幂次表示，称为量纲幂次式。在不同的单位制中由于基本量的量纲不同，导出量的量纲幂次式是不同的。若用 dim 表示量纲，国际单位制的基本量纲记为

$$\dim m = \mathrm{M}, \dim l = \mathrm{L}, \dim t = \mathrm{T}$$

常用的导出量的量纲幂次式列于表 B5.1.1。

表 B5.1.1　导出量量纲（国际单位制）

常用量		
速度，加速度	$\dim V = LT^{-1}$	$\dim g = LT^{-2}$
体积流量，质量流量	$\dim Q = L^3T^{-1}$	$\dim \dot{m} = MT^{-1}$
密度，重度	$\dim \rho = ML^{-3}$	$\dim \rho g = ML^{-2}T^{-2}$
力，力矩	$\dim F = MLT^{-2}$	$\dim L = ML^2T^{-2}$
压强，应力，弹性模量	$\dim p = \dim \tau = \dim K = ML^{-1}T^{-2}$	
粘度	$\dim \mu = ML^{-1}T^{-1}$	$\dim \nu = L^2T^{-1}$
其他量		
角速度，角加速度	$\dim \omega = T^{-1}$	$\dim \dot{\omega} = T^{-2}$
应变率	$\dim \varepsilon_{xx} = \dim \dot{\gamma} = T^{-1}$	
惯性矩，惯性积	$\dim I_x = \dim I_{xy} = L^4$	
动量，动量矩	$\dim p = MLT^{-1}$	$\dim L = ML^2T^{-1}$
能量、功、热	$\dim E = \dim W = \dim Q = ML^2T^{-2}$	
功率	$\dim P = ML^2T^{-3}$	
表面张力系数	$\dim \sigma = MT^{-2}$	
比热容	$\dim c_p = \dim c_V = L^2T^{-2}\Theta^{-1}$	
热导率	$\dim k = MLT^{-3}\Theta^{-1}$	
比熵	$\dim s = L^2T^{-2}\Theta^{-1}$	
比焓、比内能	$\dim h = \dim e = L^2T^{-2}$	

注：Θ 为温度量纲。

导数和积分的量纲分别为

$$\dim \frac{\mathrm{d}y}{\mathrm{d}x} = \dim \frac{y}{x}, \dim \frac{\mathrm{d}^2y}{\mathrm{d}x^2} = \dim \frac{y}{x^2}, \dim \int_a^b y\mathrm{d}x = \dim yx$$

2. 物理量的无量纲化

要讨论物理量的无量纲化必须从量纲一致性原则说起。众所周知，只有同类的物理量才可以相互比较其大小。例如，对一根 5m 长的竹竿和一根 20cm 长的筷子可分别比较其长度，也可以比较其重量；若将竹竿的长度与筷子的重量进行比较，则毫无意义。同类物理量的量纲相同，称为量纲一致性。物理方程就是描述同类物理量之间定量关系的方程。将方程中的各项均用量纲幂次式表示，各项的基本量纲必须齐次，这称为物理方程的量纲齐次性原理。以伯努利方程为例，可以表述为下列 3 种形式：

$$\frac{1}{2}\rho v^2 + \rho gz + p = C_1 （沿流线） \tag{B5.1.1a}$$

$$\frac{1}{2}v^2 + gz + \frac{p}{\rho} = C_2 （沿流线） \tag{B5.1.1b}$$

$$\frac{v^2}{2g} + z + \frac{p}{\rho g} = C_3（沿流线）\qquad\qquad (B5.1.1c)$$

上述 3 式分别描述单位体积、单位质量和单位重量流体的动能、位置势能和压强势能守恒，右边的常数 $C_i(i = 1，2，3)$ 代表总能，也具有量纲，其量纲幂次式分别为

$$\dim C_1 = ML^{-1}T^{-2}，\dim C_2 = L^{-2}T^{-2}，\dim C_1 = L$$

既然物理方程是量纲齐次的，那么就可以将其无量纲化。请看下例。

【例 B5.1.1】 无粘气体圆柱绕流表面压强分布

已知：无粘气体（忽略粘性、重力）以速度 U 对二维圆柱作定常绕流。

求：用无量纲形式的伯努利方程求圆柱表面的压强分布。

解：忽略重力，将式（B5.1.1a）化为常用形式（U，p_∞ 为无穷远处的值）

$$\frac{1}{2}\rho v^2 + p = \frac{1}{2}\rho U^2 + p_\infty（沿流线）\qquad\qquad (a)$$

用一个相同量纲的参考量 $\frac{1}{2}\rho U^2$ 去除上式两边，可化为无量纲形式

$$\frac{p - p_\infty}{\frac{1}{2}\rho U^2} = 1 - \left(\frac{v}{U}\right)^2（沿流线）\qquad\qquad (b)$$

上式左边是一个无量纲量，可用 C_p 表示，称为压强系数。右边括号内也是一个无量纲量，可用 v^* 表示，称为无量纲速度。式（B5.1.1b）可化为

$$C_p = 1 - v^{*2}（沿流线）\qquad\qquad (c)$$

上式是伯努利方程的一种无量纲形式。将该方程用于分析无粘气体对圆柱的绕流时，可画出圆柱面上典型的压强系数分布曲线如图 B5.1.1 所示（只画了上半部分，下半部分对称分布）。该曲线反映了圆柱面上压强分布的特点：在前、后驻点（$\beta = 0$，$180°$）是正压 $C_p = 1$，在侧点（$\beta = 90°$）是最大负压 $C_p = -3$，在其他点压强系数随角度变化 $C_p = 1 - 4\sin^2\beta$。该曲线适用于任意大小的圆柱和任意大小的来流速度，因此具有普适性。

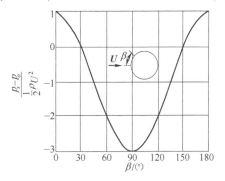

图 B5.1.1

讨论：本例是用无粘性流体模型得到的理论结果，实际绕流情况请参阅 C5.2.1。

上例表明，通过量纲组合可以将有量纲量化为对应的无量纲量，将有量纲的方程化为无量纲方程。如果量纲组合得当，无量纲量可作为新的参数，使原有量纲方程的形式得到简化。无量纲方程不受有量纲参数的大小和单位的限制，它的形式和求解结果具有代表性和普适性。将物理量无量纲化是科学研究中常用的方法，无量纲方程是科学文献中通用的形式。通过本章的学习应掌握无量纲化的概念和相应的

方法。

B5.2 量纲分析法

量纲分析法是将有量纲量进行科学组合，组成无量纲量的分析方法。量纲分析法的物理基础是物理方程的量纲齐次性原理。通过对有关的物理量作量纲幂次分析，将它们组合成无量纲形式的组合量。用无量纲组合量之间的关系代替有量纲量之间的关系，可揭示物理量之间在量纲上的内在联系，降低变量数目，用于指导理论分析和实验研究。

量纲的概念最早可追溯到欧拉（L. Euler，1765）和傅里叶（J. Fourier，1822）。麦克斯韦（J. Maxwell，1871）提出了量纲幂次式概念。明确提议将量纲分析作为一种分析方法的是瑞利（L. Rayleigh，1877），而奠定量纲分析理论基础的则是白金汉（E. Buckingham，1914），他提出了白金汉定理。

B5.2.1 白金汉定理

白金汉定理是量纲分析的理论基础。它说明了在一个物理过程中可以组成多少个独立的无量纲量，以及每一个无量纲量如何确定。其内容包括：

（1）若一个方程包含了 n 个物理量，每个物理量的量纲均由 r 个独立的基本量纲组成，则这些物理量可以并只可以组合成 $n-r$ 个独立的无量纲量，称为 Π 数。

（2）选择 r 个独立的物理量为基本量，将其余 $n-r$ 个物理量作为导出量，依次同基本量作组合量纲分析，可求得相互独立的 $n-r$ 个 Π 数。

因白金汉定理将无量纲量称为 Π 数，因此又称为 Π 定理。根据 Π 定理，原来的方程为

$$x_1 = \phi(x_2, x_3, \cdots, x_n) \qquad (B5.2.1)$$

经过量纲分析后由相互独立的 $n-r$ 个 Π 数组成新的方程为

$$\Pi_1 = f(\Pi_2, \Pi_3, \cdots, \Pi_{n-r}) \qquad (B5.2.2)$$

在流体力学中常用的独立基本量有 3 个（相应于 M，L，T，不考虑温度效应），即 $r=3$。设某流动过程可用 n 个物理量描述，按白金汉定理这 n 个物理量可以并只可以组合成 $n-3$ 个独立的 Π 数。

B5.2.2 量纲分析法

1. 量纲分析的步骤

分析圆管流动的阻力是工程上普遍关心的重要问题，但由于涉及管内流型、壁面粗糙度、压强驱动力等复杂因素，一时很难推导出理论解析公式。量纲分析法适用于分析这类问题，并以此为例说明量纲分析的一般步骤。

（1）列举所有相关的物理量

在本例中有关的物理量为 Δp（压强差），V（平均速度），d（圆管直径），ε（壁面粗糙度，即壁面上粗糙凸起的平均高度），ρ（流体密度），μ（流体粘度），l（管长度），共 7 个，组成关系式为

$$\Delta p = \phi(\rho, V, d, \mu, \varepsilon, l) \tag{a}$$

（2）选择包含不同基本量纲的物理量为基本量（又称重复量）

本例中 ρ 包含质量量纲，V 包含时间量纲，d 包含长度量纲，它们互相独立，可选择为 3 个基本量。

（3）将导出量与基本量的幂次式组成 Π 表达式，用量纲幂次式求解每个 Π 表达式的指数，组成 Π 数。

在本例中导出量有 $7 - 3 = 4$ 个，即 Δp，μ，ε，l。

1）求 Δp 的 Π 数

$$\Pi_1 = \rho^a V^b d^c \Delta p$$
$$M^0 L^0 T^0 = (ML^{-3})^a (LT^{-1})^b L^c (ML^{-1}T^{-2})$$

$$\begin{cases} M: a + 1 = 0 \\ L: -3a + b + c - 1 = 0 \\ T: -b - 2 = 0 \end{cases}$$

解得 $\qquad\qquad\qquad a = -1, \ b = -2, \ c = 0$

$$\Pi_1 = \frac{\Delta p}{\frac{1}{2}\rho V^2} = Eu（欧拉数，1/2 是人为加上去的）$$

2）求 μ 的 Π 数

$$\Pi_2 = \rho^a V^b d^c \mu$$
$$M^0 L^0 T^0 = (ML^{-3})^a (LT^{-1})^b L^c (ML^{-1}T^{-1})$$

$$\begin{cases} M: a + 1 = 0 \\ L: -3a + b + c - 1 = 0 \\ T: -b - 1 = 0 \end{cases}$$

解得 $\qquad\qquad\qquad a = b = c = -1$

$$\Pi_2 = \frac{\mu}{\rho V d} = \frac{1}{Re}（Re 为雷诺数）$$

3）求 ε 的 Π 数

$$\Pi_3 = \rho^a V^b d^c \varepsilon$$
$$M^0 L^0 T^0 = (ML^{-3})^a (LT^{-1})^b L^c L$$

$$\begin{cases} M: a = 0 \\ L: -3a + b + c + 1 = 0 \\ T: -b = 0 \end{cases}$$

解得 $\qquad\qquad\qquad a = b = 0,\ c = -1$

$$\Pi_3 = \frac{\varepsilon}{d} \quad (相对粗糙度)$$

4）求 l 的 Π 数

$$\Pi_4 = \rho^a V^b d^c l$$

$$M^0 L^0 T^0 = (ML^{-3})^a (LT^{-1})^b L^c L$$

$$\begin{cases} M: a = 0 \\ L: -3a + b + c + 1 = 0 \\ T: -b = 0 \end{cases}$$

解得 $\qquad\qquad\qquad a = b = 0,\ c = -1$

$$\Pi_4 = \frac{l}{d} \quad (几何比数)$$

（4）列 Π 数方程

$$\Pi_1 = f(\Pi_2, \Pi_3, \Pi_4)$$

$$\frac{\Delta p}{\frac{1}{2} \rho V^2} = f\left(Re, \frac{\varepsilon}{d}, \frac{l}{d}\right) \qquad\qquad (B5.2.3)$$

理论分析与实验均证明 Δp 与 l/d 成正比（参见式（C1.4.2）），式（B5.2.3）可改写为

$$C_p = \frac{\Delta p}{\frac{1}{2} \rho V^2} = \frac{l}{d} f\left(Re, \frac{\varepsilon}{d}\right) \qquad\qquad (B5.2.4)$$

2. 简要说明

在上例中原来有 7 个物理量，若全部用实验确定阻力 F_D 与另外 6 个物理量之间的函数关系，按每个物理量改变 10 次获得一条实验曲线计算共需 10^6 次实验，并且其中要分别改变 10 次 ρ 和 μ 实际上很难实现。经过量纲分析后 7 个物理量组合成为 4 个无量纲量。为确定式（B5.2.4）中 $f\left(Re, \dfrac{\varepsilon}{d}\right)$ 的关系，实际上只做 100 次实验就够了。而且无须改变 ρ，μ，d，只要改变速度 V，ε 便可完成实验，大大减少了实验的次数和费用。实验结果可用 C_p-Re(ε/d) 曲线表示，具有普适性（参见 C1.4.4）。

量纲分析看起来简单，对较复杂的问题要正确应用并不十分容易。关键在于第一步：正确选择有关的物理量。若遗漏了所必需的物理量将导致错误的结果，若引入无关的物理量将使分析复杂化。要正确选择物理量需掌握必要的流体力学知识和对流动有丰富的感性认识，并具有一定的量纲分析经验。

【例 B5.2.2A】 光滑圆球绕流阻力：量纲分析法一

对光滑圆球在静止粘性流体中运动的阻力至今还没有得到解析解（虽然有不同

近似程度的数值解），特别是尾部分离区对阻力的影响是一个不能完全用解析方法分析的复杂问题。试用量纲分析法对其进行分析。

解：（1）列举所有相关的物理量。

在本例中相关的物理量包括：F_D（阻力）、ρ（流体密度）、V（圆球速度）、d（圆球直径）和 μ（流体粘度）共 5 个量，组成关系式

$$F_D = \phi(\rho, V, d, \mu)$$

（2）选择基本量（3 个）。

在本例中选择包含质量量纲的 ρ，包含时间量纲的 V，包含长度量纲的 d 为基本量。

（3）确定导出量，分别与基本量的幂次式组成 Π 表达式；用量纲幂次式求解每个 Π 表达式中的指数，组成 Π 数。

在本例中导出量有 $5 - 3 = 2$ 个，即 F_D 和 μ。

1）求 F_D 的 Π 数

$$\Pi_1 = \rho^{a_1} V^{b_1} d^{c_1} F_D$$

$$M^0 L^0 T^0 = (ML^{-3})^{a_1} (LT^{-1})^{b_1} L^{c_1} (MLT^{-2})$$

$$\begin{cases} M: a_1 + 1 = 0 \\ L: -3a_1 + b_1 + c_1 + 1 = 0 \\ T: -b_1 - 2 = 0 \end{cases}$$

解得 $\qquad a_1 = -1, \ b_1 = -2, \ c_1 = -2$

所以 Π_1 数为

$$\Pi_1 = \frac{F_D}{\rho V^2 d^2} = C_D （C_D 称为阻力系数）$$

2）求 μ 的 Π 数

$$\Pi_2 = \rho^{a_2} V^{b_2} d^{c_2} \mu$$

$$M^0 L^0 T^0 = (ML^{-3})^{a_2} (LT^{-1})^{b_2} L^{c_2} (ML^{-1}T^{-1})$$

$$\begin{cases} M: a_2 + 1 = 0 \\ L: -3a_2 + b_2 + c_2 - 1 = 0 \\ T: -b_2 - 1 = 0 \end{cases}$$

解得 $\qquad a_2 = -1, \ b_2 = -1, \ c_2 = -1$

所以 Π_2 数为

$$\Pi_2 = \frac{\mu}{\rho V d} = \frac{1}{Re} \quad （Re 为雷诺数）$$

（4）用 Π 数组成新的方程。

$$\Pi_1 = f_1(\Pi_2)$$

即 $\qquad\qquad\qquad\qquad C_D = f(Re) \qquad\qquad\qquad\qquad (B5.2.5)$

或 $$F_D = \rho V^2 d^2 f(Re) \tag{B5.2.6}$$

【例 B5.2.2B】 三角堰：量纲分析法二

已知：在例 B4.2.1C 中用伯努利方程得到了三角堰中的泄流量解析解为

$$Q = \frac{8}{15}\sqrt{2g}f(\alpha)h^{5/2} \tag{a}$$

上式中变量的意义如图 BE5.2.2B 所示。

求：试用量纲分析法求泄流量公式，并与式(a)
比较。

解：(1) 列举物理量。本例中忽略粘性影响，有
关物理量分别为流量 Q、密度 ρ、重力加速度 g、
水位 h 和孔口角 α 共 5 个。组成关系式为

$$Q = \phi(\rho, g, h, \alpha)$$

(2) 选择基本量(3 个)：ρ，g，h。

(3) 列 Π 表达式(2 个)并求解 Π 数。

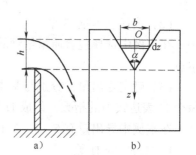

图 BE5.2.2B

1) $$\Pi_1 = \rho^a g^b h^c Q$$

$$M^0 L^0 T^0 = (ML^{-3})^a (LT^{-2})^b L^c (L^3 T^{-1})$$

$$\begin{cases} M: & a = 0 \\ L: & -3a + b + c + 3 = 0 \\ T: & -2b - 1 = 0 \end{cases}$$

解得 $$a = 0, \quad b = -\frac{1}{2}, \quad c = -\frac{5}{2}$$

$$\Pi_1 = \frac{Q}{h^{5/2} g^{1/2}}$$

2) $\Pi_2 = \alpha$ (弧度，无量纲)

(4) 列 Π 数方程

$$\Pi_1 = f(\Pi_2)$$

$$\frac{Q}{h^{5/2} g^{1/2}} = f(\alpha) \tag{b}$$

或 $$Q = f(\alpha)\sqrt{g}h^{5/2} \tag{c}$$

讨论：(1) 量纲分析结果表明 Q 与 ρ 无关（尽管 ρ 列入物理量序列），与 h 成 5/2 次
方关系。量纲分析结果式(c)与题中给出的解析式(a)形式一致。

(2) 若事先没有解析解。现根据式(c)在保证 h 不变的条件下只要做 10 次不同
α 的实验，就可得到 $f(\alpha)$ 的一般经验式。

(3) 对一孔口角已确定的三角堰，式(c)已明确地表达了 Q 与 h 的理论关系，
需要做的仅仅是通过实验作粘性校正和流量标定，在这里量纲分析结果与解析解起
同样的作用。

B5.3 流动相似与相似准则

B5.3.1 流动相似的概念

"相似"概念最先来自几何学，例如矩形相似条件为对应边成比例（图 B5.3.1），即

$$\frac{l}{l'} = \frac{h}{h'} = k_1 \qquad (B5.3.1)$$

式中，k_1 称为几何比数。流动相似比几何相似要丰富得多，除了几何相似外还有时间相似、运动相似和动力相似等。其中最重要的是几何相似和动力相似。

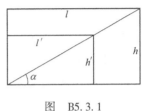

图 B5.3.1

（1）几何相似：流场及其边界的对应尺度成比例，即

$$\frac{l_1}{l_1'} = \frac{l_2}{l_2'} = k_1 (\text{几何比数}) \qquad (B5.3.2)$$

式中，$l_1(l_1')$，$l_2(l_2')$ 分别是两个流场中的任意对应尺度。

（2）动力相似：流场中对应点上的对应力方向一致，大小成比例。如

$$\frac{F_v}{F_v'} = \frac{F_g}{F_g'} = \frac{F_i}{F_i'} = k_F (\text{动力比数}) \qquad (B5.3.3)$$

式中，$F_v(F_v')$，$F_g(F_g')$，$F_i(F_i')$ 分别是两个流场中的对应力，其中 F_v 为粘性力，F_g 为重力，F_i 为惯性力等。

直接将两个流场进行相比既不现实也无必要。通常的做法是对每个流场进行特征量分析，如果两个流场的无量纲特征量相等即认为两者相似。例如对矩形相似，可将式（B5.3.1）调整一下为

$$\frac{l}{h} = \frac{l'}{h'} = l^* \qquad (B5.3.4)$$

式中，l/h 称为长宽比，是矩形的无量纲特征量。当另一个矩形的长宽比 l'/h' 与之相等时即两个矩形相似。长宽比可作为矩形相似的判据，称为矩形的相似准则。长宽比相当于用宽度 h 去除长度 l，将 h 称为特征长度，将无量纲长度 l^* 称为矩形的相似准则数。相似的矩形有相同的相似准则数。

在流体力学中将满足同一方程的流动现象为同类型现象。只有同类型现象才能成为相似现象。流体力学相似现象中的主要相似准则包括几何和动力相似准则。

（1）在一个流场中取 b 为特征长度，将其他长度与之相比可得无量纲长度，即

$$\frac{l_1}{b_1} = \frac{l_2}{b_2} = l^* \qquad (B5.3.5)$$

式中，l^* 称为几何相似准则数。

（2）在一个流场中通常取惯性力为特征力，将其他力与惯性力相比可得无量纲力，即

$$\frac{F_\text{v}}{F_\text{i}} = \frac{F_\text{v}'}{F_\text{i}'} = F_\text{v}^*, \quad \frac{F_\text{g}}{F_\text{i}} = \frac{F_\text{g}'}{F_\text{i}'} = F_\text{g}^*, \cdots \tag{B5.3.6}$$

式中，F_v^*，F_g^* 等称为动力相似准则数。

B5.3.2 确定相似准则数的方法

式(B5.3.6)仅是定义动力相似准则数的一般原则。具体确定动力相似准则数的常用方法有两种：量纲分析法和方程分析法。前者适用于未知物理方程的场合，后者适用于已知物理方程的场合。下面以不可压缩粘性流体的一般流动为例分别介绍这两种方法。

1. 量纲分析法

量纲分析法已在 B5.2 节中作过详细介绍，现在可直接用于不可压缩粘性流体的流动。有关的物理量为密度 ρ、速度 V、长度 l、粘度 μ、重力加速度 g、压强差 Δp 和脉动圆频率 ω 共 7 个。根据白金汉定理，若取 ρ，V，d 为基本量可组成 4 个方程的 Π 数为（请读者自行完成）

$$\Pi_1 = \frac{\rho V l}{\mu} = Re\,(\text{雷诺数，Reynolds}) \tag{B5.3.7a}$$

$$\Pi_2 = \frac{V^2}{g l} = Fr^2\,(\text{弗劳德数，Froude}) \tag{B5.3.7b}$$

$$\Pi_3 = \frac{\Delta p}{\rho V^2} = Eu\,(\text{欧拉数，Euler}) \tag{B5.3.7c}$$

$$\Pi_4 = \frac{\omega l}{V} = Sr\,(\text{斯特劳哈尔数，Strouhal}) \tag{B5.3.7d}$$

上述 4 个 Π 数称为不可压缩粘性流体流动的相似准则数。

量纲分析法是确定相似准则数的最常用的方法。其主要缺点是对复杂流动不易选准物理量，难以区分量纲相同但物理意义不同的量，得到的相似准则数的物理意义需要重新确定。

2. 方程分析法

在例 B5.1.1 中曾对伯努利方程进行了无量纲化，现在对 N-S 方程进行无量纲化。以 x 方向投影式(B4.5.7a)为例，方程两边同除以 ρ 后为

$$\frac{\partial u}{\partial t} + u\frac{\partial u}{\partial x} + v\frac{\partial u}{\partial y} + w\frac{\partial u}{\partial z} = f_x - \frac{1}{\rho}\frac{\partial p}{\partial x} + \frac{\mu}{\rho}\left(\frac{\partial^2 u}{\partial x^2} + \frac{\partial^2 u}{\partial y^2} + \frac{\partial^2 u}{\partial z^2}\right) \tag{B5.3.8}$$

引入特征速度 V、特征长度 l、特征压强 p_0、特征质量力 g 和特征时间 $1/w$，各类物理量可化为无量纲量为

$$u^* = \frac{u}{V}, v^* = \frac{v}{V}, w^* = \frac{w}{V}$$

$$x^* = \frac{x}{l}, y^* = \frac{y}{l}, z^* = \frac{z}{l}$$

$$f_x^* = \frac{f_x}{g}, p^* = \frac{p}{p_0}, t^* = tw$$

代入式(B5.3.8)后整理得

$$\frac{lw}{V}\frac{\partial u^*}{\partial t^*} + u^*\frac{\partial u^*}{\partial x^*} + v^*\frac{\partial u^*}{\partial y^*} + w^*\frac{\partial u^*}{\partial z^*}$$

$$= \left(\frac{lg}{V^2}\right)f_x^* - \left(\frac{p_0}{\rho V^2}\right)\frac{\partial p^*}{\partial x^*} + \left(\frac{\mu}{\rho Vl}\right)\left(\frac{\partial^2 u^*}{\partial x^{*2}} + \frac{\partial^2 u^*}{\partial y^{*2}} + \frac{\partial^2 u^*}{\partial z^{*2}}\right) \quad (B5.3.9)$$

上式中出现的四个无量纲系数分别为式(B5.3.7)中的相似准则数,即 Sr, Fr^{-1}, Eu 和 Re 数。在式(B5.3.9)中迁移惯性力的系数为 1,则 Sr, Fr^{-1}, Eu, Re 数分别代表了不定常惯性力、重力、压力、粘性力与迁移惯性力的量级比值。

通过方程分析法导出的相似准则数物理意义明确。无量纲形式的 N-S 方程(B5.3.9)适用于任何不可压缩粘性流体的流动,不牵涉具体的尺寸和流动条件,因此具有普适性。在科学文献中,重要的方程、表达式或实验结果一般都用无量纲形式表示。

B5.3.3 常用的相似准则数

流体力学中的相似准则数多达一百多个,本书涉及的相似准则数除 B5.3.2 中列出的四个相似准则数外再加一个牛顿数,现分别作简要介绍。

1. 雷诺数

雷诺数定义为

$$Re = \frac{\rho Vl}{\mu} \quad (B5.3.10)$$

式中,l 为特征长度:对圆管流动取管直径(称为圆管流动雷诺数),对钝体绕流取绕流截面宽度(称为绕流雷诺数),对平板边界层取离前缘的距离(称为当地雷诺数);V 为特征速度:对圆管流动取平均速度,对钝体绕流取来流速度,对平板边界层取外流速度;ρ 和 μ 为流体的密度和粘度。

雷诺数为纪念英国物理学家雷诺(O. Reynolds)而命名,是描述粘性流体运动行为的主要相似准则数。可根据雷诺数的大小给粘性流动分类。如当 $Re \ll 1$ 时称为蠕流,流动中粘性力占主导地位而惯性力可以忽略不计。当外流 $Re \gg 1$ 时称为大雷诺数流动,除了边界层外整个外流可按无粘性流体处理。在圆管流动中取 $Re_d = 2300$ 为区分两种流型的界限,在平板边界层内通常取 $Re_x = 5 \times 10^5$ 为区分两种边界层流型的界限。

2. 弗劳德数

弗劳德数定义为

$$Fr = \frac{V}{\sqrt{gl}} \qquad\qquad (B5.3.11)$$

式中,l 为特征长度:对水面船舶取为船长,对明渠流取为水深;V 为特征速度:对水面船舶取为船舶速度,对明渠流取为截面上平均流速;g 为重力加速度。

弗劳德数为纪念英国船舶工程师弗劳德(W. Froude)而命名,是描述具有自由液面的液体流动时相似准则数。当模拟明渠流中的水流和水面船舶的运动时,Fr 数是必须考虑的相似准则数。弗劳德数在明渠流中的作用将在 C6 中讨论。

3. 欧拉数

欧拉数定义为

$$Eu = \frac{p}{\rho V^2} \qquad\qquad (B5.3.12)$$

式中,p 可以是某一点的特征压强,也可以是两点的压强差;V 为特征速度;ρ 为流体密度。

欧拉数为纪念瑞士数学家欧拉(L. Euler)而命名,是描述流动中压强影响的相似准则数。在描述压强差时,欧拉数常称为压强系数,表为

$$C_p = \frac{\Delta p}{\frac{1}{2}\rho V^2} \qquad\qquad (B5.3.13)$$

4. 斯特劳哈尔数

斯特劳哈尔数定义为

$$Sr = \frac{l\omega}{V} \qquad\qquad (B5.3.14)$$

式中,l 为特征长度,如电线或圆柱的直径;V 为特征速度;ω 为脉动角频率。

斯特劳哈尔数为纪念捷克物理学家斯特劳哈尔(V. Strouhal, 1850—1922)而命名,在研究不定常流动时斯特劳哈尔数是重要的相似准则数。例如,圆柱绕流后部的卡门涡街从圆柱上交替释放的频率可用斯特劳哈尔数描述(参见 C5.4.3)。

5. 牛顿数

牛顿数定义为

$$Ne = \frac{F}{\rho V^2 l^2} \qquad\qquad (B5.3.15)$$

式中,F 为外力;其他量与雷诺数中含义相同。

牛顿数为纪念英国物理学家牛顿(S. I. Newton)而命名。它的含义较广,主要用于描述流动中阻力、升力、力矩,动力机械中的功率等影响。当 F 为阻力 F_D 和升力 F_L 时,牛顿数分别称为阻力系数和升力系数,表为

$$C_D = \frac{F_D}{\frac{1}{2}\rho V^2 l^2}, C_L = \frac{F_L}{\frac{1}{2}\rho V^2 l^2} \qquad\qquad (B5.3.16)$$

当描述力矩 M 作用时,牛顿数称为力矩系数

$$C_M = \frac{M}{\frac{1}{2}\rho V^2 l^3} \qquad (\text{B5.3.17})$$

当描述动力机械的功率 $\dot{W}$ 时,牛顿数称为动力系数

$$C_{\dot{W}} = \frac{\dot{W}}{\rho V^3 l^2} = \frac{\dot{W}}{\rho D^5 n^3} \qquad (\text{B5.3.18})$$

式中,D 为动力机械旋转部件的直径;n 为转速。

B5.4　模型实验与相似理论

B5.4.1　模型实验

实际的流场称为原型流场。在相似理论的指导下,将原型流场进行缩小或放大或适当简化后做成模型流场;在实验室内对模型流场进行观察和测量,然后将实验结果推算到原型流场,这就是模型实验。模型实验的侧重点不在于模型本身而是模型中的流场;再现的也不是表面现象,而是再现流场的物理本质。只有保证模型和原型中流场的物理本质相同,模型实验才是有价值的。

模型实验的优点是:①直接对原型流场进行测试往往需耗费巨大的资金、人力和物力,在实验室内进行模型实验可大大节省费用。②在根据相似理论设计和组织的模型实验中可以大大减少实验次数,提高工作效率。③按无量纲的相似准则数整理和表达实验数据可使实验曲线更具有代表性和适用性。

并不是所有的流动现象都需要做模型实验。能够做理论分析或数值模拟的流动现象都不必做大量、详尽的模拟实验。但为了验证理论分析或数值计算结果,必要的模型实验还是需要的。并不是所有的流动现象都能做模型实验。当对原型流场的物理本质缺乏认识时模型实验往往不能成功。只有对流动现象有充分的认识,并了解支配该现象的主要物理法则的原型流场才适合做模型实验。

B5.4.2　相似理论简介

关于模型实验的相似理论包含的内容极其丰富,且各门学科具有各自的特色。本小节仅从白金汉定理出发简要叙述流动现象相似的一般原理,并举例说明在模型实验中根据相似原理采取的灵活做法。相似原理可简要归纳为以下两条。

1. 相似条件和相似结果

白金汉定理指出,描述原型流动现象的方程可化为若干个独立的 Π 数的方程

$$\Pi_1 = f(\Pi_2, \Pi_3, \cdots, \Pi_n) \qquad (\text{B5.4.1})$$

Π 数是用相应的物理量按一定的物理法则确定的无量纲数,与具体的几何尺寸、流体

属性和运动参数大小无关，因此也适用于相似的模型现象（脚标 m）

$$\Pi_{1m} = f(\Pi_{2m}, \Pi_{3m}, \cdots, \Pi_{nm}) \tag{B5.4.2}$$

当模型设计成

$$\Pi_{2m} = \Pi_2, \Pi_{3m} = \Pi_3, \cdots, \Pi_{nm} = \Pi_n \tag{B5.4.3}$$

由式（B5.4.1）和式（B5.4.2）必有

$$\Pi_1 = \Pi_{1m} \tag{B5.4.4}$$

这就是模型实验的相似原理。式（B5.4.3）称为相似条件，式（B5.4.4）称为相似结果。

2. 主 Π 数

在相似条件中找出支配流动现象的主要条件，该条件中的 Π 数是由支配流动现象的主要物理法则导出的相似准则数，称为主相似准则数，或简称为主 Π 数。相似理论和实践经验表明：在几何相似的条件下，保证模型和原型流场中的主 Π 数相等，就能保证模型和原型流场相似，并使除主 Π 数外的其他相关 Π 数也相等。例如，在粘性力占主导的流动中，Re 数是主 Π 数；在重力占主导的流动中，Fr 数是主 Π 数等。

在实际的流动中有时粘性力和重力都很重要。例如，水面船舶运动时既有粘性阻力也有水的兴波阻力，前者的主 Π 数是 Re 数，后者的主 Π 数是 Fr 数。如果能让两个主 Π 数都相等，称模型与原型流场完全相似。设模型与原型满足几何相似条件：$l_m/l = k$（几何比数）。由 Re 数相等

$$\frac{V_m}{V} = \frac{\nu_m}{\nu}\frac{l}{l_m} = \frac{\nu_m}{\nu}\frac{1}{k} \tag{B5.4.5}$$

由 Fr 数相等

$$\frac{V_m}{V} = \sqrt{\frac{l_m}{l}} = \sqrt{k} \tag{B5.4.6}$$

为了使式（B5.4.5）和式（B5.4.6）同时满足，模型流体的运动粘度应满足：

$$\frac{\nu_m}{\nu}\frac{1}{k} = \sqrt{k}, \quad \nu_m = k^{3/2}\nu \tag{B5.4.7}$$

设模型尺寸是原型尺寸的十分之一，即 $k = 0.1$；原型流体为水 $\nu = 0.01\text{cm}^2/\text{s}$。为了达到完全相似，按式（B5.4.7）模型流体的运动粘度应为

$$\nu_m = 0.1^{3/2} \times 0.01\text{cm}^2/\text{s} = 0.00032\text{cm}^2/\text{s}$$

实际上无法找到运动粘度如此低的液体来满足此条件。

上述计算表明，在水面船舶阻力实验（拖曳实验）中无法做到完全相似。工程上的做法是仍用水作模型流体，以 Fr 数为主 Π 数做模型实验。测得船舶模型的兴波阻力，然后根据经验对该阻力作粘性修正，这种相似称为近似相似。在实际的模型实验中处理近似相似问题还有其他方法，除了对流动现象有深刻认识外，还需要掌握一定的实践经验。

在实际的模型实验中还会遇到另一种情况：达到一定条件后模型与原型自动保

持相似,无须保证主 Ⅱ 数相等。这种现象称为自模性,典型的例子是圆管湍流流动。理论和实验研究表明(参见 C1.4.3),当圆管流动中的 Re 数达到足够大,流动进入完全粗糙区时,流动阻力不再与 Re 数相关,而仅与粗糙度有关。只要保证两管的粗糙度相似(几何相似),阻力系数便相等。穆迪(L. Moody,1944)正是利用这种性质创造了商业管道的等效粗糙度概念。

【例 B5.4.2】 矩形板粘性绕流:模型实验

已知:如同圆球粘性绕流一样,铅垂矩形板粘性绕流流场也没有数学解析解,适合进行模型实验。设原型是一块铅垂放置的高×宽 = $h \times b$ 的光滑矩形板,在粘度为 μ 的流体中以速度 U 作水平匀速运动。用缩小的矩形板模型固定在风洞实验段里,让空气以一定的速度吹过矩形板,如图 BE5.4.2 所示。用测力天平测量板的受力 F_{Dm}。

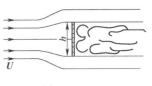

图 BE5.4.2

求:模型与原型相似的条件和结果。

解:(1)推导 Ⅱ 数方程并确定主 Ⅱ 数

列举与运动阻力有关的物理量

$$F_D = f(\rho, \mu, V, h, b)$$

以 ρ, V, h 为基本量,用量纲分析法可得 Ⅱ 数方程为(由读者自行完成)

$$C_D = \frac{F_D}{\rho V^2 h^2} = f\left(\frac{\rho V h}{\mu}, \frac{h}{b}\right) \tag{a}$$

上式既适用于原型也适用于模型,在模型中

$$\frac{F_{Dm}}{\rho_m V_m^2 h_m^2} = f\left(\frac{\rho_m V_m h_m}{\mu_m}, \frac{h_m}{b_m}\right) \tag{b}$$

根据相似原理,Re 数为主 Ⅱ 数。

(2)相似条件

为保证模型和原型的流动相似,应满足几何相似条件和主 Ⅱ 数相等,即

$$\frac{h_m}{b_m} = \frac{h}{b} \tag{c}$$

$$\frac{\rho_m V_m h_m}{\mu_m} = \frac{\rho V h}{\mu} \tag{d}$$

当选择实验流体的密度和粘度分别为 ρ_m 和 μ_m 后,由式(d)确定速度条件 V_m:

$$V_m = \frac{\rho}{\rho_m} \frac{\mu_m}{\mu} \frac{h}{h_m} V \tag{e}$$

当式(c)、式(d)均满足后模型和原型流动达到相似。

(3)相似结果

模型和原型流动成为相似流场后,两者的阻力系数 C_D 必相等,即

$$\frac{F_{Dm}}{\rho_m V_m^2 h_m^2} = \frac{F_D}{\rho V^2 h^2} \tag{f}$$

在模型实验中测得模型阻力为 F_{Dm}，由式（f）计算原型阻力为

$$F_D = \frac{\rho}{\rho_m}\left(\frac{V}{V_m}\right)^2\left(\frac{h}{h_m}\right)^2 F_{Dm} \tag{g}$$

讨论：（1）在风洞中对一高宽比为 h/b 的矩形板作阻力测试。通过逐级改变风速，改变 Re 数，测得一组 C_D-Re 数据。画出该矩形板的阻力曲线 $C_D = f_1(Re)$，可推广应用到任何高宽比为 h/b 的矩形板。

（2）若要获得另一组高宽比 h_1/b_1 矩形板的阻力曲线，需改变模型尺寸另做一组实验。这样可得一簇矩形板阻力实验曲线 $C_D = f_i(Re)$，$h_i/b_i(i = 1,2,3,\cdots)$ 为曲线簇的几何参数。这组无量纲实验曲线对矩形板绕流阻力问题具有普适性。

习　题

BP5.2.1　已知圆管定常流动的流量 Q 与沿管轴的压强梯度 dp/dx、管径 d 和流体粘度 μ 有关。试用量纲分析法确定 Q 与这些物理量的关系式。

BP5.2.2　一大的敞口薄壁储水箱，箱中液位保持不变。水箱右侧壁下方开一大圆孔，水从孔口流入大气中。设孔径为 d，中心与液面的铅垂距离为 h，考虑水的密度 ρ 和粘度 μ。以 ρ,g,h 为基本量，用量纲分析法确定出流速度 V 与这些物理量的关系式。

BP5.2.3　宽顶堰的宽度为 w，水流以深度 h 从堰上流过。以 ρ,g,w 为基本量，用量纲分析法确定单位长度（与流速垂直方向）的堰上通过的流量为 $q(\mathrm{m^3/s})$ 与 ρ,g,w,h,μ 的关系式。

BP5.2.4　可压缩粘性流体在一钝体中作定常绕流时，钝体绕流阻力 F_D 与速度 V，钝体特征尺寸 l，流体的密度 ρ、粘度 μ 及弹性模量 E 有关。取 ρ,V,l 为基本量。（1）试用量纲分析法推导 F_D 与其他物理量的关系式；（2）对不可压缩流体相应的 Π 数关系式如何改变？

BP5.2.5　泵的特性参数包括质量能头 gH（单位质量流体的能量差）、轴功率 $\dot{W}_s$ 和效率 η 等，它们均是流体密度 ρ、转速 n、特征直径 D、流量 Q、粘度 μ、特征长度 l 和表面粗糙度 ε 等物理量的函数。取 ρ,n,D 为基本量，试用量纲分析法推导无量纲质量能头系数 C_{gH}、无量纲轴功率系数 $C_{\dot{W}_s}$ 和效率 η 的 Π 数方程式。

BP5.2.6　船舶螺旋桨的阻力 F_D 与旋转角速度 ω、行进速度 V、直径 d、流体粘度 μ、密度 ρ 和声速 c（流体弹性）有关。取 ρ,V,d 为基本量，试用量纲分析法推导 F_D 与其他物理量的关系式。

BP5.4.1　为了估算输油管的流量，在实验室里用水管做模拟实验。已知输油管直径为 $d = 1.5\mathrm{m}$，流量为 $Q = 3\mathrm{m^3/s}$。油的重度为 $\rho g = 900\mathrm{N/m^3}$，粘度为 $0.003\mathrm{Pa\cdot s}$。实验室管道直径为 $d_m = 0.15\mathrm{m}$，水温 20℃。试求实验室管道内的速度 $V(\mathrm{m/s})$ 和流量 $Q(\mathrm{m^3/s})$。

BP5.4.2　为了估算潜艇的阻力，在风洞里做模拟实验。原型与模型的长度比为 30:1。海水与空气的运动粘度分别为 $\nu = 1.2 \times 10^{-6}\mathrm{m^2/s}$，$\nu_m = 1.6 \times 10^{-6}\mathrm{m^2/s}$，密度分别为 $\rho = 1030\mathrm{kg/m^3}$，$\rho_m = 1.24\mathrm{kg/m^3}$。原型速度为 $V = 10\mathrm{m/s}$，试确定原型与模型的阻力比 F_D/F_{Dm}。

BP5.4.3　为了估算机车的阻力，在风洞里做模拟实验。机车的高度 $h = 3\mathrm{m}$，速度 $V = 150\mathrm{km/h}$，环境温度为 20℃。设风洞中温度为 15℃，气流速度可达 $V_m = 80\mathrm{m/s}$，试求：（1）模型机车

的高度 h_m 应为多大？(2)若在风洞中测到阻力 $F_m = 2000N$，原型机车阻力 F 应为多大？

BP5.4.4 为了估算明渠的流速和流量，用几何尺寸为 1/40 的模型做模拟实验。若在模型中的速度和流量分别为 $V_m = 2m/s$，$Q_m = 2.5m^3/s$，试求原型中的速度 $V(m/s)$ 和流量 $Q(m^3/s)$。

BP5.4.5 为了估算实船的兴波阻力，用几何尺寸为 1/50 的模型在水池里做拖曳实验。设模型船的拖曳速度为 $V_m = 1m/s$，拖曳力为 $F_m = 19.62N$。忽略摩擦阻力，试求实船的兴波阻力 $F(N)$。

BP5.4.6 为了估算宽顶堰顶部的压强(低压)，在实验室里做缩小模型的模拟实验。原型的流量 $Q = 400m^3/s$，宽顶堰上方的水深 $h = 4m$。实验室里的模型尺度为原型的 1/30，测得模型堰顶部真空度 $p_{vm} = 0.1mH_2O$。试求：(1)模型堰上方的水深 $h_m(m)$；(2)模型中流量 Q_m (m^3/s)；(3)原型堰顶部的真空度 $p_v(mH_2O)$。

BP5.4.7 利用 BP5.2.5 的相似律估算同一系列的轴流式风机的流量(不考虑粘度和表面粗糙度影响)。若测得直径为 $d_1 = 0.2m$ 的轴流式风机的转速为 $n_1 = 2000r/min$，流量为 $Q_1 = 20m^3/s$。对一动力相似的风机，若风扇直径为 $d_2 = 0.4m$，转速为 $n_2 = 1500r/min$，流量 Q_2 应为多大(m^3/s)？

BP5.4.8 为了解新型阀门的性能，在实验室里用模型做模拟实验。原型阀门出入口管道的直径为 $d = 2m$，流量为 $Q = 30m^3/s$。模型阀门出入口管道的直径为 $d_m = 0.2m$，测得模型阀门的压差为 $\Delta p_m = 30kPa$。设原型与模型中水的特性参数相同，试求：(1)模型阀门管道中流量 $Q_m(m^3/s)$；(2)原型阀门的压差 $\Delta p(kPa)$。

C 问题导向篇

C1 圆管流动与混合长度理论

管道是工程上应用最广的传输流体的装置。最常见的是工厂里输送压缩空气、煤气、冷热水及各种流体原料的管路系统。规模最大的是大城市的自来水、煤气、天然气管网，覆盖面积达数百平方公里。最长的管道是跨省跨国甚至跨洲的输油管、输气管，成为绵延数千公里的地球大动脉。

在管路设计与工程应用中最关心的是确定圆管流动的阻力，因为输送一定流量的流体需要施加足够的压力，消耗相当的能量。在第一次工业革命期间（1760—1840），虽然发明了蒸汽机、锅炉等流体机械，经典的流体力学理论却无法计算管道流动的阻力。到第二次工业革命期间（1870—1900），随着钢铁、汽车、化工、石油等工业的兴起对管道的需求剧增，仍然没有完整的理论来计算管道中的流动阻力。

20世纪上半叶，普朗特通过对壁面湍流实验的观察，提出了"混合长度"模型并把它用于圆管和边界层湍流理论分析，发现了速度分布对数律。他推导出圆管湍流各区域的阻力公式，形成了较完整的理论体系，并成功应用于工程管道设计和计算。这是除边界层理论外用应用力学方法解决工程流动问题的另一个典型例子。本章 C1.1 ~ C1.4 节将按照应用力学的研究步骤介绍该例的全貌，C1.5 ~ C1.7 节介绍工程管路设计与计算的原理。

C1.1 问题：如何计算圆管湍流阻力

对管道流动的研究最早可追溯到古希腊亚历山大的希罗（Hero of Alexandria，200 B. C.），他在公元前 2 世纪就给出了管道流动中截面积、平均速度、体积流量之间的关系。公元 16 世纪达·芬奇首次提出流体的连续性原理，17 世纪末牛顿提出流体内摩擦的概念，到 19 世纪 40 年代泊肃叶和哈根通过实验建立了直圆管定常层流中流量与压强梯度关系的经验公式。

实际上对直圆管层流可直接用 N-S 方程求解。在水平直圆管中轴向的压强差是流动的唯一驱动力。由于是平行流动，速度只有轴向分量 u。设圆管无限长，速度 u 与轴向坐标 x 无关。由轴对称性，速度 u 与方位角坐标 θ 也无关，仅是 r 的函数

$u(r)$，因此速度剖面呈旋转对称形状，如图 C1.1.1 所示。由于 $\partial u/\partial x = 0$，$v = 0$，N-S 方程中的非线性项（即迁移加速度项）自动消失。柱坐标形式的 N-S 方程可化为常微分方程[C1-1]

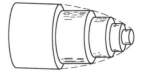

$$\mu \frac{\mathrm{d}u}{\mathrm{d}r} = -\frac{1}{2}Gr \qquad (C1.1.1)$$

图　C1.1.1

式中，G 是单位长流程上的压强降低值，称为比压降，在定常流中为常数（与轴向压强梯度的关系是 $G = -\mathrm{d}p/\mathrm{d}x$）。积分式（C1.1.1）可得速度分布解析式，将速度沿截面积分可得流量解析式（参见 C1.2）。1858 年哈根巴赫（E. Hagenbach）和 1859 纽曼（F. Neuman）率先求得理论解。理论解得到泊肃叶实验的验证，因此对圆管层流阻力可以直接计算。遗憾的是当管内流速稍微加快，流型从层流转变为湍流后上述理论解就不适用了。

在工程管流中层流占的比例很小，绝大多数属于湍流。湍流的控制方程是雷诺方程。对水平直圆管定常湍流，柱坐标形式的雷诺方程比式（C1.1.1）多一项湍流应力[C1-2]

$$\mu \frac{\mathrm{d}\overline{u}}{\mathrm{d}r} = -\frac{1}{2}Gr + \rho\,\overline{u'v'} \qquad (C1.1.2)$$

式中，$\overline{u}(r)$ 是轴向时均速度；$-\rho\,\overline{u'v'}$ 是雷诺应力。除非找到某种"湍流模型"将雷诺应力与时均速度联系起来，否则式（C1.1.2）无法求解。与层流相比，湍流的结构和影响因素复杂得多，要提炼出适合某种湍流模式的"湍流模型"并非易事。因此到 20 世纪 30 年代之前还没有找到一种圆管流动"湍流模型"能成功地解决圆管湍流阻力计算问题。显然当时有关圆管流动的理论严重滞后于工程实际。

为了满足工程设计需要，工程师们不得不进行大量的管道阻力实验，归纳出各自的经验公式，发表的经验性文章超过万篇以上。但他们都没有找到通用的、行之有效的圆管阻力表达式和计算曲线图，使管道设计师们无所适从。为了用科学的理论指导工程设计，寻找适合圆管湍流流动的"湍流模型"，从而求解雷诺方程并建立圆管湍流阻力理论体系是当务之急。圆管湍流是一种沿壁面流动的湍流，寻找适合圆管湍流的"湍流模型"实际上就是如何建立一种能满足工程需要的壁面湍流模型。

本章将从分析层流开始，建立泊肃叶定律。再观察湍流，建立壁面湍流模型，求解圆管湍流速度剖面。然后根据不同的管壁状况和流动区域推导阻力公式，并结合实验确定参数。最后将理论公式用工程师易于接受的方式应用于实际。

C1.2　圆管层流流动

C1.2.1　实验与观察：泊肃叶与哈根实验

1. 圆管入口段流动

为了认识圆管内流动的形成和特点，先考察连接在储水箱上的圆管入口段流动，看一看圆管中的充分发展流动是如何从均流（可视为无粘流）逐渐演变而来的。

1929 年尼古拉兹发表了对圆管层流流动入口段速度分布的测量结果[C1-3]。图 C1.2.1 所示是本书作者根据尼古拉兹的实验结果[C1-4]绘制的入口段速度剖面发展图。管的直径为 d，管口外均流速度为 U。从 $x = 0$ 开始，流体在壁面上被滞

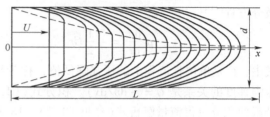

图 C1.2.1

止，形成粘性剪切层。剪切层外仍保持为均流，称为核心流（虚线区域）。由壁面不滑移条件引起壁面附近的流速降低，为满足质量守恒定律，轴心区的流速增大，速度剖面由平坦逐渐变为凸出。随着剪切层厚度不断增长，轴心流不断加速，直至 $x = L$ 处四周的剪切层相遇（发表的实验数据未到 L 处），核心流消失，整个管腔被剪切层流动充满。形成抛物线剖面后速度剖面不再变化。称 $0 \leqslant x \leqslant L$ 为入口段流动或发展中流动，L 称为入口段长度；$x > L$ 部分称为充分发展流动。

必须指出，圆管入口段发展中的剪切层和充分发展段的流动均具有边界层流动特点，但不完全等价于具有外部自由来流的平板边界层流动。

当入口雷诺数较大时管内流动将转变为湍流。圆管层流和湍流的入口段长度可分别通过数值求解 N-S 方程或雷诺方程计算，也可由实验测定。根据实验结果归纳的圆管入口段长度与直径之比值的经验公式为[C1-5]

$$\frac{L}{d} = 0.06Re_d (\text{层流}) \tag{C1.2.1}$$

$$\frac{L}{d} = 4.4(Re_d)^{1/6}(\text{湍流}) \tag{C1.2.2}$$

式中，$Re_d = Ud/\nu$，ν 为运动粘度。对层流，当 $Re = 2300$ 时入口段长度约为

$$L_l = 0.06 \times 2300 \times d = 138d(Re = 2300)$$

对湍流，由于边界层厚度增加较快，入口段长度比层流短得多，约为

$$L_t = (20 \sim 40)d(Re = 10^4 \sim 10^6)$$

在工程管道中入口段长度所占的比例往往是微不足道的，通常忽略不计，全长按充分发展流动处理。除非有特殊要求才考虑入口段影响。以后若不特别注明，圆管流动均指充分发展流动。

2. 泊肃叶与哈根实验

1840 年具有工科学历背景的法国生理学家泊肃叶（J. L. M. Poiseuille）发表论文"小管径内液体流动的实验研究"[C1-6]，报道了他用细玻璃管模拟人静脉毛细血管流动的实验结果。泊肃叶起先用动物的血液作介质，由于很快凝固无法流动就不

得不改用水。他在直径为 d、长度为 l 的管子两端保持一定压差 Δp，测量流量 Q。根据不同管径、压差、流量下测量的数据归纳出一个经验公式

$$Q = kGd^4 \qquad (C1.2.3)$$

上式称为泊肃叶公式。式中，$G = \Delta p/l$ 为比压降，常数 k 的解析式是在 18 年后由哈根巴赫等用 N-S 方程解得的。式（C1.2.3）表明水在圆管中作定常层流流动时流量与比压降的一次方、管径的四次方成正比。为了模拟毛细血管泊肃叶采用很细的玻璃管；由于血液流得慢泊肃叶实验的流速也较低；选用的介质是典型的牛顿流体，这样泊肃叶在无意中保持了实验管流完全处在层流状态下。以后的实验和理论分析表明泊肃叶公式适用于所有牛顿流体的圆管定常层流流动。

比泊肃叶论文早 1 年，德国土木工程师哈根（G. H. L. Hagen，1839）发表了对工程管道的定常水流实验结果[C1-6]。所用的管子中包括三根直径分别是 2.55mm，4.02mm，5.91mm，长度分别是 0.474m，1.09m，1.05m 的黄铜管。他归纳出的流量与比压降、管径的关系与式（C1.2.3）相似，但 d 的幂次在 4 ~ 4.2 之间。原因可能是哈根采用的部分管径和流速偏大，有的流动状态超出层流区，进入了转捩区。由于哈根公式与泊肃叶公式基本一致，也有人将式（C1.2.3）命名为哈根-泊肃叶公式。

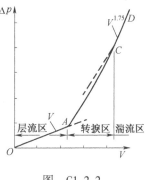

图　C1.2.2

哈根更重要的发现是揭示了管流的压强损失 Δp 随流速 $V = 4Q/\pi d^2$ 的变化规律，如图 C1.2.2 中在双对数坐标系的曲线所示。他发现低速时（在 OA 段）Δp 与 V 成一次方关系，在高速时（CD 段）Δp 与 V 成 1.75 ~ 2 次方关系。可惜的是哈根没有将他的发现提升到对两种流型的认识，后来雷诺在此基础上归纳出雷诺数判别准则。

C1.2.2　建模与求解：速度分布抛物线律

如 C1.1 节所述，圆管定常层流属于平行流动，用柱坐标形式的 N-S 方程可直接求出解析解。实际上，用圆柱形控制体的定常流动动量方程可求得相同结果。

取半径为 R 的水平直圆管的中轴线为 x 轴，径向为 r 轴，如图 C1.2.3 所示。流体沿 x 轴向作定常流动。沿 x 轴任取一同轴圆柱形控制体 CV，长为 dx，半径为 r（$<R$）。

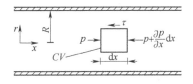

图　C1.2.3

对充分发展的定常流动，净流出控制体的动量流量为零。按定常流动量定律作用在控制体上的合外力为零。作用在控制体上 x 方向的外力有两端的压强差（dp）及侧面上的粘性切应力（τ），忽略重力影响。控制体上力的平衡式为

$$p\pi r^2 - \left(p + \frac{\partial p}{\partial x}\mathrm{d}x\right)\pi r^2 - \tau \cdot 2\pi r\mathrm{d}x = 0$$

可得

$$-\frac{\mathrm{d}p}{\mathrm{d}x} = \frac{2\tau}{r} \tag{C1.2.4}$$

上式左边仅与 x 有关，右边与 x 无关，因此断定 $\mathrm{d}p/\mathrm{d}x =$ 常数。工程上习惯用比压降 G 来表示沿流程段的压强变化，定义为

$$G = \frac{\Delta p}{l} = -\frac{\mathrm{d}p}{\mathrm{d}x} \tag{C1.2.5}$$

式（C1.2.4）可改写为

$$\tau = \frac{1}{2}Gr \tag{C1.2.6}$$

上式称为斯托克斯公式。它表明在比压降为常数的圆管定常流动中，粘性切应力沿 r 方向为线性分布，如图 C1.2.4b 所示。在轴线上（$r = 0$）切应力为零；在壁面上（$r = R$）切应力最大

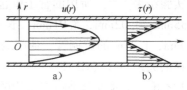

$$\tau_{\mathrm{w}} = \frac{1}{2}GR \tag{C1.2.7}$$

图 C1.2.4

因为速度 u 随 r 增加而减小，牛顿粘性定律为

$$\tau = -\mu\frac{\mathrm{d}u}{\mathrm{d}r}$$

将上式代入式（C1.2.6）可整理得

$$\frac{\mathrm{d}u}{\mathrm{d}r} = -\frac{1}{2\mu}Gr \tag{C1.2.8}$$

上式与由 N-S 方程导出的式（C1.1.1）相同。积分式（C1.2.8）可得

$$u = -\frac{1}{4\mu}Gr^2 + C \tag{C1.2.9}$$

由壁面不滑移条件 $r = R$，$u = 0$ 可决定积分常数

$$C = \frac{1}{4\mu}GR^2$$

将上式代入式（C1.2.9）可得

$$u = \frac{1}{4\mu}G(R^2 - r^2) \tag{C1.2.10}$$

上式是圆管定常层流速度分布律，说明速度剖面是旋转抛物面，如图 C1.2.4a 所示。在轴线上（$r = 0$）为最大速度

$$u_{\max} = \frac{1}{4\mu}GR^2 \tag{C1.2.11}$$

C1.2.3　泊肃叶定律

将速度分布式(C1.2.10)在圆管截面上积分，即

$$Q = \int_0^R u \cdot 2\pi r dr = \frac{\pi}{4\mu} G \int_0^R (R^2 - r^2) r dr = \frac{\pi}{4\mu} G \left(\frac{R^2 r^2}{2} - \frac{r^4}{4} \right) \Big|_0^R$$

可得体积流量为

$$Q = \frac{\pi}{8\mu} G R^4 \qquad (C1.2.12)$$

上式称为泊肃叶定律。它表明不可压缩牛顿流体在直圆管中作定常层流时流量正比于管半径的四次方和比压降的一次方。该结论得到泊肃叶实验结果式(C1.2.3)的验证，并由此结论可计算出泊肃叶公式中的比例系数为 $k = \pi/8\mu$。

将流量除以面积，并利用式(C1.2.11)可得平均速度为

$$V = \frac{Q}{\pi R^2} = \frac{1}{8\mu} G R^2 = \frac{1}{2} u_{\max} \qquad (C1.2.13)$$

利用上式及式(C1.2.6)、式(C1.2.7)可分别得到比压降、壁面切应力与平均速度的关系式

$$G = \frac{8\mu}{R^2} V \qquad (C1.2.14)$$

$$\tau_{w} = \frac{4\mu}{R} V \qquad (C1.2.15)$$

利用式(C1.2.14)可得圆管沿程水头损失与平均速度的关系式

$$h_f = \frac{\Delta p}{\rho g} = \frac{Gl}{\rho g} = \frac{8\mu l}{\rho g R^2} V \qquad (C1.2.16)$$

上式表明沿程水头损失与平均速度的一次方成正比，这与哈根在1839年的实验结果一致。

泊肃叶定律具有重要的理论意义和应用价值。因为式(C1.2.12)的理论结果首先由哈根巴赫(1858)和纽曼(1859)通过求解 N-S 方程获得，在求解中利用了壁面不滑移假设，因此证实了牛顿粘性假设和壁面不滑移假设的正确性，同时也验证了 N-S 方程的适用性。牛顿粘性假设、壁面不滑移假设分别被称为牛顿粘性定律、壁面不滑移条件。泊肃叶定律被公认为管流理论的基础，被广泛用于管道流动计算。

若已知管径和比压降，利用泊肃叶定律式(C1.2.12)能测定流体的粘度

$$\mu = \frac{\pi}{8Q} G R^4 \qquad (C1.2.17)$$

上式是毛细管粘度计的原理。

【例 C1.2.3】　倾斜圆管定常层流：泊肃叶定律

已知：直径为 $d = 15\text{mm}$、倾斜角为 $\theta = 30°$ 的倾斜输油圆管，如图 CE1.2.3 所示。截面 1 和 2 的高度差为 $h = 0.5\text{m}$，两处单管测压计的水柱高分别为 $h_1 = 1.2\text{m}$，$h_2 =$

0.6m。设油的密度为 $\rho = 857\text{kg/m}^3$，粘度为 $\mu = 0.035\text{kg/m} \cdot \text{s}$。

求：（1）判断油的流动方向；（2）计算流量 $Q(\text{m}^3/\text{s})$；（3）验算 Re 数。

解：（1）判断油的流动方向应由截面 1 和 2 的测压管水头决定。以截面 1 为基准，两处的测压管水头比较为

$$h_1 = 1.2\text{m} > h_2 + h = 0.6\text{m} + 0.5\text{m} = 1.1\text{m}$$

说明油应从截面 1 流向截面 2。

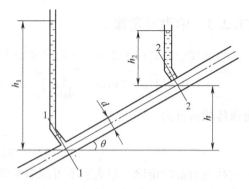

图 CE1.2.3

（2）由水头形式的伯努利方程可知：在保持总水头不变的情况下，决定速度水头大小的不是压强水头，而是测压管水头。因此在泊肃叶定律式（C1.2.12）中的比压降应改为

$$G = \frac{1}{l}[\rho g h_1 - \rho g(h_2 + h)] = \frac{\sin 30°}{0.5\text{m}}(857 \times 9.81\text{kg/m}^2 \cdot \text{s}^2)(1.2 - 0.6 - 0.5)\text{m}$$

$$= 841\text{kg/m}^2 \cdot \text{s}^2$$

$$Q = \frac{\pi}{8\mu}GR^4 = \frac{\pi}{8 \times (0.035\text{kg/m} \cdot \text{s})}(841\text{kg/m}^2 \cdot \text{s}^2) \times \left(\frac{1.5 \times 10^{-2}\text{m}}{2}\right)^4$$

$$= 3 \times 10^{-5}\text{m}^3/\text{s}$$

（3）验算 Re 数

$$Re = \frac{4\rho Q}{\pi d \mu} = \frac{4 \times (857\text{kg/m}^3) \times (3 \times 10^{-5}\text{m}^3/\text{s})}{\pi \times (1.5 \times 10^{-2}\text{m}) \times (0.035\text{kg/m} \cdot \text{s})} = 62.4 < 2300$$

讨论：本例说明对倾斜的圆管，用泊肃叶定律计算流量时，公式中的比压降应采用测压管水头造成的比压降，即

$$G = \frac{\rho g}{l}\left[\left(\frac{p_1}{\rho g} + z_1\right) - \left(\frac{p_2}{\rho g} + z_2\right)\right] \qquad (\text{C1.2.18})$$

一般来说，对压差很大且高差不大的管道可忽略高差对流量的影响。

C1.3 圆管湍流流动

C1.3.1 实验与观察：湍流时均速度和脉动速度

实验一：对圆管湍流时均速度剖面的测量

尼古拉兹（1932）对光滑圆管内充分发展时均定常湍流测量了不同雷诺数下的时均速度分布[C1-7]。图 C1.3.1 中的实线从上至下依次对应于 6 个雷诺数（$4 \times 10^3 \leqslant Re \leqslant 3.2 \times 10^6$）的半边湍流剖面线。图中的虚线是作者所加的层流剖面线。

　　结果表明湍流剖面的形状比层流剖面平坦饱满得多，其顶部的平坦程度随着雷诺数的增大而增加。另一方面，湍流剖面在壁面的梯度比层流大得多，而且梯度也随着雷诺数的增加而增大。

　　实验二：对湍流脉动速度的测量

　　为了建立"湍流模型"必须对湍流的特性和结构有一定的认识。为此需要对湍流时均速度和脉动分量作瞬时和连续观察与测量，在取得较丰富的感性认识后才可能找到描述湍流机制的方法。热线测速仪是测量湍流脉动的有效工具，一经发明（20 世纪 20 年代）

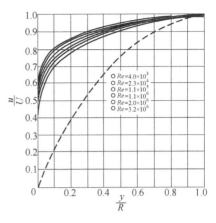

图　C1.3.1

即投入对湍流脉动值和分布规律的研究，获得了认识壁面湍流特点的第一手资料。

　　在对壁面湍流脉动值的众多测量中较具代表性的是理查德（H. Reichardt，1933）在矩形风洞中得到的结果[C1-8]。风洞的最大速度为 $u_m = 1\text{m/s}$。测量在风洞的中心截面沿铅垂壁面线进行，分别测量了纵向速度脉动分量均方根（$\sqrt{u'^2}$）和横向速度脉动分量均方根（$\sqrt{v'^2}$）的分布。图 C1.3.2a 所示为两个方向的脉动分量均方根从壁面到中心线的分布曲线（x^* 为无量纲距离）。二者在壁面上均为零，在中心区域趋于一定值。横向脉动分量较小，平均值仅为 $0.04u_m$，且沿横向距离变化不大。纵向脉动分量值较大，且在靠近壁面处出现很陡的峰值 $0.13u_m$。

　　利用热线测速仪对壁面附近的切应力分布作精细测量后发现，在靠近壁面的区域内（称为壁面层）切应力变化很小。图 C1.3.2b 所示为在平板湍流边界层内测量的结果示意图[C1-5]。实际上在最靠近壁面的底层，切应力由两种成分构成：由于壁

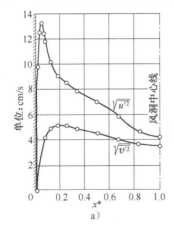

a)

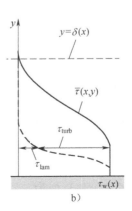

b)

图　C1.3.2

面的限制脉动分量很小而粘性切应力（τ_{lam}）占主要成分；随着离开壁面距离的增加，粘性切应力迅速减小而湍流应力（τ_{turb}）迅速增大并占据绝对主要地位。

C1.3.2　分析与建模：混合长度理论

湍流的最显著特点是湍流脉动引起流体团的混合运动。混合运动使流层之间的速度趋于一致，使圆管湍流速度剖面比层流平坦得多（参见图 C1.3.1）。湍流脉动使流层之间产生了湍流切应力，即雷诺应力（如 $-\rho\,\overline{u'v'}$）。普朗特（L. Prandtl, 1925）根据对湍流现象的观察和对测量结果的分析后，提出了"混合长度"的假设[C1-9]，试图建立雷诺应力与时均速度之间的关系。

1. 湍流平行流动中的切应力

设湍流在平板上沿 x 轴方向作平行流动。平板附近 x 方向的速度分量为时均速度（以下简称速度）$\overline{u}(y)$ 和脉动分量 u'；y 方向为脉动分量 v'，即

$$\begin{cases} u = \overline{u} + u' \\ v = v' \end{cases}$$

x 方向的切应力 τ 由两部分组成：由速度 $\overline{u}$ 的梯度决定的粘性切应力 $\tau_1 = \mu\,\mathrm{d}\overline{u}/\mathrm{d}y$ 和由脉动速度 u', v' 决定的雷诺应力 $\tau_t = -\rho\,\overline{u'v'}$。仿照牛顿粘性定律的形式雷诺应力可表为式（B4.7.10）

$$\tau_t = -\rho\,\overline{u'v'} = \mu_t\frac{\mathrm{d}\overline{u}}{\mathrm{d}y} = \rho\varepsilon_t\frac{\mathrm{d}\overline{u}}{\mathrm{d}y}$$

式中，μ_t 称为湍流粘度；ε_t 称为湍流运动粘度（或涡粘度）。湍流切应力可表为

$$\tau = \tau_1 + \tau_t = \mu\frac{\mathrm{d}\overline{u}}{\mathrm{d}y} - \rho\,\overline{u'v'} = (\mu + \mu_t)\frac{\mathrm{d}\overline{u}}{\mathrm{d}y} \tag{C1.3.1}$$

从图 C1.3.2b 可见，只有在壁面附近的极薄层内粘性切应力才是主要的，通常称其为粘性底层。在粘性底层以外的绝大部分空间内，粘性切应力可以忽略不计。

2. 混合长度理论

为了利用式（B4.7.10）计算雷诺应力必须确定湍流粘度 μ_t 与时均速度的关系。1925 年普朗特在这方面取得重大进展，提出了著名的"混合长度假设"。下面仍在湍流平行流动中讨论该假设。

普朗特认为湍流的速度脉动与流体团的混合有关：当某层的邻近存在速度梯度时，通过流体团的混合造成了速度脉动。普朗特用类似于分子平均自由程的"混合长度"来描述这种机制：某层流体团带着原有速度作移动，经过某个长度 l 到达具有另一速度的邻近层，引起邻近层的速度脉动，脉动值等于两层的速度差。普朗特将长度 l 称为"混合长度"。

在图 C1.3.3 中，设 y 层的速度为 $\overline{u}(y)$，位于上方距离为 l 层的速度为 $\overline{u}(y+l)$。两层之间的速度差近似为

$$\Delta u_1 = \overline{u}(y+l) - \overline{u}(y) = l\frac{\mathrm{d}\overline{u}}{\mathrm{d}y} = u'^+$$

上层流体团向下运动到该层时因两层的速度差形成纵向速度脉动值 u'^+。类似地，位于下方距离为 l 层的速度为 $\bar{u}(y-l)$。两层之间的速度差近似为

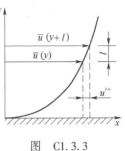

$$\Delta u_2 = \bar{u}(y-l) - \bar{u}(y) = -l\frac{d\bar{u}}{dy} = u'^-$$

图 C1.3.3

下层流体团向上运动到该层时因两层的速度差形成纵向速度脉动值 u'^-。上下两层引起的平均纵向速度脉动值的绝对值为

$$|\overline{u'}| = \frac{1}{2}(|u'^+| + |u'^-|) = l\left|\frac{d\bar{u}}{dy}\right| \tag{C1.3.2}$$

上下两层流体团的混合运动还造成了横向速度脉动：当来自上下两层的流体团中速度较小的流体团在前，速度较大的流体团在后，两流体团以速度 $2u'$ 相撞后向两侧散开，每侧的横向速度为 v'。当速度较小的流体团在后，速度较大的流体团在前时，两流体团以速度 $2u'$ 离开，两侧的流体以 $-v'$ 的横向速度来补充。这就是说，横向脉动速度 u' 和 v' 具有相同的量级。从连续性方程出发，正的纵向速度脉动 u' 引起负的横向速度脉动 v'，即两个坐标方向的脉动速度符号相反。考虑到雷诺应力的符号随 $d\bar{u}/dy$ 改变，普朗特引入表达式

$$\tau_t = -\rho\overline{u'v'} = \rho l^2\left|\frac{d\bar{u}}{dy}\right|\frac{d\bar{u}}{dy} \tag{C1.3.3}$$

相应地，湍流粘度和湍流涡粘度分别可表为

$$\mu_t = \rho l^2\left|\frac{d\bar{u}}{dy}\right|, \varepsilon_t = l^2\left|\frac{d\bar{u}}{dy}\right| \tag{C1.3.4}$$

混合长度不是流体的物性参数，而由当地的运动状况决定。例如，在壁面附近和自由射流中它的分布规律不同，可通过实验测定。

普朗特的混合长度假设是针对壁面湍流特点提出的一种"湍流模型"，属于雷诺方程低阶封闭模式。该模型虽然不够完善，但在用于对壁面平行湍流(管道、渠道、平板边界层流动等)和自由湍流流场作半经验性理论分析中获得成功，并在工程上得到广泛应用，因此被称为"混合长度理论"。当然，对于更复杂的流动及为了揭示湍流的物理本质还需要建立更完善的模型。

C1.3.3 求解：速度分布对数律

混合长度理论首先被用于求解平壁面附近的湍流速度分布。

1. 光滑平壁面附近的湍流速度分布

先考察沿光滑平板的二维平行湍流。设平板上的速度剖面为 $\bar{u}(y)$，其中 y 表示离板面的距离。根据尼古拉兹的实验结果，普朗特假设在近壁区混合长度沿高度线性变化

$$l = \kappa y \tag{C1.3.5}$$

式中，κ 是无量纲常数，也称卡门常数。根据混合长度理论，壁面附近的湍流切应力为

$$\tau = \rho\kappa^2 y^2 \left(\frac{\mathrm{d}\,\bar{u}}{\mathrm{d}y}\right)^2 \tag{C1.3.6}$$

设壁面切应力为 τ_w，引入用壁面切应力表示的参考速度，称为摩擦速度

$$u_* = \sqrt{\frac{\tau_\mathrm{w}}{\rho}} \tag{C1.3.7a}$$

普朗特假设壁面附近的切应力与壁面切应力相等，即 $\tau = \tau_\mathrm{w}$。由式（C1.3.6）和式（C1.3.7）可得

$$u_*^2 = \kappa^2 y^2 \left(\frac{\mathrm{d}\,\bar{u}}{\mathrm{d}y}\right)^2 \tag{C1.3.7b}$$

化为

$$\frac{\mathrm{d}\,\bar{u}}{\mathrm{d}y} = \frac{u_*}{\kappa y}$$

积分上式可得

$$\bar{u} = \frac{u_*}{\kappa}\ln y + C_1 \tag{C1.3.8a}$$

或化为无量纲形式

$$\frac{\bar{u}}{u_*} = \frac{1}{\kappa}\ln\frac{yu_*}{\nu} + C \tag{C1.3.8b}$$

式（C1.3.8a）和式（C1.3.8b）称为光滑壁面湍流普适速度分布律（1932）。后者是无量纲形式：$\bar{u}/u_*$ 为无量纲速度，yu_*/ν 为壁面无量纲坐标，常数 κ，C 由实验确定。积分常数 C 与壁面条件（光滑或粗糙）有关，摩擦速度反映了外部流动条件。

设在 $y = h$ 处速度为最大值 u_m，代入式（C1.3.8b）确定常数后再构成速度差，即

$$\frac{\bar{u}_\mathrm{max} - \bar{u}}{u_*} = \frac{1}{\kappa}\ln\frac{h}{y} \tag{C1.3.9}$$

上式称为壁面湍流普适速度亏损律。该式既不需要壁面条件，也不包含雷诺数影响，反映了壁面湍流的共同性质。式中，h 在圆管流中为半径，在明渠流中为水深。

2. 光滑圆管湍流速度分布与壁面湍流分层结构

尼古拉兹将在光滑圆管中很宽的雷诺数范围（$Re = 4 \times 10^3 - 3.2 \times 10^6$）内测量的速度剖面数据（即图 C1.3.1）按纵坐标为 $\bar{u}/u_*$，横坐标为 $\lg(yu_*/\nu)$（与 $\ln(yu_*/\nu)$ 差一倍数）重新整理为图 C1.3.4 中的圆点分布（图中包括理查德 1951 年发表的实验数据）[C1-7]。结果发现湍流速度剖面在壁面附近呈分层结构，分别具有不同的速度分布律：

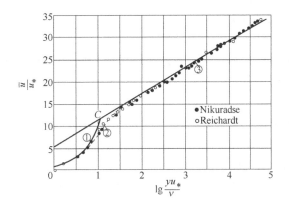

图　C1.3.4

$\dfrac{yu_*}{\nu} < 5\left(\lg \dfrac{yu_*}{\nu} < 0.7\right)$ 为粘性底层，速度数据符合线性律 $\overline{u}/u_* = yu_*/\nu$，即曲

线①。

$\dfrac{yu_*}{\nu} > 40\left(\lg \dfrac{yu_*}{\nu} > 1.6\right)^{\ominus}$ 为湍流核心区，所有雷诺数的速度数据都落在对数律

曲线③附近，曲线③即式（C1.3.8b）。

$5 < yu_*/\nu < 40$ 为过渡层，为虚线②。曲线②分别与线性律和对数律衔接。通常将该层与粘性底层合并考虑。

根据尼古拉兹的实验结果可得到如下重要结论：

（1）在光滑圆管中速度分布对数律不仅适用于近壁区域，而且直到管轴的整个湍流核心区都适用。实验测得的常数为 $\kappa = 0.4$，$C = 5.5$。光滑圆管速度分布式为

$$\dfrac{\overline{u}}{u_*} = 2.5\ln \dfrac{yu_*}{\nu} + 5.5 \tag{C1.3.8c}$$

（2）根据图 C1.3.4 可以确定粘性底层的厚度 δ_v。在工程计算中，取曲线①与曲线③的交点 C 为粘性底层厚度的特征点。由线性律方程和式（C1.3.8c）相等可解出 C 点处的无量纲坐标为 $y_C u_*/\nu = 11.6$，y_C 即为粘性底层的厚度。

$$\delta_v = 11.6\nu/u_* \tag{C1.3.10a}$$

利用摩擦速度关系式（参见式（C1.4.12））$u_* = \sqrt{\tau_w/\rho} = V\sqrt{\lambda/8}$，粘性底层的相对厚度为

$$\dfrac{\delta_v}{d} = \dfrac{11.6\nu}{dV\sqrt{\lambda/8}} = \dfrac{32.8}{Re\sqrt{\lambda}}, \quad Re = \dfrac{Vd}{\nu} \tag{C1.3.10b}$$

上式表明粘性底层的相对厚度与雷诺数成反比关系。若取 $Re = 10^4$ 时取 $\lambda = 0.04$（参见穆迪图），$\delta_v/d = 1.6\%$。这说明在雷诺数较大时粘性底层（包括过渡层）很薄，通常可忽略不计，将式（C1.3.8c）直接用于整个管截面。

――――――――――――――――――

$\ominus$　这里参考了 H. Eckelmann（1974）的实验结果[C1-10]。――作者注

3. 粗糙圆管湍流速度分布

（1）圆管壁面粗糙度对湍流的影响

商业圆管内壁面具有不同程度的粗糙凸起物。通常将壁面粗糙凸起物的平均高度 ε 称为壁面绝对粗糙度，或简称为壁面粗糙度，单位为 mm。将壁面粗糙度与管直径的比值 ε/d 称为壁面相对粗糙度（无量纲壁面粗糙度）。

虽然在湍流的工程计算中通常忽略粘性底层，但是在分析壁面粗糙度对湍流速度剖面的影响时还要考虑粘性底层的存在。因为壁面粗糙度 ε 与粘性底层的厚度 δ_v 的相对大小将影响湍流速度剖面的形状。

当 $\delta_v > \varepsilon$ 时，壁面粗糙凸起物淹没在粘性底层中，如图 C1.3.5a 所示。此时壁面粗糙度对湍流区影响很小，可以将壁面按光滑面处理。工程上称此现象为"水力光滑"（简称光滑管）。当 $\delta_v < \varepsilon$ 时，管壁粗糙凸起物高出粘性底层暴露于湍流核心区中，如图 C1.3.5b 所示。此时壁面粗糙度对湍流速度分布产生干扰。工程上称此现象为"水力粗糙"（简称粗糙管）。实验观察表明，随着雷诺数的增加粘性底层的厚度逐渐减小，壁面粗糙凸起物暴露于粘性底层外的部分逐渐增加。当雷诺数足够大、粘性底层足够薄时，粗糙凸起物充分暴露于湍流核心区中，湍流速度分布不再随雷诺数改变。工程上称流动处于"完全粗糙区"，而将界于"水力光滑区"和"完全粗糙区"之间的情况称为"过渡粗糙区"。

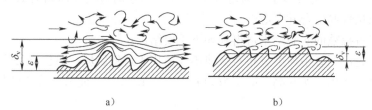

a) b)

图 C1.3.5

（2）不同壁面的速度分布式

尼古拉兹对粗糙圆管湍流作了详细测量，发现速度分布对数律也适用于粗糙圆管的湍流核心区。普朗特和尼古拉兹据此提出处理不同类型粗糙圆管的方法[C1-7]。

设在粗糙壁面上速度为零（$\bar{u} = 0$）的位置既不在凸起物的谷底，也不在顶端，而在界于二者中间的 y_0 处（y 从谷底算起）。用量纲分析法可得 $y_0 = \beta\nu/u_*$，其中 β 为无量纲系数。由式（C1.3.8b）可确定积分常数为 $C = -\ln y_0 u_*/\nu$，代入原式可得

$$
\begin{aligned}
\frac{\bar{u}}{u_*} &= \frac{1}{\kappa}\left(\ln\frac{yu_*}{\nu} - \ln\frac{y_0 u_*}{\nu}\right) \\
&= \frac{1}{\kappa}\left(\ln\frac{yu_*}{\nu} - \ln\beta\right) \\
&= \frac{1}{\kappa}\ln\frac{yu_*}{\nu} + D, \qquad D = \frac{1}{\kappa}\ln\frac{1}{\beta}
\end{aligned}
\qquad (C1.3.11)
$$

上式为适用于粗糙圆管湍流的普适速度分布律，κ，β 或 D 由实验确定。

根据尼古拉兹的实验结果分别讨论不同壁面粗糙度分区的速度分布式：

1）在水力光滑区 $\kappa = 0.4$，$\beta = 0.111$，$D = 5.5$，由式（C1.3.11）可得两种对数表达式为

$$\frac{\bar{u}}{u_*} = 2.5\ln\frac{yu_*}{\nu} + 5.5 = 5.75\lg\frac{yu_*}{\nu} + 5.5 \qquad (C1.3.12)$$

上式称为圆管光滑区普适速度分布律。式中，y 是从壁面凸起物顶部算起的铅垂距离。

2）在完全粗糙区，设 $y_0 = \gamma\varepsilon$，γ 为小于 1 的系数。代入式（C1.3.11）第一式可得

$$\begin{aligned}
\frac{\bar{u}}{u_*} &= \frac{1}{\kappa}\left(\ln\frac{yu_*}{\nu} - \ln\frac{\gamma\varepsilon u_*}{\nu}\right) \\
&= \frac{1}{\kappa}\left(\ln\frac{y}{\varepsilon} - \ln\gamma\right) \\
&= \frac{1}{\kappa}\ln\frac{y}{\varepsilon} + \frac{1}{\kappa}\ln\frac{1}{\gamma} \\
&= \frac{1}{\kappa}\ln\frac{y}{\varepsilon} + B, \quad B = \frac{1}{\kappa}\ln\frac{1}{\gamma} \qquad (C1.3.13)
\end{aligned}$$

式中，B 称为粗糙度函数。尼古拉兹测得 $\kappa = 0.4$，$\gamma = 0.033$，$B = 8.5$，由式（C1.3.13）可得

$$\frac{\bar{u}}{u_*} = 2.5\ln\frac{y}{\varepsilon} + 8.5 = 5.75\lg\frac{y}{\varepsilon} + 8.5 \qquad (C1.3.14)$$

上式称为圆管完全粗糙区普适速度分布律。式中，y 是从壁面凸起物谷底算起的铅垂距离。

3）在过渡粗糙区中，粗糙度函数 B 不是一个确定的值，而是 $\dfrac{u_*\varepsilon}{\nu}$（称为粗糙度雷诺数）的函数。在半对数坐标系中 $B - \lg\dfrac{u_*\varepsilon}{\nu}$ 曲线和实验点如图 C1.3.6 所示，其中实线①和②分别为式（C1.3.12）和式（C1.3.14）。

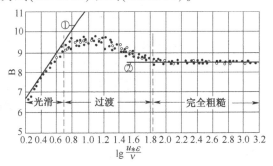

图　C1.3.6

【例 C1.3.3】 光滑圆管定常湍流

已知：在直径 $d = 14\text{cm}$ 的光滑圆管中空气作充分发展定常湍流流动，比压降为 $G = 1.75\text{Pa/m}$。设空气的 $\nu = 1.51 \times 10^{-5}\text{m}^2/\text{s}$，$\rho = 1.2\text{kg/m}^3$。

求：（1）壁面上摩擦应力 τ_w；

（2）壁面上摩擦速度 $\bar{u}_*$；

（3）轴线上的速度 $\bar{u}_\text{m}$。

解：（1）由斯托克斯公式（C1.2.6），得

$$\tau_\text{w} = \frac{GR}{2} = \frac{Gd}{4} = \frac{(1.75\text{Pa/m}) \times 0.14\text{m}}{4} = 0.061\text{N/m}^2$$

（2）根据壁面摩擦速度的定义，有

$$\bar{u}_* = \sqrt{\tau_\text{w}/\rho} = \sqrt{(0.061\text{kg/m} \cdot \text{s}^2)/(1.2\text{kg/m}^3)} = 0.225\text{m/s}$$

（3）由光滑圆管的普适速度分布律式（C1.3.12），得

$$\frac{\bar{u}_\text{m}}{u_*} = 2.5\ln\frac{R\bar{u}_*}{\nu} + 5.5 = 2.5\ln\frac{0.07\text{m} \times (0.225\text{m/s})}{1.51 \times 10^{-5}\text{m}^2/\text{s}} + 5.5$$

$$= 17.37 + 5.5 = 22.87$$

$$\bar{u}_\text{m} = 22.87u_* = 22.87 \times (0.225\text{m/s}) = 5.15\text{m/s}$$

C1.4 圆管流动沿程损失

工程上最关心的是计算圆管的流动阻力。为简化计算，工程上常将圆管内的流动化为一维流动形式，用能量损失或水头损失表示流动阻力。用水头形式表示的圆管能量方程是伯努利方程的一种推广形式

$$\frac{\alpha V_1^2}{2g} + z_1 + \frac{p_1}{\rho g} = \frac{\alpha V_1^2}{2g} + z_1 + \frac{p_1}{\rho g} + h_\text{L}$$

式中，下标 1 和 2 分别代表上、下游截面；h_L 称为水头损失。

管道水头损失由沿程损失和局部损失两部分组成 $h_\text{L} = h_\text{f} + h_\text{m}$。沿程损失 h_f 是指沿等截面管流动时管壁粘性切应力引起的摩擦损失。该损失在理论上由管内速度分布决定，因此可以进行理论分析。局部损失 h_m 是由截面积变化、流动分离和二次流等局部因素引起的损失。影响该损失的因素复杂，一般通过实验确定。在一般工程管系中沿程损失占总水头损失的主要部分，因此也称为主要损失，局部损失则称为次要损失。

C1.4.1 沿程阻力通用公式——达西公式

设管道定常流动中只有沿程损失，能量方程为

$$\frac{\alpha_1 V_1^2}{2g} + z_1 + \frac{p_1}{\rho g} = \frac{\alpha_2 V_2^2}{2g} + z_2 + \frac{p_2}{\rho g} + h_f$$

在直圆管中 $\alpha_1 V_1^2 = \alpha_2 V_2^2$，由上式可将沿程损失表示为

$$h_f = z_1 - z_2 + \frac{p_1 - p_2}{\rho g} = \Delta z + \frac{\Delta p}{\rho g} \qquad (\text{C}1.4.1)$$

设圆管向上的倾斜角为 θ，管直径为 d。沿内壁取长度为 l，两端面是管截面的控制体如图 C1.4.1 中虚线所示。设两端压强降低值为 Δp，壁面切应力为 τ_w，用动量定理可得压差力、重力和壁面切应力合力的平衡方程式为

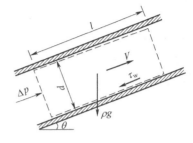

图 C1.4.1

$$\Delta p \frac{\pi d^2}{4} - \rho g \frac{\pi d^2}{4} l\sin\theta - \tau_w \pi dl = 0$$

由于两端面的铅垂高度差为 $\Delta z = z_1 - z_2 = -l\sin\theta$，由式（C1.4.1）和上式可得

$$h_f = \Delta z + \frac{\Delta p}{\rho g} = \frac{4\tau_w l}{\rho g d} \qquad (\text{C}1.4.2)$$

上式表明 h_f 与 l/d 成正比。德国的魏思贝奇（J. Weisbach，1850）参考了哈根（1839）的实验结果并利用量纲分析法（当时未考虑壁面粗糙度）得出圆管沿程阻力公式

$$h_f = \lambda \frac{l}{d} \frac{V^2}{2g} \qquad (\text{C}1.4.3)$$

式中，V 为管内平均速度；λ 为无量纲沿程阻力系数。法国工程师达西（H. Darcy，1858）发表了对水管阻力系数 λ 的系统实验结果（参见 C1.4.2）。因此式（C1.4.3）被称为达西-魏思贝奇阻力公式，简称达西公式，λ 称为达西摩擦因子。

达西公式后来被推广应用于计算任何截面形状（d 为水力直径）、倾斜或水平的光滑或粗糙管道或渠道内充分发展的层流或湍流的沿程阻力，在工程上具有重要应用价值。在已知几何与流动条件后计算流道沿程阻力的关键是确定阻力系数。在没有理论公式之前工程师们通过实验测定阻力系数。

C1.4.2　实验与观察：圆管阻力实验

1. 达西在商业圆管中的阻力实验

达西是最早对商业水管的阻力系数进行系统测量的人。在 19 世纪 50 年代，达西选择的商业圆管包括玻璃管、铅管、涂沥青的铁管、熟铁管和生铁管等，分别代表表面光滑、不光滑、粗糙、非常粗糙等类型的管道。对每种材料他还选择了不同

的使用年龄，共计 22 根具有不同程度的粗糙壁面的实验管。每根管道的长度为 100m，管径为 1.2～50cm 不等。达西系统地测量了每根管道在不同流速下的 λ 值，发表于论文"对管道水流的实验研究"（1858）中[C1-11]，为揭示管壁粗糙性对流动损失的影响提供了详细的实验资料。达西的实验数据成为当时水力工程师们估算管道阻力系数的主要依据。

2. 萨弗的阻力实验与布拉修斯阻力公式

1903 年，美国康奈尔大学的萨弗等人（V. Saph 和 E. W. Schoder）发表了在新的镀锌铁管水流阻力实验中测得的数据[C1-12]。1911 年，布拉修斯根据量纲分析得出在光滑管内湍流阻力系数只与雷诺数有关，即 $\lambda = \lambda(Re)$，并据此将萨弗的实验数据进行重新整理。布拉修斯归纳出光滑管湍流阻力系数与雷诺数之间关系的经验公式为

$$\lambda = \frac{0.3164}{Re^{0.25}} \qquad (C1.4.4)$$

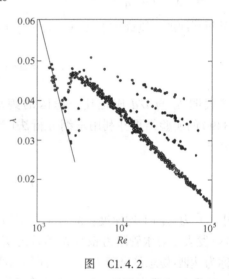

图　C1.4.2

上式称为布拉修斯阻力公式，其中 $Re = Vd/\nu$。图 C1.4.2 所示是布拉修斯（1913）根据萨弗的实验数据在 $\lambda\text{-}\lg Re$ 坐标系中重新绘制的阻力系数图[C1-6]，该坐标系被称为布拉修斯坐标。图中左边的斜直线是层流阻力系数，中间实验点密集区域的回归曲线是式（C1.4.4），右上方的实验点是进入湍流（过渡）粗糙区的数据。实验数据的范围为 $Re < 10^5$。后来尼古拉兹在更宽的雷诺数范围内对光滑圆管的阻力和速度剖面进行实验后发现，当 $Re > 10^5$ 时布拉修斯阻力公式不再适用。

3. 尼古拉兹在人工粗糙圆管中的阻力实验

在达西发表管流实验数据约 70 年后，普朗特的学生尼古拉兹（J. Nikuradse）为了配合导师对圆管湍流速度分布的理论分析，按 $\lambda\text{-}Re$ 关系对达西的实验结果进行了重新整理。分析表明，在粗糙管的湍流区中对给定的粗糙度，λ 随 Re 的变化不大。一般来说 λ 随 Re 增大而减小，其减小率随着粗糙度与管径的比值的增加而下降。对每一种比值的圆管，在超过一定的 Re 值后 λ 不再随 Re 变化。

1925 年尼古拉兹为了更精确地确定管壁粗糙度对流动的影响，决定在人工粗糙度圆管中重新做阻力实验，管壁粗糙度用粘贴砂粒的方法实现定量控制。他将壁面粗糙突起物的平均高度 ε 定义为管壁粗糙度，将粗糙度与管径的比值 ε/d 称为相

对粗糙度。尼古拉兹在校园沙坑里取黄沙，用特定尺寸的筛网筛选砂粒后进行分级。然后将同一级别的砂粒分别用胶水均匀地粘贴于直径为 $d = 2.412 \sim 9.94$cm 管道内壁上，形成了 6 种归一化人工粗糙管。相对粗糙度分别为 $\varepsilon/d = 1/30$，$1/61.2$，$1/120$，$1/252$，$1/504$，$1/1014$。将人工粗糙管放入专门设计的循环水流实验台中，测得 λ-Re-ε/d 曲线如图 C1.4.3 所示，被称为尼古拉兹图，发表于 1933 年[C1-13]。尼古拉兹按不同流型将流动区域分为层流区、过渡区和湍流区三类，按粗糙度的不同影响将湍流区又分为光滑区、过渡粗糙区和完全粗糙区三类。图中对 5 个阻力分区分别用罗马数字 Ⅰ ~ Ⅴ 标注。

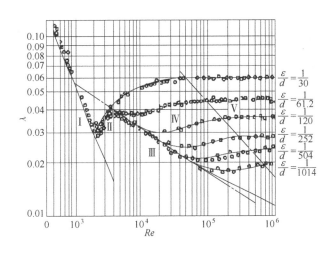

图 C1.4.3

4. 科尔布鲁克在人工粗糙管中的阻力实验

除萨弗外还有许多研究者发表了在商业圆管中所做的阻力实验结果，其中有代表性的是海伍德(F. Heywood, 1924)在镀锌铁管中、弗里曼和米尔斯等(J. Freeman & H. Mills, 1923)在熟铁管中和弗里曼(J. Freeman, 1935)在涂沥青的铸铁管中的实验。英国帝国学院的科尔布鲁克(C. F. Colebrook)将他们(包括萨弗)的实验结果与尼古拉兹实验作比较，发现二者在湍流过渡粗糙区的阻力曲线形状明显不同。在脱离光滑区曲线后到趋于完全粗糙区曲线前，前者随着雷诺数的增加呈单调下降趋势，而后者是先下降后上升。科尔布鲁克分析其可能的原因是：在粗糙管湍流中对沿程阻力的主要贡献部分是湍流在壁面粗糙突出物后部释放的涡旋流，可归于突出物的形状阻力(参见 C5.4)。这部分阻力随着雷诺数的增加、粘性底层厚度的减小而增强。在商业管道中壁面粗糙突出物高低不一，较高的突出物可看成孤立分布的。随着雷诺数的增加，突出物的影响依次渐进地增强，造成阻力曲线单调下降趋势，直至所有突出物都暴露于湍流中达到完全粗糙区为止。在尼古拉兹人工粗糙管中直径相同的砂粒紧挨着排列，随着雷诺数的逐步增大砂粒层先被粘性底层整体淹没后又突然整体暴露，造成了阻力曲线先下降后上升的现象。科尔布鲁克为了验证孤立的和连续分布的壁面粗糙突出物对阻力曲线的影响，决定设计新的人工粗糙度方案进行模拟实验。

实验由科尔布鲁克和怀特（C. F. Colebrook ＆ C. M. White, 1937）共同设计完成[C1-14]。实验装置是图 C1.4.4a 所示空气管道。右端的喷管测量流量，中间实验段两端测量压差。实验段为直径 5.35cm、长度 6m 的具有光滑内壁的圆管。管内壁按 5 种方案粘贴砂粒，如图 C1.4.4b 所示。图中细点表示直径为 0.35mm 的小砂粒紧挨着连续分布，粗点是直径为 3.5mm 的砂粒孤立分布，无点的部分为光滑表面。雷诺数范围为 $Re = 2 \times 10^3 \sim 2 \times 10^5$。

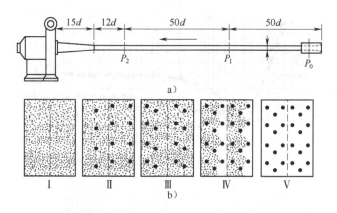

图　C1.4.4

科尔布鲁克将实验结果用 $\left(2\lg\dfrac{3.7d}{\varepsilon} - \sqrt{\dfrac{1}{\lambda}}\right)$-$\lg\dfrac{u_*\varepsilon}{\nu}$ 坐标系中的曲线 Ⅰ ～ Ⅴ 表

示，如图 C1.4.5 所示，其中 $\dfrac{u_*\varepsilon}{\nu}$ 是粗糙度雷诺数。ε 由完全粗糙区阻力公式 $\sqrt{\dfrac{1}{\lambda}} =$

$2\lg\dfrac{3.7d}{\varepsilon}$ 确定，称为平均粗糙度。图中斜直线是光滑区阻力线，右端平直线是完全粗糙区阻力线，下方的虚线是尼古拉兹图过渡粗糙区曲线。为了对照，本书作者将弗里曼、海伍德和萨弗等在商业圆管中的实验结果也画入图中。

图 C1.4.5 中过渡粗糙区的曲线可分为两类：第一类曲线具有先下降后上升的特点，包含尼古拉兹曲线和本实验的曲线 Ⅰ ～ Ⅳ。曲线 Ⅰ ～ Ⅳ 对应的管道都具有连续分布的人工粗糙度，只是砂粒分布的范围和方式不同，因此下降和上升段间的低谷位置不同。第二类曲线都具有单调下降的特点，包含所有的商业圆管和本实验的曲线 Ⅴ。这说明仅含砂粒孤立分布的人工粗糙度管能模拟商业管道在过渡粗糙区中阻力系数随雷诺数的变化规律，而具有砂粒连续分布的人工粗糙度管不能模拟，这为理论分析商业管道湍流阻力系数的变化规律提供了实验基础。

虽然通过实验能够获得一部分特定管道的经验性阻力曲线，但是不能直接推广应用到其他管道中去，因为这些曲线没有普适性。获得具有普适性的管道阻力曲线和数学表达式，不仅是满足工程设计和校验的需要，而且也是揭示管道湍流阻力系数变化的内在规律，深入研究影响流动阻力的因素的需要，这只有依靠应用力学方法对圆管湍流沿程阻力进行理论分析才能解决。

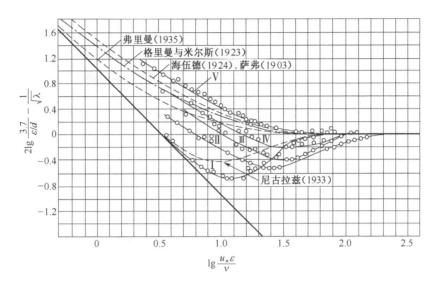

图　C1. 4. 5

C1. 4. 3　求解：阻力系数公式

圆管层流已有速度分布解析解，根据普朗特混合长度理论也已推导出湍流光滑圆管普适速度分布式（C1.3.12）和粗糙圆管普适速度分布式（C1.3.14），经进一步数学推导就能得到圆管流动阻力系数的理论表达式。推导是按尼古拉兹的 5 个阻力分区分别进行的。

1. 层流区

圆管层流的沿程水头损失有解析解式（C1.2.16）

$$h_f = \frac{8\mu l V}{\rho g R^2} = \frac{32\mu l V}{\rho g d^2}$$

将上式代入达西公式（C1.4.3）中，可得圆管层流区的理论阻力系数公式为

$$\lambda = \frac{h_f}{\dfrac{l}{d}\dfrac{V^2}{2g}} = \frac{64}{\dfrac{\rho V d}{\mu}} = \frac{64}{Re} \tag{C1.4.5}$$

2. 过渡区

该区是层流向湍流的转捩区（$2300 < Re_d < 4000$），流动结构非常复杂，目前还不能得到该区普适的速度分布解析式。

3. 湍流光滑区

在 C1.3.1 中已经介绍了尼古拉兹测量不同雷诺数的圆管湍流速度剖面，获得图 C1.3.1。根据普朗特的建议用 $1/n$ 幂次律拟合成数学表达式为

$$\frac{\bar{u}}{u_{\max}} = \left(\frac{y}{R}\right)^{1/n} = \left(1 - \frac{r}{R}\right)^{1/n} \tag{C1.4.6}$$

式中，$\bar{u}_{\max}$ 为圆管轴心上的速度，y 为壁面上的距离坐标。相应于不同雷诺数的 n 值标注在图 C1.4.6 中。与 $Re = 10^5$ 相应的幂次值为 $n = 7$，速度分布式为

$$\frac{\bar{u}}{u_{\max}} = \left(1 - \frac{r}{R}\right)^{1/7} \tag{C1.4.7}$$

普朗特分析了尼古拉兹的实验结果后指出：布拉修斯阻力公式（C1.4.4）是对应于 1/7 幂次速度分布式的结果，只适用于 $Re \leqslant 10^5$ 范围，对更高的雷诺数需要用更大的 n 值，因此不具有普适性。光滑圆管普适阻力公式应从光滑圆管普适速度分布律推导出来。

在 C1.3 节中已得到圆管湍流光滑区的普适速度分布为式（C1.3.12）

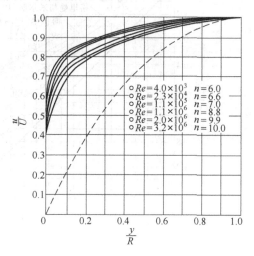

图　C1.4.6

$$\frac{\bar{u}}{u_*} = 2.5\ln\frac{yu_*}{\nu} + 5.5$$

式中，$y = R - r$ 表示离壁面的距离。由 $r = R - y$ 定义圆管的平均速度 V

$$V = \frac{1}{\pi R^2}\int_0^R \bar{u} \cdot 2\pi r \mathrm{d}r = 2\int_0^R \bar{u}\left(\frac{y}{R} - 1\right)\mathrm{d}\left(\frac{y}{R}\right)$$

将式（C1.3.12）代入上式并积分可得无量纲平均速度式为

$$\frac{V}{u_*} = 2.5\ln\frac{Ru_*}{\nu} + 1.75 \tag{C1.4.8}$$

通过斯托克斯公式（C1.2.6）建立沿程损失与壁面切应力的关系

$$\tau_\mathrm{w} = \frac{G}{2}R = \frac{\Delta p}{l}\frac{d}{4}$$

$$h_\mathrm{f} = \frac{\Delta p}{\rho g} = \frac{4\tau_\mathrm{w}l}{d\rho g} \tag{C1.4.9}$$

将上式与达西公式（C1.4.3）联立可得达西摩擦因子与壁面切应力关系式为

$$\lambda = \frac{8\tau_\mathrm{w}}{\rho V^2} \tag{C1.4.10}$$

达西摩擦因子与壁面摩擦因数的关系式为

$$C_f = \frac{\tau_w}{\frac{1}{2}\rho V^2} = \frac{\lambda}{4} \tag{C1.4.11}$$

根据摩擦速度定义式（C1.3.7a）和式（C1.4.10）分别可得

$$\frac{V}{u_*} = \frac{V}{\sqrt{\tau_w/\rho}} = \frac{V}{\sqrt{\lambda V^2/8}} = \frac{2\sqrt{2}}{\sqrt{\lambda}} \tag{C1.4.12a}$$

和

$$\frac{Ru_*}{\nu} = \frac{Vd}{4\nu}\sqrt{\frac{\lambda}{2}} = \frac{Re}{4}\sqrt{\frac{\lambda}{2}}, \quad Re = \frac{Vd}{\nu} \tag{C1.4.12b}$$

将式（C1.4.12a）和式（C1.4.12b）分别代入式（C1.4.8）的两边可得

$$\frac{2\sqrt{2}}{\sqrt{\lambda}} = 2.5\ln\left(\frac{Re}{4}\sqrt{\frac{\lambda}{2}}\right) + 1.75 \tag{C1.4.13}$$

将上式化为常用对数，并根据尼古拉兹等人实验数据对常数项作适当修正后可得

$$\frac{1}{\sqrt{\lambda}} = 2.0\lg(Re\sqrt{\lambda}) - 0.8 \tag{C1.4.14}$$

该式称为普朗特-史里希廷公式（1933）[C1-15]，又称为光滑圆管普适阻力系数公式。该式的适用范围为 $3000 < Re < 4 \times 10^6$。虽然在式（C1.4.14）中 λ 为隐式，但现在可以方便地用计算机运算。

尼古拉兹等人在很宽的雷诺数范围内测定了光滑圆管的湍流阻力系数，图 C1.4.7 所示为实验结果。在图中曲线③为式（C1.4.14），在 $3000 < Re < 4 \times 10^6$ 范围内均与实验点吻合得很好，从而验证了光滑圆管普适阻力系数公式的适用性。虚线②为布拉修斯阻力公式即式（C1.4.4），从 $Re = 10^5$ 起就偏离了实验点。

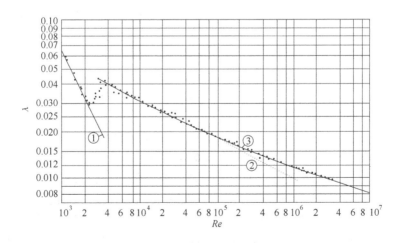

图 C1.4.7

4. 湍流完全粗糙区

在 C1.3 节中已得到湍流完全粗糙区的速度分布式（C1.3.14）为

$$\frac{\overline{u}}{u_*} = 2.5\ln\frac{y}{\varepsilon} + 8.5$$

由上式可得最大速度（$y = R$）为

$$\frac{\overline{u}_{\max}}{u_*} = 2.5\ln\frac{R}{\varepsilon} + 8.5 \qquad (C1.4.15)$$

另外，将速度亏损率式（C1.3.9）（$h = R$）在截面上积分可得平均速度为

$$V = u_{\max} - 3.75u_* \qquad (C1.4.16)$$

将式（C1.4.15）代入式（C1.4.16），并利用定义 $u_* = \sqrt{\tau_{\mathrm{w}}/\rho}$ 可得

$$V = \left(2.5\ln\frac{R}{\varepsilon} + 4.75\right)u_*$$

$$V^2 = \left(2.5\ln\frac{R}{\varepsilon} + 4.75\right)^2\frac{\tau_{\mathrm{w}}}{\rho}$$

再利用关系式 $\lambda = 8\tau_{\mathrm{w}}/(\rho V^2)$，由上式化为阻力系数表达式

$$\lambda = \frac{1}{[0.88\ln(R/\varepsilon) + 1.68]^2} \qquad (C1.4.17)$$

按尼古拉兹的实验数据将常数 1.68 修正为 1.74，将自然对数变为常用对数后上式化为

$$\lambda = \frac{1}{[1.74 + 2\lg(d/2\varepsilon)]^2} \qquad (C1.4.18)$$

上式称为尼古拉兹公式（1933）[C1-13]，是圆管湍流完全粗糙区的普适阻力系数公式，又称为管道二次阻力公式。实际上，冯·卡门（1930）曾根据湍流脉动相似律（混合长度对空间坐标的依赖法则）首先推导出式（C1.4.18），后来按尼古拉兹实验修正了常数，因此也称为冯·卡门阻力公式。

式（C1.4.18）表明在圆管湍流完全粗糙区中 λ 与 Re 数无关，在 λ-Re 图中是一簇与 Re 数坐标轴平行的直线。大量实验表明，式（C1.4.18）不仅与尼古拉兹图的实验数据（图 C1.4.3 中的 V 区）吻合，而且也适用于商业圆管。

5. 湍流过渡粗糙区

由于湍流过渡粗糙区的情况复杂，直到 1939 年还没有建立覆盖整个商业管流的阻力系数公式。科尔布鲁克通过砂粒孤立分布和连续分布的人工粗糙管实验注意到两个现象：①在他们的实验管 V 内能模拟商业圆管在湍流过渡粗糙区的阻力行为。实验管 V 的壁面由光滑壁面和按一定间隔分布的孤立砂粒两部分组成，两部分各自的影响可以分别用光滑区公式和完全粗糙区公式描述。随着雷诺数的增加，后者的影响增强而前者的影响减弱；而且影响是连续的、逐渐变化的，与商业圆管的行为相似。②从商业管道实验阻力曲线的形状来看，湍流过渡粗糙区的阻力曲线一头与光滑区曲线相切，另一头与完全粗糙区曲线相切。一种合理的推论是将普朗

特-史里希廷公式和尼古拉兹公式合并起来描述湍流过渡粗糙区的阻力行为。

科尔布鲁克将普朗特-史里希廷公式(C1.4.14)化为

$$\frac{1}{\sqrt{\lambda}} = -2.0 \lg\left(\frac{2.51}{Re\sqrt{\lambda}}\right) \qquad (C1.4.19)$$

将尼古拉兹公式(C1.4.18)化为

$$\frac{1}{\sqrt{\lambda}} = -2.0 \lg\left(\frac{\varepsilon/d}{3.7}\right) \qquad (C1.4.20)$$

然后将上两式合并,得到

$$\frac{1}{\sqrt{\lambda}} = -2.0 \lg\left(\frac{2.51}{Re\sqrt{\lambda}} + \frac{\varepsilon/d}{3.7}\right) \qquad (C1.4.21)$$

上式是科尔布鲁克首先建立的(1939)[C1-16],称为科尔布鲁克公式。

科尔布鲁克在 $\left(2\lg\frac{3.7d}{\varepsilon} - \sqrt{\frac{1}{\lambda}}\right)$-$\lg\frac{u_*\varepsilon}{\nu}$ 坐标系中按式(C1.4.21)绘制阻力系数曲线,如图 C1.4.8 所示。图中还画了海伍德、萨弗和弗里曼等在镀锌铁管、锻铁管和沥青铸铁管等商业圆管中的实验曲线(下方是尼古拉兹实验曲线),说明科尔布鲁克公式确实可以描述商业圆管湍流过渡粗糙区的阻力行为。这一结论也被以后的大量实验结果所证明。当 $\varepsilon \to 0$ 时科尔布鲁克公式转化为光滑区的普朗特-史里希廷公式,当 $Re \to \infty$ 时则转化为完全粗糙区的尼古拉兹公式,因此覆盖了整个圆管湍流区,适用范围为 $4000 < Re < 10^8$。科尔布鲁克公式被称为圆管湍流普适阻力公式,具有重要的理论意义和应用价值。但图 C1.4.8 不便于工程应用,后由穆迪得到改进。

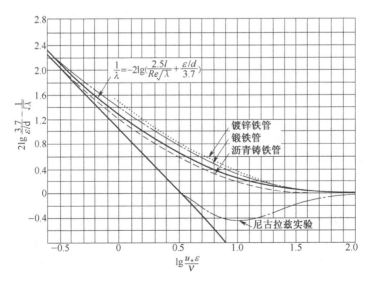

图 C1.4.8

罗斯（H. Rouse，1943）[C1-17]分析了过渡粗糙区与完全粗糙区的分界，提出过渡区的临界雷诺数为

$$Re^* = \frac{200}{\sqrt{\lambda}\,(\varepsilon/d)} \qquad (C1.4.22)$$

当 $Re > Re^*$ 时，流动进入完全粗糙区。

C1.4.4　应用：穆迪图及管道水力计算

1. 穆迪图

至此圆管湍流三个区域的理论阻力公式均已导出，形成了较完整的理论体系，并被实验证明可用于商业管道。其中联合了普朗特-史里希廷公式和尼古拉兹公式的科尔布鲁克公式具有普适性。但是在科尔布鲁克坐标系中纵坐标和横坐标变量过于复杂，不便于工程师们实际应用。而且科尔布鲁克根据海伍德、萨弗和弗里曼等实验结果仅给出了镀锌铁管、锻铁管和沥青铸铁管三种材料管道的粗糙度数据（ε 称为平均粗糙度），缺乏其他材料管道的粗糙度数据。因此管道阻力理论体系还不能直接应用到工程设计中去，直到 1944 年美国普林斯顿大学的穆迪（L. Moody）完成了最后的转化工作。

穆迪做了两件事[C1-18]：一是在布拉修斯坐标系（$\lambda\text{-}Re$）中绘制阻力曲线，将相对粗糙度 ε/d 作为每条曲线的参数。由管道流动雷诺数和相对粗糙度通过阻力曲线可直接确定阻力系数。二是通过实验在湍流完全粗糙区中测定各种常用材料商业圆管的粗糙度数据，将其称为等效粗糙度，制成了商业圆管等效粗糙度图线，便于工程师查询。

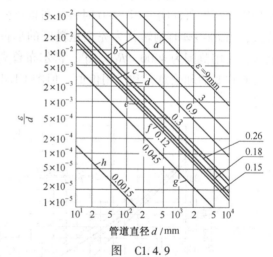

图　C1.4.9

a—铆钢　b—钢筋混凝土　c—木　d—铸铁　e—白铁皮
f—涂沥青的钢　g—结构钢和锻钢　h—拉制钢

（1）等效粗糙度图线和表格

图 C1.4.9 所示为部分商业圆管等效粗糙度图线，可根据商业圆管的直径和材质查找等效相对粗糙度的值。表 C1.4.1 为经扩充的常用材质商业圆管的等效粗糙度参考值。应注意分辨同种材质新旧管的数值，旧的污秽的管子与新管有明显区别。例如，实验表明镀锌的 4 寸钢管使用 3 年后，粗糙度比新管增加约 1 倍。准确的数据应查有关工程手册。以后若不特别注明，商业圆管的粗糙度（或绝对粗糙度）即指等效粗糙度。

表 C1.4.1 常用材料商业圆管等效粗糙度[C1-19]

材料	ε/mm	材料	ε/mm
水泥		焊接钢管	
非常光滑面	0.025 ~ 0.18	新的、光滑表面	0.06 ~ 0.1
木板刮平面	0.2 ~ 0.8	新的、沥青热浸	0.15 ~ 0.4
粗糙表面	0.8 ~ 2.5	轻微生锈	0.15 ~ 0.5
极其粗糙表面	2.5 ~ 9.0	用毛刷涂釉或焦油	0.4 ~ 1.0
木板		铆接钢管	
新刨光板条	0.03 ~ 0.1	新的横向铆接钢管	0.15 ~ 0.6
旧板条	0.25 ~ 1.0	新的纵向铆接一条缝	0.3 ~ 1.0
无缝钢管		铁管	
冷拔钢管	0.0015	新的锻铁管	0.045
新的镀铜或铅钢管	0.0015 ~ 0.01	镀锌铁管	0.025 ~ 0.15
新的镀铝钢管	0.015 ~ 0.06	沥青铸铁管	0.1 ~ 1.0
新的镀锌钢管	0.25 ~ 0.50	新的铸铁管	0:25 ~ 1.0
新的钢管	0.02 ~ 0.1	轻微生锈铁管	1.0 ~ 1.5
轻微生锈钢管	0.15 ~ 0.2	中等生锈铁管	2.0 ~ 4.0
中等生锈钢管	1.0 ~ 3.0	玻璃、塑料、铜管	0.0015 ~ 0.01
严重生锈钢管	>5.0	橡胶	0.006 ~ 0.07

（2）穆迪图

穆迪将除层流-湍流过渡区外四个区的理论阻力公式，即式（C1.4.5）、式（C1.4.14）、式（C1.4.18）及式（C1.4.21）组合绘制在布拉修斯双（常用）对数坐标系中，将壁面等效粗糙度作为参数，得到了 λ-Re(ε/d) 图，被称为穆迪图，如图 C1.4.10 所示。图中的纵坐标为达西阻力系数 λ，横坐标是圆管流动雷诺数 $Re = Vd/\nu$，雷诺数范围为 $600 < Re < 10^8$。曲线参数是等效相对粗糙度 ε/d，从 10^{-6} ~ 0.05 分了 20 挡。图中包括层流区、湍流光滑区、湍流过渡粗糙区和湍流完全粗糙区，并标明湍流过渡粗糙区向完全粗糙区转变的临界雷诺数线（虚线）。

穆迪图被认为是流体力学中最著名的工程图之一，不仅适用于圆形管，而且可用于非圆形管以及明渠流。

2. 用穆迪图作管道水力计算

单根管道的沿程损失计算问题常可分为以下三种类型：

（1）给定管道(d, ε)和流量(Q)，求沿程损失(h_f)；

（2）给定管道(d, ε)和沿程损失(h_f)，求流量(Q)；

（3）给定流量(Q)和沿程损失(h_f)，求管径(d)。

第 1 类问题可直接用穆迪图确定达西阻力系数(λ)，计算沿程损失。第 2，3 类问题由于雷诺数未知，可用穆迪图或科尔布鲁克公式（C1.4.21）作迭代运算。

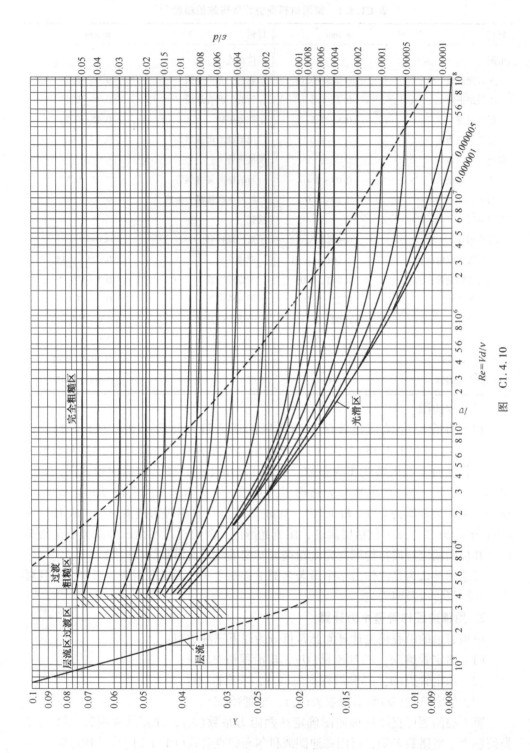

图 C1.4.10

【例 C1.4.4A】 沿程损失：已知管道和流量求沿程损失

已知：用直径为 20cm、长为 3000m 的旧无缝钢管，输送密度为 900kg/m³ 的原油，质量流量为 90t/h。设原油的运动粘度（ν）在冬天为 1.092×10^{-4}m²/s，夏天为 0.355×10^{-4}m²/s。

求：冬天和夏天的沿程损失 h_f。

解：（1）计算 Re

$$Q = \frac{\dot{m}}{3600\rho} = \frac{90\text{t/h}}{(3600\text{s/h}) \times (0.9\text{t/m}^3)} = 0.02778\text{m}^3/\text{s}$$

$$V = \frac{4Q}{\pi d^2} = \frac{4(0.02778\text{m}^3/\text{s})}{\pi(0.2\text{m})^2} = 0.884\text{m/s}$$

冬天 $Re_1 = \dfrac{Vd}{\nu} = \dfrac{(0.884\text{m/s}) \times (0.2\text{m})}{1.092 \times 10^{-4}\text{m}^2/\text{s}} = 1619 < 2300$ 层流

夏天 $Re_2 = \dfrac{Vd}{\nu} = \dfrac{(0.884\text{m/s}) \times (0.2\text{m})}{0.355 \times 10^{-4}\text{m}^2/\text{s}} = 4980 > 2300$ 湍流

（2）冬天

$$h_{f1} = \lambda_1 \frac{l}{d} \frac{V^2}{2g} = \frac{64}{Re_1} \frac{l}{d} \frac{V^2}{2g} = \frac{64}{1619} \frac{3000\text{m}}{0.2\text{m}} \frac{(0.884\text{m/s})^2}{2(9.81\text{m/s}^2)} = 23.6\text{m} \quad （油柱）$$

（3）夏天   查旧无缝钢管等效粗糙度 $\varepsilon = 0.2$mm，$\varepsilon/d = 0.001$

            查穆迪图得 $\lambda_2 = 0.0385$

$$h_{f2} = \lambda_2 \frac{l}{d} \frac{V^2}{2g} = 0.0385 \times \frac{3000\text{m}}{0.2\text{m}} \frac{(0.884\text{m/s})^2}{2(9.81\text{m/s}^2)} = 23.0\text{m} \quad （油柱）$$

【例 C1.4.4B】 沿程损失：已知管道和压降求流量

已知：用直径为 10cm、长为 400m 的旧无缝钢管输送相对密度为 0.9、运动粘度为 10^{-5}m²/s 的油，测得全长压强降 $\Delta p = 800$kPa。

求：管内流量 Q。

解： $h_f = \dfrac{\Delta p}{\rho g} = \dfrac{800 \times 10^3\text{Pa}}{0.9(9807\text{kg/m}^2\text{s}^2)} = 90.64\text{m}$

按例 C1.4.4A 取 $\varepsilon = 0.2$mm，由 $\varepsilon/d = 0.2\text{mm}/100\text{mm} = 0.002$，查穆迪图完全粗糙区得 $\lambda = 0.025$，设 $\lambda_1 = 0.025$，由达西公式

$$V_1 = \frac{1}{\sqrt{\lambda_1}}\left(\frac{2gdh_f}{l}\right)^{\frac{1}{2}} = \frac{1}{\sqrt{0.025}}\left[\frac{2 \times (9.81\text{m/s}^2) \times 0.1\text{m} \times 90.64\text{m}}{400\text{m}}\right]^{\frac{1}{2}}$$

$$= 6.325(0.6667\text{m/s}) = 4.22\text{m/s}$$

$$Re_1 = \frac{V_1 d}{\nu} = \frac{(4.22\text{m/s}) \times 0.1\text{m}}{10^{-5}\text{m}^2/\text{s}} = 4.22 \times 10^4$$

查穆迪图得 $\lambda_2 = 0.027$，重新计算速度

$$V_2 = \frac{1}{\sqrt{0.027}}(0.6667\text{m/s}) = 4.06\text{m/s}$$

$$Re_2 = 4.06 \times 10^4$$

再查穆迪图得 $\lambda_3 = 0.0272$

$$Q = VA = (4.06\mathrm{m/s}) \times \frac{\pi}{4} \times (0.1\mathrm{m})^2 = 0.0319\mathrm{m}^3/\mathrm{s}$$

【例 C1.4.4C】 沿程损失：已知沿程损失和流量求管径

已知：长 400m 的旧无缝钢管输送相对密度为 0.9、运动粘度为 $10^{-5}\mathrm{m}^2/\mathrm{s}$ 的油，要求在压强 $\Delta p = 800\mathrm{kPa}$ 时达到流量 $Q = 0.0318\mathrm{m}^3/\mathrm{s}$。

求：管径 d 应选多大。

解：速度与管径的关系为

$$V = \frac{Q}{A} = \frac{4(0.0318\mathrm{m}^3/\mathrm{s})}{\pi d^2} = \frac{0.04\mathrm{m}^3/\mathrm{s}}{d^2}$$

由达西公式

$$h_\mathrm{f} = \lambda \frac{l}{d} \frac{V^2}{2g} = \lambda \frac{l}{d} \frac{1}{2g} \left(\frac{4Q}{\pi d^2} \right)^2 = (0.0826\mathrm{s}^2/\mathrm{m}) \lambda l Q^2 \frac{1}{d^5}$$

参照例 C1.4.4B，则有

$$d^5 = 0.0826 \frac{\lambda l Q^2}{h_\mathrm{f}}$$

$$= (0.0826\mathrm{s}^2/\mathrm{m}) \times 400\mathrm{m} \times (0.0318\mathrm{m}^3/\mathrm{s})^2 \frac{\lambda}{90.64\mathrm{m}} = (3.69 \times 10^{-4}\mathrm{m}^5) \lambda$$

$$Re = \frac{Vd}{\nu} = \frac{(0.04\mathrm{m}^3/\mathrm{s})d}{d^2 \nu} = \frac{0.04\mathrm{m}^3/\mathrm{s}}{(10^{-5}\mathrm{m}^2/\mathrm{s})d} = \frac{4000\mathrm{m}}{d}$$

用迭代法设 $\lambda_1 = 0.025$，则有

$$d_1 = [(3.69 \times 10^{-4}\mathrm{m}^5) \times 0.025]^{1/5} = 0.0984\mathrm{m}$$

$$Re_1 = 4000\mathrm{m}/0.0984\mathrm{m} = 4.06 \times 10^4$$

由 $\varepsilon/d_1 = 0.2\mathrm{mm}/98.4\mathrm{mm} = 0.002$，查穆迪图得 $\lambda_2 = 0.027$，则有

$$d_2 = [(3.69 \times 10^{-4}\mathrm{m}^5) \times 0.027]^{1/5} = 0.0996\mathrm{m}$$

$$Re_2 = 4000\mathrm{m}/0.0996\mathrm{m} = 4.01 \times 10^4$$

由 $\varepsilon/d_2 = 0.2\mathrm{mm}/99.6\mathrm{mm} = 0.002$，查穆迪图得 $\lambda_3 = 0.027$，故取 $d = 0.1\mathrm{m}$。

C1.4.5 应用：非圆形管流动沿程损失

计算圆管流动沿程损失的方法也可以应用到非圆形截面管中，关键是合理选择相当于圆管直径的特征长度。常用的方法是引入水力半径作为特征长度，定义为

$$R = \frac{A}{\chi} \qquad\qquad (C1.4.23)$$

式中，A 为流道截面（又称过流截面）的面积；χ 为流体与固壁接触的周长（在水力学中称为湿周）。对充满流体的直径为 d 的圆管，水力半径与圆管直径之间的关系为

$$R = \frac{1}{4}\pi d^2 / \pi d = \frac{d}{4} \qquad (C1.4.24)$$

因此定义水力直径为

$$D = 4R \qquad (C1.4.25)$$

对充满流体的圆管水力直径即为圆管直径。若设矩形的边长为 b，高为 h，相应的水力直径和水力半径分别为

$$D = \frac{2bh}{b+h}, \qquad R = \frac{bh}{2(b+h)} \qquad (C1.4.26)$$

类似于圆管雷诺数，用水力直径表示的雷诺数为

$$Re = \frac{DV}{\nu} \qquad (C1.4.27)$$

式中，V 为管截面平均速度；ν 为运动粘度。用水力直径表示的临界雷诺数为2300。

利用水力直径概念，达西公式可直接应用于非圆截面管流动

$$h_f = \lambda \frac{l}{D} \frac{V^2}{2g} \qquad (C1.4.28)$$

其中摩擦因子 λ 仍可由穆迪图决定，相对粗糙度取为 ε/D。但要注意用水力直径计算非圆形截面管的沿程阻力时会有一定误差，截面形状偏离圆形越大者误差也越大，必要时应对摩擦因子作修正，可查阅有关工程手册。用水力直径的概念计算非圆形截面管道流动雷诺数和沿程阻力的方法，既适用于液体也适用于气体。

在明渠流动中过水截面也是非圆形的，可借鉴上述方法用水力直径（或半径）表示雷诺数和阻力损失。阻力系数按明渠流动的实验数据确定（参见 C6 章）。

【例 C1.4.5】 非圆形管流动沿程损失

已知：用截面为 $b \times h = 30\text{cm} \times 20\text{cm}$ 的矩形光滑管输送标准状态的空气，管长为 $l = 400\text{m}$，流量为 $Q = 0.24\text{m}^3/\text{s}$，设 $\nu = 1.6 \times 10^{-5}\text{m}^2/\text{s}$，$\rho = 1.23\text{kg/m}^3$。

求：沿程损失 h_f 和压强降 Δp。

解：矩形管的水力直径为

$$D = \frac{2bh}{b+h} = \frac{2 \times 0.3\text{m} \times 0.2\text{m}}{0.3\text{m} + 0.2\text{m}} = 0.24\text{m}$$

平均速度为

$$V = \frac{Q}{A} = \frac{0.24\text{m}^3/\text{s}}{0.3\text{m} \times 0.2\text{m}} = 4.0\text{m/s}$$

水力直径雷诺数

$$Re_D = \frac{DV}{\nu} = \frac{0.24\text{m} \times (4.0\text{m/s})}{1.6 \times 10^{-5}\text{m}^2/\text{s}} = 6 \times 10^4$$

按光滑管在穆迪图中查得 $\lambda = 0.0198$，所以沿程损失为

$$h_f = \lambda \frac{l}{D} \frac{V^2}{2g} = 0.0198 \frac{400\text{m}}{0.24\text{m}} \frac{(4.0\text{m/s})^2}{2(9.81\text{m/s}^2)} = 26.9\text{m}$$

压强降为

$$\Delta p = \rho g h_f = （1.23 \text{kg/m}^3）\times （9.81 \text{m/s}^2）\times 26.9 \text{m} = 325 \text{N/m}^2$$

C1.5 圆管流动局部损失

局部损失是指在管的出入口、管截面变化部位、两管段连接件和阀门等部件中因局部原因引起的能量损失。这些局部原因是：①截面变化引起速度重新分布；②流体微团相互碰撞和增加摩擦；③二次流；④流动分离形成涡旋等。由于局部损失在整个管道系统的能量损失中往往不占主要部分，因此又将其称为次要损失。但是在管路系统设计中，尤其是分析局部区域的能量损失时正确计算局部损失仍然是重要的。

引起局部损失的流场一般比较复杂，难以进行解析分析，因此通常采用实验的方法测定局部损失。局部水头损失的一般表达式为

$$h_m = K \frac{V^2}{2g} \tag{C1.5.1}$$

式中，K 称为局部损失系数，是一个无量纲量。除指定部位外 V 一般指入口管的平均速度。经过系统的实验测量，不同类型和尺寸的管件的局部损失系数已制成图表，收录在有关工程手册中。本节主要介绍典型部件的局部损失特点和常用的量值。

1. 入口管与出口管

液体从储液箱流入与之相连的管道中时称为入口管流动。以前曾讨论过液体小孔出流的缩颈效应，在入口管中也发生类似现象。引起局部损失的前两个原因在入口管中都存在。图 C1.5.1 中列出了三种不同入口管的局部损失系数：第一种圆弧形入口管从 $K=0.04$ 到 $K=0.5$ 都有可

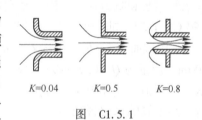

$K=0.04$ $K=0.5$ $K=0.8$

图　C1.5.1

能，取决于圆弧曲率半径 r 与管径 d 的比值，可查有关工程手册[C1-19]；第二种锐边入口管的 $K=0.5$；第三种内伸管因形成涡旋损失最大 $K=0.8$。若无特别说明，入口管按 $K=0.5$ 计算。

液体从管道流入与之相连的储液箱时称为出口管流动。若储液箱很大，管道内的液体流入储液箱后速度变为零，速度水头全部损失，取 $K=1$，与管口边缘状况无关。

2. 扩大管与缩小管

在两根不同直径圆管的连接处，沿流动方向可分为面积扩大管和缩小管两种类型。其中突然扩大管的损失系数 K_e 有解析式（见例 C1.5.1）

$$K_e = \left(1 - \frac{d_1^2}{d_2^2}\right)^2 \qquad\qquad (C1.5.2)$$

式中，d_1，d_2 分别为小管与大管的直径，速度水头以小管速度 V_1 计算。不同直径比的 K_e 值如图 C1.5.2a 所示[C1-20]。

突然缩小管的损失系数 K_c 近似为

$$K_c = 0.42\left(1 - \frac{d_1^2}{d_2^2}\right) \qquad\qquad (C1.5.3)$$

式中，d_1，d_2 分别为小管与大管的直径，速度水头以小管速度 V_1 计算。不同直径比的 K_c 值如图 C1.5.2b 所示[C1-20]。

渐扩圆管的局部损失系数与扩张角 θ 有关，典型的 K-θ 曲线如图 C1.5.3 所示[C1-20]。速度水头以小管速度 V_1 计算。从图中可见曲线在 $\theta = 5°$ 附近有极小值。当 $\theta > 40°$ 后损失系数将大于突然扩大管，在 $\theta = 70° \sim 80°$ 时达到最大值。渐缩圆管的局部损失系数较小，当收缩角 $\theta < 60°$ 时 $K < 0.1$。

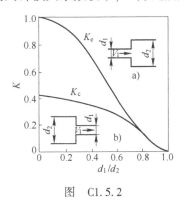

图　C1.5.2

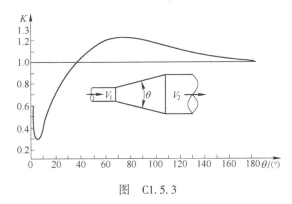

图　C1.5.3

【例 C1.5.1】　突然扩大管局部损失系数计算

已知：如图 CE1.5.1 所示，不可压缩粘性流体以平均速度 V_1 从小圆管（直径为 d_1）定常地流入一突然扩大的大圆管（直径为 d_2）中，大圆管中的平均速度为 V_2。

求：局部损失系数 K_e 的表达式。

解：取图示虚线所示控制体 CV，由连续性方程

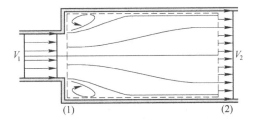

图　CE1.5.1

$$V_2 = \frac{A_1}{A_2}V_1 = \frac{d_1^2}{d_2^2}V_1 \qquad\qquad (a)$$

实验证明在拐角分离区中的压强与小管中的压强保持连续，即 $p = p_1$。因突然扩张管很短，壁面上的粘性阻力可忽略。对控制体列动量方程为

$$\rho V_2 A_2 (V_2 - V_1) = (p_1 - p_2) A_2$$
$$p_1 - p_2 = \rho V_2 (V_2 - V_1) \tag{b}$$

列仅考虑局部损失的沿总流伯努利方程，设 $\alpha_1 = \alpha_2 = 0$，有

$$\frac{V_1^2}{2g} + \frac{p_1}{\rho g} = \frac{V_2^2}{2g} + \frac{p_2}{\rho g} + h_m \tag{c}$$

将式（a）、式（b）、式（c）整理后可得

$$h_m = \frac{1}{\rho g}(p_1 - p_2) + \frac{1}{2g}(V_1^2 - V_2^2) = \frac{1}{g}V_2(V_2 - V_1) + \frac{1}{2g}(V_1^2 - V_2^2)$$

$$= \frac{1}{2g}(V_1 - V_2)^2 = \frac{V_1^2}{2g}\left(1 - \frac{d_1^2}{d_2^2}\right)^2 = K_e \frac{V_1^2}{2g}$$

$$K_e = \left(1 - \frac{d_1^2}{d_2^2}\right)^2 \tag{d}$$

式中，V_1 为小管中的速度。

3. 弯管

弯管内的流动比较复杂。图 C1.5.4a 所示为用流场显示技术拍摄的 90°弯管内的流线图。从图中可见因流线弯曲引起二次流、流层间掺混加剧、下游出现分离区等现象，使弯管的流动损失增大。其局部损失系数 K 与弯转角 θ、中心线曲率半径与管直径之比 r_C/d 及流动雷诺数 Re 都有关。图 C1.5.5 显示当 $Re = 10^5$，流体分别流过 $\theta = 45°$，$90°$，$180°$弯管时 K 与 r_C/d 的关系曲线[C1-21]。对一定的 θ 角存在一个最佳的 r_C/d 值，

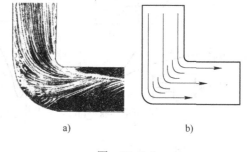

a)   b)

图 C1.5.4

使 K 值最小。在最佳 r_C/d 值两边，当 r_C/d 减小时 K 值增大是因为二次流和流动分离加剧；而 r_C/d 增大时 K 值增大是因为弯管长度增加。为了降低 K 值常在弯管部位设置导流片，可大大削弱二次流，避免流动分离，如图 C1.5.4b 所示。

4. 分叉管

分叉管内的流动更复杂：既有母管到支管的截面变化，也有弯管流动效应。分叉管的结构形式和流动方式也变化多端。如图 C1.5.6 中的三支管分叉，除分叉角 α 可以变化外，三支管的直径可取不同值，三支管内的流动方向可有多种组合方式等。确定分叉管局部损失系数 K 时，应指明哪两个对应支管之间的损失，根据具体情况查阅有关工程手册或直接由实验测定。例如，在图 C1.5.6 中选定管 1 和管 3 之间的局部损失系数 K_{13}，流动方向是从管 1 向管 3 和管 2。K_{13} 与 α 角、平均流速比 V_3/V_1 及弯曲线曲率 r/d 都有关。表中列举了部分数据。可见 K_{13} 随 α 角的增加而增大，随 V_3/V_1 的增加而增大，随 r/d 的增加而减小[C1-21]。

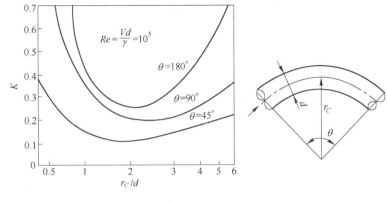

图 C1.5.5

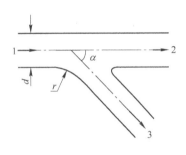

管1和管3之间的局部损失系数 K_{13}

V_3/V_1	α	45°		60°		90°	
	r/d	0	0.1	0	0.1	0	0.1
0.5		0.5	0.5	0.7	0.6	1.1	1.1
1.0		0.5	0.5	0.8	0.7	1.5	1.3
1.5		0.9	0.7	1.3	1.0	2.1	1.7
2.0		1.5	1.2	2.0	1.5	2.8	2.3
2.5		2.4	1.7	2.8	2.1	3.8	2.8
3.0		3.3	2.5	3.9	2.8	5.0	3.6
3.5		4.4	3.2	5.0	3.7	6.5	4.6

图 C1.5.6

5. 阀门

按结构分类，常用的阀门有闸阀（Gate）、球阀（Globe）和蝶阀（Butterfly）三种，结构如表 C1.5.1 中的图示。阀门的局部损失与管道口径和阀的开启度有关。表 C1.5.1 为三种阀门在全开状态不同口径的 K 值（左表）和 $D=100\,\mathrm{mm}$ 不同开启度时的 K 值（右表）[C1-21]。当阀门关闭时，$K\to\infty$。当阀门口径为 $D=100\,\mathrm{mm}$ 时，三种阀门全开状态的 K 值的比较为闸阀：球阀：蝶阀 $=0.1:4.1:0.16$。闸阀的局部损失最低，球阀的局部损失最高。

为了制作和安装方便，工程上将扩大管、缩小管、弯管、分叉管和阀门等都做成独立的管件，通过法兰盘或螺纹与直管连接。将弯管件称为弯头，将三支分叉管称为三通。管口与直圆管的连接方式对局部损失有直接影响。用法兰盘连接时，连接管直径相等且直接对接，损失较小。用螺纹连接时，某一端的管件必须缩小或扩大，连接面上要加工螺纹，因此比法兰盘连接的损失要大得多。表 C1.5.2 列举了弯头与等直径三通的部分数据[C1-22]。可见在同等条件下，螺纹连接比法兰盘连接的局部损失系数可大 2~8 倍。

表 C1.5.1 阀门局部损失系数

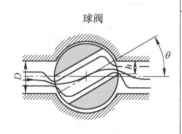

闸阀

全开		部分开（$D=100mm$）	
D/mm	K	h/D	K
12.5	0.5	1.0	0.1
25	0.27	0.9	0.2
50	0.16	0.75	0.4
100	0.1	0.60	1.2
150	0.09	0.50	2.0
200	0.08	0.40	3.5
		0.25	9.0

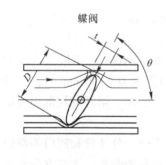

球阀

全开		部分开（$D=100mm$）	
D/mm	K	h/D	K
12.5	10.8	1.0	4.1
25	7.2	0.9	4.2
50	4.7	0.75	4.2
100	4.1	0.5	6.0
150	4.4	0.4	7.0
200	4.7	0.25	15.0
300	5.4		

蝶阀

全开（$\theta=0°$）		部分开	
t/D	K	$\theta/(°)$	K
0.1	0.16	0	0.16
0.15	0.26	10	2.2
0.2	0.45	20	3.7
0.25	0.73	30	7.1
0.3	1.20	40	15
0.35	1.80	50	38
		60	130
		70	290

表 C1.5.2 弯头与等直径三通的局部损失系数[C1-22]

	K			
	弯头			等直径三通
	45°	90°	180°	90°
法兰盘连接	0.2	0.3	0.2	1.0
螺纹连接	0.4	1.5	1.5	2.0

C1.6 管路的工程计算

由直管和各种部件组成的管路系统简称为管路,对管路系统的设计和计算简称为管路计算。管路内的流体分为不可压缩流体与可压缩流体。本节仅讨论不可压缩牛顿流体(如水)在管路中的定常流动,称为管路水力计算,并介绍工程上常用的计算方法。

C1.6.1 管路工程计算简介

1. 管路的分类

按结构的复杂性,管路分为简单管路和复杂管路两类。

简单管路指一根等截面管分成数段,中间连接各种管件组成的管路,又称为单通道管路。简单管路一般既有沿程损失又有局部损失,只有沿程损失的称为简单长管。

复杂管路是指用许多简单管路通过各种连接方式组成的较复杂的系统。按连接方式的不同可将复杂管路分为串联管路、并联管路、枝状管路和网状管路四种形态,如图 C1.6.1 所示。两根或两根以上管道的共同连接点称为节点。图 C1.6.1d 中的 A, B, C, D 节点均为 3 根管道的节点,图 C1.6.1b 中的 A, B 节点均为 4 根管道的节点。

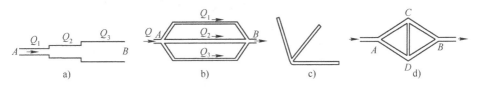

图 C1.6.1

2. 管路水力计算的原则

不论哪种类型管路的水力计算其遵循的原则是一致的,主要包括:

(1)质量守恒原则:在每一根简单管路中连续性方程为

$$Q = VA = 常数 \tag{C1.6.1a}$$

在每一节点上流入节点的流量(记为正)与流出节点的流量(记为负)的代数和为零,即净流量为零

$$\sum Q_i = 0 \tag{C1.6.1b}$$

(2)水头唯一性原则:管路中的每一点(即每一截面)的能量用总水头表示(单位重量流体的能量值),称为能头或水头。每一点(包括节点)只能有一个水头值。

(3)能量守恒原则:沿程任意两点(节点)的总水头满足沿总流的伯努利方程推广形式,即式(B4.2.17b)。

$$\frac{\alpha_1 V_1^2}{2g} + z_1 + \frac{p_1}{\rho g} = \frac{\alpha_2 V_2^2}{2g} + z_2 + \frac{p_2}{\rho g} + h_L$$

式中，h_L 为两节点间的水头损失；若不指明通常取 $\alpha_1 = \alpha_2 = 1$。

（4）两节点间水头损失的计算：两节点间的水头损失为这两个节点的水头之差，并等于该两点之间任意一条通路上所有沿程损失和局部损失之和，即

$$h_L = \sum h_f + \sum h_m \tag{C1.6.2}$$

3. 管路计算的一般方法

与单管沿程损失的计算类型相似，管路计算也分为三种类型：

（1）已知管路的几何尺寸（包括粗糙度）和流量（或速度），求水头损失；

（2）已知管路的几何尺寸（包括粗糙度）和水头损失，求流量；

（3）已知流量和水头损失，设计管路的几何尺寸。

第（1）类型可用阻力公式直接计算。计算沿程损失首推达西公式，局部损失可按式（C1.5.1）计算，即

$$h_L = \sum h_f + \sum h_m = \sum \lambda \frac{l}{d} \frac{V^2}{2g} + \sum K \frac{V^2}{2g} \tag{C1.6.3}$$

式中，确定达西摩擦因子 λ 首推科尔布鲁克公式，即式（C1.4.21）。但公式是隐式的，需要迭代计算。局部损失系数 K 用 C1.5 节介绍的方法确定。

第（2），（3）类型需要用迭代法求解。通常将遇到两件麻烦事：①虽然借助于计算机编程原则上可用科尔布鲁克公式进行沿程损失的迭代计算，但因科尔布鲁克公式是关于 λ 的隐式方程，而且牵涉的变量众多，编制一个通用的方程求解器非常麻烦。②当简单管路内包含局部损失时局部损失系数可按式（C1.5.1）计算，但对包含局部损失的复杂管路用式（C1.5.1）会给计算带来麻烦。工程上采用的解决办法有：

（1）将科尔布鲁克公式化为具有较高近似度的显式方程。在对简单长管求解第（2），（3）类问题时无须迭代，可直接计算。

（2）用幂次型沿程阻力公式代替达西公式[C1-23]

$$h_f = rQ^n \tag{C1.6.4}$$

式中，r 称为沿程阻力系数，它是管子几何尺寸、雷诺数、管壁粗糙度的函数；n 称为流量幂次，其值与 r 的形式有关。式（C1.6.4）包含了达西公式（$n=2$）、阻力系数与达西摩擦因子的关系是

$$r = \frac{8\lambda l}{\pi^2 d^5 g} = 0.0826 \frac{\lambda l}{d^5} \tag{C1.6.5}$$

式（C1.6.4）因形式简单、易于迭代计算，故在管网的工程计算中得到广泛应用（参见 C1.6.6）。

（3）将每个部件转化为等效圆管来计算局部损失。等效圆管的直径 d 和摩擦因子 λ 与两端连接的直管相同，长度 l_m 可通过下式计算

$$K \frac{V^2}{2g} = \lambda \frac{l_m}{d} \frac{V^2}{2g}, \quad l_m = K \frac{d}{\lambda} \tag{C1.6.6}$$

将管路中所有部件均化为等效圆管后，整个管路只需要按沿程损失进行迭代计算。另一种更简单的方法是估算局部损失在整个管路损失中所占的比例，先不计局部损失进行迭代计算，然后对计算结果按比例进行修正。

C1.6.2 管路的工程计算式

1. 达西摩擦因子的工程计算式

科尔布鲁克公式为隐式方程(C1.4.21)

$$\frac{1}{\sqrt{\lambda}} = -2.0\lg\left(\frac{2.51}{Re\sqrt{\lambda}} + \frac{\varepsilon/d}{3.7}\right)$$

在科尔布鲁克公式的基础上有很多人提出了近似的工程计算显式，如斯沃米和贾因 (P. K. Swamee & A. K. Jain, 1976)[C1-24]、巴尔(D. I. H. Barr, 1981)[C1-25]和海兰德 (S. E. Ha. aland, 1983)[C1-26]等。其中以海兰德提出的公式最为简洁。达西摩擦因子的隐式主要表现在光滑区的普朗特-史里希廷公式(C1.4.19)中

$$\frac{1}{\sqrt{\lambda}} = -2.0\lg\left(\frac{2.51}{Re\sqrt{\lambda}}\right)$$

科尔布鲁克曾于1939年提出与式(C1.4.19)相应的计算显式[C1-16]

$$\frac{1}{\sqrt{\lambda}} = 1.8\lg\frac{Re}{6.9} \tag{C1.6.7}$$

上式与式(C1.4.19)的误差在1%以内。海兰德将完全粗糙区冯·卡门公式(显式)化为

$$\frac{1}{\sqrt{\lambda}} = -2.0\lg\left(\frac{\varepsilon/d}{3.7}\right) = -1.8\lg\left(\frac{\varepsilon/d}{3.7}\right)^{1.11} \tag{C1.6.8}$$

然后将式(C1.6.7)与式(C1.6.8)合并后得到与科尔布鲁克公式相应的工程计算显式

$$\frac{1}{\sqrt{\lambda}} = -1.8\lg\left[\frac{6.9}{Re} + \left(\frac{\varepsilon/d}{3.7}\right)^{1.11}\right] \tag{C1.6.9}$$

上式称为海兰德近似公式，与科尔布鲁克公式的误差在1.5%以内。海兰德近似公式不仅适用范围与科尔布鲁克公式相同($4000 \leqslant Re \leqslant 10^8$)，其渐近行为也与科尔布鲁克公式相同。

斯沃米-贾因近似公式在某些管网分析软件(如EPANET)里得到应用，其形式为

$$\frac{1}{\sqrt{\lambda}} = -2.0\lg\left(\frac{5.74}{Re^{0.9}} + \frac{\varepsilon/d}{3.7}\right) \tag{C1.6.10}$$

上式适用范围为$5000 \leqslant Re \leqslant 10^8$，与科尔布鲁克公式的误差一般在1%左右(个别点

2.8%）[C1-26]。

2. 沿程阻力系数的工程计算式

用幂次型沿程阻力公式（C1.6.5）进行工程设计和计算时，目前用得最多的沿程阻力系数工程计算式是海曾-威廉斯（Hazen-Williams）公式和谢齐-曼宁（Chezy-Maning）公式。前者用于管路计算，后者主要用于明渠流动（参见 C6.4.4），这里仅介绍前者。

海曾和威廉斯（A Hazen & GS Williams, 1933）[C1-27]仿照式（C1.6.5），令沿程阻力系数为

$$r = \frac{10.67l}{C^n d^m} \qquad (C1.6.11)$$

上式称为海曾-威廉斯公式。式中，l，d 分别是管道的长度和直径；C 称为海曾-威廉斯系数。C 及其幂次由实验测定。C 值与壁面材质（粗糙度）的关系见表 C1.6.1。对常温下的水测得幂次为 $n = 1.852$，$m = 4.87$（SI 制），因此沿程阻力系数为

$$r = \frac{10.67l}{C^{1.852} d^{4.87}} (\text{SI 制}) \qquad (C1.6.12)$$

由上式可看出海曾-威廉斯系数不是一个无量纲量。因此式（C1.6.12）只适用于国际单位制（SI）。

对常温下的水管，用幂次型沿程阻力公式表示达西公式为

$$h_f = 0.0826 \frac{\lambda l}{d^5} Q^2 \qquad (C1.6.13)$$

表 C1.6.1　海曾-威廉斯系数

管道材料及衬里	C	管道材料及衬里	C
钢管		铜管	130～140
无内衬新钢管	140～150	锡管	130
煤焦油搪瓷内衬	145～150	铅管	130～140
新镀锌钢管	120	塑料管	140～150
新焊接钢管	120	玻璃钢内衬	140
铆接钢管	95～110	水龙带（橡胶内衬）	130
波纹钢	60	缸瓦管	110～140
铸铁管		木管	110～120
新管	130	砖砌污水管	100
沥青涂层	130	状况恶劣的旧管	60～80
水泥衬里	130～150		
旧管	60～100		

将式（C1.6.12）代入式（C1.6.4）可得水管的沿程损失工程计算式为[C1-28]

$$h_f = \frac{10.67l}{C^{1.852} d^{4.87}} Q^{1.852} \qquad (C1.6.14)$$

令式（C1.6.14）与式（C1.6.13）相等，并利用 $Q = \frac{\pi d}{4} Re v$，$v = 10^{-6} \text{m}^2/\text{s}$，可得用海曾-威廉斯系数表示的达西摩擦因子关系式为

$$\lambda = \frac{1034.5}{C^{1.852} d^{0.018} Re^{0.148}} \qquad (C1.6.15)$$

上式表明 λ 与 d 的关系很弱，与 Re 数成负幂次关系。

为了了解海曾-威廉斯公式与科尔布鲁克公式的差异，以直径为 $d = 0.5\text{m}$ 的新镀锌钢管（$C = 120$，$\varepsilon = 0.25\text{mm}$）为例，分别按科尔布鲁克公式（C1.4.21）和用海曾-威廉斯公式（C1.6.15）计算的阻力曲线画在同一张 λ-Re 双对数坐标中，如图 C1.6.2 所示。从图中可见根据海曾-威廉斯公式得到的阻力曲线在图中是一条斜穿过科尔布鲁克阻力曲线的直线，有两处相交。这说明根据海曾-威廉斯公式得到的达西摩擦因子在交点附近精度较好，在其他部分精度较差。该例中在 $Re < 10^7$ 范围内平均误差约为15%，在 $Re = 10^5$ 附近误差最大可达30%，在 $Re > 10^7$ 区域误差更大。

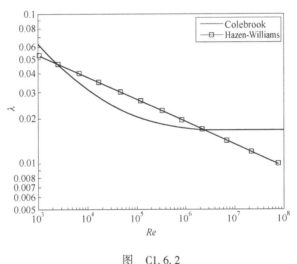

图　C1.6.2

C1.6.3　简单管路计算

所有复杂管路都可看做由简单管路组合而成，因此简单管路计算是复杂管路计算的基础。由 C1.6.2 知简单管路的计算类型分为三类，下面通过相应的例题分别介绍。

1. 简单长管工程计算显式

最简单的管路是简单长管。在 C1.4.4 中已介绍了用穆迪图求解三种类型的简单长管问题。如果用公式求解，由于科尔布鲁克公式是隐式的，三类问题都要用迭

代法求解。利用海兰德公式（C1.6.9）可得到求简单长管第一类问题沿程水头损失的工程计算显式

$$h_f = 0.0157\frac{lV^2}{d}\left\{\lg\left[\frac{6.9}{Re}+\left(\frac{\varepsilon/d}{3.7}\right)^{1.11}\right]\right\}^{-2} \qquad \begin{pmatrix}4000<Re<10^8\\0\leqslant\varepsilon/d\leqslant0.05\end{pmatrix}$$

$$\text{(C1.6.16a)}$$

对简单长管第二、三类问题，用类似方法可得到求流量和管直径的工程计算显式[C1-24]

$$Q = -2.22\left(\frac{gd^5h_f}{l}\right)^{0.5}\lg\left[\left(\frac{3.17lv^2}{gd^3h_f}\right)^{0.5}+\frac{\varepsilon/d}{3.7}\right] \quad (Re>2000) \quad \text{(C1.6.16b)}$$

$$d = 0.66\left[\nu Q^{9.4}\left(\frac{l}{gh_f}\right)^{5.2}+\varepsilon^{1.25}\left(\frac{lQ^2}{gh_f}\right)^{4.75}\right]^{0.04} \qquad \begin{pmatrix}5000<Re<3\times10^8\\0\leqslant\varepsilon/d\leqslant0.01\end{pmatrix}$$

$$\text{(C1.6.16c)}$$

式中，h_f 为沿程水头损失；Q 为流量；d 为管径；l 为管长；ε 为壁面粗糙度；ν 为流体运动粘度；g 为重力加速度。计算表明式（C1.6.16a）~式（C1.6.16c）三式与穆迪图相比误差均在2%以下。

【例 C1.6.3A】 用经验显式计算简单长管流动

试用式（C1.6.16）重新计算例 C1.4.4A、例 C1.4.4B 和例 C1.4.4C。

（1）例 C1.4.4A（第一类问题）

已知：$d=0.2\text{m}$，$l=3000\text{m}$，$\varepsilon/d=0.001$，$V=0.884\text{m/s}$，夏天 $\nu=0.355\times10^{-4}\text{m}^2/\text{s}$，$Re=4980$。利用式（C1.6.16a）计算 h_f。

解：$h_f=0.0157\dfrac{(3000\text{m})\times(0.884\text{m/s})^2}{0.2\text{m}}\left\{\lg\left[\dfrac{6.9}{4980}+\left(\dfrac{0.001}{3.7}\right)^{1.11}\right]\right\}^{-2}=23.05\text{m}$

与迭代法结果相比，误差为 0.2%。

（2）例 C1.4.4B（第二类问题）

已知：$d=0.1\text{m}$，$l=400\text{m}$，$\varepsilon/d=0.002$，$h_f=90.64\text{m}$，$\nu=10^{-5}\text{m}^2/\text{s}$，利用式（C1.6.16b）直接计算 Q。

解：$Q=-2.22\left(\dfrac{(9.81\text{m/s}^2)\times(0.1\text{m})^5\times90.64\text{m}}{400\text{m}}\right)^{0.5}\times$

$\lg\left[\left(\dfrac{3.17\times400\text{m}\times(10^{-10}\text{m}^4/\text{s}^2)}{(9.81\text{m/s}^2)\times(0.1\text{m})^3\times90.64\text{m}}\right)^{0.5}+\dfrac{0.002}{3.7}\right]$

$=-(0.010465\text{m}^3/\text{s})\times(-3.037)=0.0318\text{m}^3/\text{s}$

与迭代法结果相比误差为 0.3%。验算 $Re=4.05\times10^4$ 在适用范围内。

（3）例 C1.4.4C（第三类问题）

已知：$l=400\text{m}$，$\varepsilon=0.0002\text{m}$，$h_f=90.64\text{m}$，$Q=0.0318\text{m}^3/\text{s}$，$\nu=10^{-5}\text{m}^2/\text{s}$。利用

式(C1.6.16c)直接计算 d。

解： $d = 0.66\Big[(10^{-5}\,\text{m}^2/\text{s}) \times (0.0318\,\text{m}^3/\text{s})^{9.4}\Big(\dfrac{400\,\text{m}}{(9.81\,\text{m/s}^2)(90.64\,\text{m})}\Big)^{5.2} +$

$\qquad (0.0002\,\text{m})^{1.25}\Big(\dfrac{400\,\text{m} \times (0.0318\,\text{m}^3/\text{s})^2}{(9.81\,\text{m/s}^2) \times 90.64\,\text{m}}\Big)^{4.75}\Big]^{0.04}$

$\qquad = 0.66\big[(1.32 \times 10^{-21}\,\text{m}^{25}) + (3.18 \times 10^{-21}\,\text{m}^{25})\big]^{0.04} = 0.66 \times 0.1535\,\text{m}$

$\qquad = 0.101\,\text{m}$

与迭代法结果相比误差为 1%。验算 $Re = 4.05 \times 10^4$ 在适用范围内。

2. 包含局部损失的简单管路计算

【例 C1.6.3B】 简单管路计算类型 1：求水头损失

说明：水泵扬程(H)是指将单位重量的水从低水位送到高水位所需的能量。它由两部分组成：单位重量的水位能增加(Δz)，及克服管道阻力的水头损失(h_L)。当管道系统中有泵输入能量时，能量方程应采用伯努利方程的第二种推广形式(B4.2.18b)，并取 $h_\text{in} = H$。

已知：泵-管道-水塔系统如图 CE1.6.3B 所示。水

图 CE1.6.3B

从下水池中经吸水口(滤网 $K_\text{in} = 3.5$)通过直径 $d = 10\,\text{cm}$ 的管道被泵入水塔中。管道中有 1 个球阀($K_\text{v} = 4.1$)、3 个弯头(每个 $K_\text{e} = 0.5$)。管道总长 $l = 40\,\text{m}$，壁面粗糙度 $\varepsilon = 0.046\,\text{mm}$。若下水池与水塔液面的水位差为 $\Delta h = 12\,\text{m}$，要求管内流量为 $Q = 0.03\,\text{m}^3/\text{s}$。

求：在上述条件下确定下列三种情况时的水泵扬程：

(1)忽略全部损失时的 $H_1(\text{m})$；

(2)忽略局部损失时的 $H_2(\text{m})$；

(3)计及全部损失时的 $H_3(\text{m})$。

解：对下水池 1 和水塔 2 的液面列伯努利方程第二种推广形式，即式(B4.2.18b)

$$\frac{\alpha_1 V_1^2}{2g} + z_1 + \frac{p_1}{\rho g} = \frac{\alpha_2 V_2^2}{2g} + z_2 + \frac{p_2}{\rho g} + h_\text{L} - h_\text{in} \qquad (\text{a})$$

设 $\alpha_1 = \alpha_2 = 1$，现 $V_1 = V_2 = 0$，$p_1 = p_2 = 0$，$z_2 - z_1 = \Delta h$，$h_\text{in} = H$，由式(a)可得

$$H = \Delta h + h_\text{L} \qquad (\text{b})$$

(1)忽略全部损失，即令 $h_\text{L} = 0$，由式(b)，得

$$H_1 = \Delta h = 12\,\text{m}$$

(2)因 $h_\text{L} = h_\text{f} + h_\text{m}$，忽略局部损失，即令 $h_\text{m} = 0$，由式(b)和达西公式，得

$$H_2 = \Delta h + h_\text{f} = \Delta h + \lambda\,\frac{l}{d}\,\frac{V^2}{2g}$$

设水的运动粘度为 $\nu = 10^{-6}\,\mathrm{m^2/s}$，则

$$V = \frac{4Q}{\pi d^2} = \frac{4(0.03\,\mathrm{m^3/s})}{\pi(0.1\,\mathrm{m})^2} = 3.82\,\mathrm{m/s}$$

$$Re = \frac{Vd}{\nu} = \frac{(3.82\,\mathrm{m/s}) \times 0.1\,\mathrm{m}}{10^{-6}\,\mathrm{m^2/s}} = 3.82 \times 10^5$$

$$\varepsilon/d = 0.046/100 = 0.00046$$

查穆迪图得 $\lambda = 0.0175$；由式（b），得

$$H_2 = \Delta h + h_\mathrm{f} = 12\,\mathrm{m} + 0.0175\,\frac{40\,\mathrm{m}}{0.1\,\mathrm{m}}\,\frac{(3.82\,\mathrm{m/s})^2}{2(9.81\,\mathrm{m/s^2})} = 12\,\mathrm{m} + 5.2\,\mathrm{m} = 17.2\,\mathrm{m}$$

（3）计及全部损失

$$h_\mathrm{m} = (K_\mathrm{in} + K_\mathrm{v} + 3K_\mathrm{e} + K_\mathrm{out})\frac{V^2}{2g}$$

$$= (3.5 + 4.1 + 3 \times 0.5 + 1.0)\frac{(3.82\,\mathrm{m/s})^2}{2(9.81\,\mathrm{m/s^2})} = 10.1 \times 0.74\,\mathrm{m} = 7.5\,\mathrm{m}$$

$$H_3 = \Delta h + h_\mathrm{f} + h_\mathrm{m} = 12\,\mathrm{m} + 5.2\,\mathrm{m} + 7.5\,\mathrm{m} = 24.7\,\mathrm{m}$$

讨论：水泵的有效扬程应为 $H_3 = 24.7\,\mathrm{m}$。若忽略全部损失水泵扬程应为 $H_1 = 0.486H_3$，若忽略局部损失水泵扬程应为 $H_2 = 0.696H_3$。在全部管路损失中沿程损失占 41%，局部损失占 59%。

【例 C1.6.3C】 简单管路计算类型 2：求流量

已知：两个储水池之间有一根直径 $d = 10\,\mathrm{cm}$、长 $l = 50\,\mathrm{m}$ 的铁管连接（$\varepsilon = 0.046\,\mathrm{mm}$），如图 CE1.6.3C 所示。中间连有 1 个球阀（$K_\mathrm{v1} = 4.1$），1 个闸阀（$K_\mathrm{v2} = 0.88$）和 2 个弯头（每个 $K_\mathrm{e} = 1$）。设两个储水池的水位差为 $\Delta h = 10\,\mathrm{m}$。

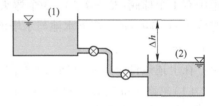

图 CE1.6.3C

求：管中的流量 $Q(\mathrm{m^3/s})$。

解：对上、下储水池液面（1）和（2）列伯努利方程的第一种推广形式，即式（B4.2.17b）

$$\frac{\alpha_1 V_1^2}{2g} + z_1 + \frac{p_1}{\rho g} = \frac{\alpha_2 V_2^2}{2g} + z_2 + \frac{p_2}{\rho g} + h_\mathrm{L} \tag{a}$$

设 $\alpha_1 = \alpha_2 = 1$，现 $V_1 = V_2 = 0$，$p_1 = p_2 = 0$，由式（a）可得

$$h_\mathrm{L} = z_1 - z_2 = \Delta h \tag{b}$$

沿程和局部阻力公式为

$$h_\mathrm{L} = h_\mathrm{f} + h_\mathrm{m} = \lambda\,\frac{l}{d}\,\frac{V^2}{2g} + (K_\mathrm{in} + K_\mathrm{v1} + K_\mathrm{v2} + 2K_\mathrm{e} + K_\mathrm{out})\frac{V^2}{2g}$$

代入数据可得

$$10 = \lambda \frac{50}{0.1} \frac{V^2}{2 \times 9.81} + (0.5 + 4.1 + 0.88 + 2 \times 1 + 1.0) \frac{V^2}{2 \times 9.81}$$

整理得

$$V = \left(\frac{1000}{2548.4\lambda + 43.2} \right)^{1/2} \qquad (c)$$

设水的运动粘度为 $\nu = 10^{-6} \mathrm{m^2/s}$，雷诺数可表为

$$Re = \frac{Vd}{\nu} = \frac{0.1}{10^{-6}} V = 10^5 V \qquad (d)$$

设 $\lambda_1 = 0.016$，由式（c）可得 $V = 3.45 \mathrm{m/s}$，$Re = 3.4 \times 10^5$。$\varepsilon/d = 0.046/100 = 0.00046$，查穆迪图得 $\lambda_2 = 0.018$。再迭代一次，由式（c）可得 $V = 3.35 \mathrm{m/s}$，$Re = 3.35 \times 10^5$，查穆迪图得 $\lambda = 0.018$，迭代结束。流量为

$$Q = \frac{1}{4} \pi d^2 V = \left(\frac{\pi}{4} \times 0.1^2 \times 3.39 \right) \mathrm{m^3/s} = 0.027 \mathrm{m^3/s}$$

【例 C1.6.3D】 简单管路计算类型 3：求管径

已知：管路同上题但管径未知。要求在水位差 $\Delta z = 10 \mathrm{m}$ 时保证流量 $Q = 0.027 \mathrm{m^3/s}$。

求：设计最小管径 d。

解：伯努利方程的第一种推广形式按上题有

$$\Delta z = \lambda \frac{l}{d} \frac{V^2}{2g} + (K_{in} + K_{v1} + K_{v2} + 2K_e + K_{out}) \frac{V^2}{2g} = \lambda \frac{l}{d} \frac{V^2}{2g} + 8.48 \frac{V^2}{2g} \qquad (a)$$

将速度式

$$V = \frac{4Q}{\pi d^2} = \frac{4 \times 0.027}{\pi d^2} = \frac{0.108}{\pi d^2} \qquad (b)$$

代入式（a）可得

$$10 = \frac{\lambda}{d^5} \frac{50 \times 0.108^2}{\pi^2 \times 2 \times 9.81} + \frac{8.48 \times 0.108^2}{\pi^2 \times 2 \times 9.81} \frac{1}{d^4}$$

整理得关于 d 的方程

$$10^5 d^5 - 5.1d - 30.1\lambda = 0 \qquad (c)$$

雷诺数和粗糙度与 d 的关系式分别为

$$Re = \frac{Vd}{\nu} = \frac{0.108}{\pi \times 10^{-6} d} = 3.43 \times 10^4 \frac{1}{d}$$

$$\frac{\varepsilon}{d} = \frac{0.046 \times 10^{-3}}{d}$$

设 $d = 0.1 \mathrm{m}$，得 $Re = 3.43 \times 10^5$，$\varepsilon/d_1 = 0.00046$。查穆迪图得 $\lambda = 0.018$，由式（c）可解得 $d = 0.1 \mathrm{m}$。

C1.6.4 串联与并联管路计算

1. 串联管路计算

图 C1.6.1a 所示为三根不同直径的简单管路串联而成的串联管路。按质量守恒原则，每一根简单管路中的流量均相同，即

$$Q_1 = Q_2 = Q_3 = Q$$

A，B 两点之间的水头损失为三根管路水头损失之和，即

$$h_L = h_{L1} + h_{L2} + h_{L3} \qquad\qquad (C1.6.17)$$

式中，h_{L1}，h_{L2}，h_{L3} 分别按简单管路计算。

【例 C1.6.4A】 串联管路计算举例

已知：两水箱之间由三根直径依次减小的圆管组成的串联管连接，如图 CE1.6.4A 所示。管径分别为 $d_1 = 0.4\text{m}$，$d_2 = 0.2\text{m}$，$d_3 = 0.1\text{m}$；管长均为 $l_1 = l_2 = l_3 = l = 60\text{m}$；管壁粗糙度均为 $\varepsilon = 2\text{mm}$。设水位差 $H = 15\text{m}$，水的运动粘度 $\nu = 10^{-6}\text{m}^2/\text{s}$，不计局部损失。

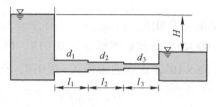

图　CE1.6.4A

求：通过圆管的流量 Q。

解：三根串联圆管的流量均相同，即

$$\frac{1}{4}\pi d_1^2 V_1 = \frac{1}{4}\pi d_2^2 V_2 = \frac{1}{4}\pi d_3^2 V_3 = Q \qquad\qquad (a)$$

由式（C1.6.17），三根串联圆管的总沿程损失水头应等于三根支管的沿程损失水头之和，应等于两水池的水位差 H。由达西公式可得

$$\lambda_1 \frac{l_1}{d_1}\frac{V_1^2}{2g} + \lambda_2 \frac{l_2}{d_2}\frac{V_2^2}{2g} + \lambda_3 \frac{l_3}{d_3}\frac{V_3^2}{2g} = \sum_{i=1}^{3}\lambda_i \frac{l}{d_i}\frac{V_i^2}{2g} = H \qquad\qquad (b)$$

由式（a）可得

$$V_i^2 = \frac{16Q^2}{\pi^2 d_i^4} \quad (i = 1,\ 2,\ 3) \qquad\qquad (c)$$

将式（c）代入式（b）可得

$$Q^2 = H / \left(\sum_{i=1}^{3} \frac{8\lambda_i l}{g\pi^2 d_i^5} \right) \qquad\qquad (d)$$

用迭代法求流量。由 $\varepsilon_1/d_1 = 0.005$，$\varepsilon_2/d_2 = 0.01$，$\varepsilon_3/d_3 = 0.02$，根据穆迪图的完全粗糙区设 $\lambda_1 = 0.03$，$\lambda_2 = 0.038$，$\lambda_3 = 0.048$，由式（d）可解得 $Q_1 = 0.0248\text{m}^3/\text{s}$。由式（c）计算 $V_i(i=1,\ 2,\ 3)$ 值，并计算相应的 $Re_i(i=1,\ 2,\ 3)$，即

$$V_1 = 0.2\text{m/s}, \qquad Re_1 = 8 \times 10^4$$
$$V_2 = 0.79\text{m/s}, \qquad Re_2 = 1.58 \times 10^5$$
$$V_3 = 3.16\text{m/s}, \qquad Re_3 = 3.16 \times 10^5$$

再查穆迪图可得 $\lambda_1 = 0.03$，$\lambda_2 = 0.038$，$\lambda_3 = 0.048$，与原取值一致。从而确定所求流量为

$$Q = 0.0248\text{m}^3/\text{s}$$

讨论：本例属于管路水力计算的第二种类型（反问题之一），要用迭代法求解。先分别预设三根支管的 λ 值后计算各管的速度，然后验算所取的 λ 值。若不一致就要再迭代。由于三根管中的流动几乎都处于完全粗糙区，λ 随 Re 数变化很小，迭代法计算收效很快。

2. 并联管路计算

图 C1.6.3 所示为三根简单管路组成的并联管路。按质量守恒原则，三根支管的流量之和等于总管的流量，即

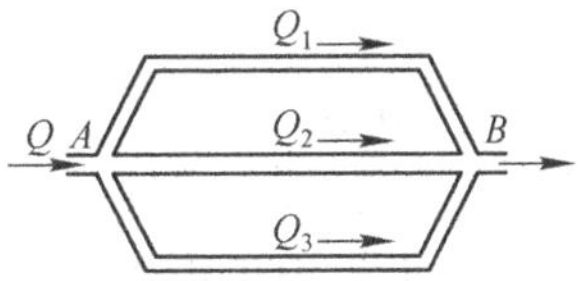

图 C1.6.3

$$Q = Q_1 + Q_2 + Q_3 = \sum_{i=1}^{3} Q_i \quad （C1.6.18）$$

按水头唯一性原则，图 C1.6.3 中节点 A 和 B 的水头分别只有一个值，因此每一个支管的水头损失相同。即

$$h_L = h_{L1} = h_{L2} = h_{L3}$$

上式表明从节点 A 出发的流体微元，不论经过哪根支管到达节点 B 时，均具有相同的水头值，因此各支管的水头损失相同。

【例 C1.6.4B】 并联管路计算举例

已知：三分支管并联管路如图 C1.6.3 所示。管径分别为 $d_1 = 0.2\text{m}$，$d_2 = 0.3\text{m}$，$d_3 = 0.4\text{m}$；管长分别为 $l_1 = 600\text{m}$，$l_2 = 900\text{m}$，$l_3 = 1200\text{m}$；管壁粗糙度均为 $\varepsilon = 0.3\text{mm}$。设总流量为 $Q = 0.4\text{m}^3/\text{s}$，水的运动粘度为 $\nu = 1 \times 10^{-6}\text{m}^2/\text{s}$。

求：每根支管的流量 Q_1，Q_2，$Q_3(\text{m}^3/\text{s})$。

解：用迭代法。先对管 1 设 $Q_1 = 0.05\text{m}^3/\text{s}$，则

$$V_1 = \frac{4Q_1}{\pi d_1^2} = 1.59\text{m/s}, \qquad Re_1 = \frac{V_1 d_1}{\nu} = 3.18 \times 10^5$$

由 $\varepsilon/d_1 = 0.0015$，设 $\lambda_1 = 0.023$，则

$$h_{f1} = \lambda_1 \frac{l_1}{d_1} \frac{V_1^2}{2g} = \left(0.023 \times \frac{600}{0.2} \times \frac{1.59^2}{2 \times 9.81}\right)\text{m} = 8.90\text{m} \qquad （a）$$

根据各支管水头损失相同求另外两支管的流量。对管 2，$\varepsilon/d_2 = 0.001$，设 $\lambda_2 = 0.02$，由式（a），得

$$V_2 = \left(\frac{2gh_{f1}d_2}{\lambda_2 l_2}\right)^{1/2} = 1.71\text{m/s}, \qquad Re_2 = \frac{V_2 d_2}{\nu} = 5.1 \times 10^5$$

查穆迪图得 $\lambda_2 = 0.02$，计算得 $V_2 = 1.71\text{m/s}$，$Q_2 = 0.12\text{m}^3/\text{s}$。

对管 3，$\varepsilon/d_3 = 0.00075$，设 $\lambda_3 = 0.017$，由式（a），得

$$V_3 = \left(\frac{2gh_{f1}d_3}{\lambda_3 l_3}\right)^{1/2} = 1.85\text{m/s}, \qquad Re_3 = \frac{V_3 d_3}{\nu} = 7.4 \times 10^5$$

查穆迪图得 $\lambda_3 = 0.017$，$Q_3 = 0.23\text{m}^3/\text{s}$。

$$Q = Q_1 + Q_2 + Q_3 = 0.05 \text{m}^3/\text{s} + 0.12 \text{m}^3/\text{s} + 0.23 \text{m}^3/\text{s} = 0.4 \text{m}^3/\text{s}$$

三支管流量之和正好等于总流量。再验算三支管水头损失

$$V_1 = \frac{4Q_1}{\pi d_1^2} = 1.59 \text{m/s}, \quad Re_1 = \frac{V_1 d_1}{\nu} = 3.18 \times 10^5, \quad \lambda_1 = 0.023, \quad h_{f1} = 8.90 \text{m}$$

$$V_2 = \left(\frac{2gh_f d_2}{\lambda_2 l_2}\right)^{1/2} = 1.71 \text{m/s}, \quad Re_2 = \frac{V_2 d_2}{\nu} = 5.1 \times 10^5, \quad \lambda_2 = 0.02, \quad h_{f2} = 8.94 \text{m}$$

$$V_3 = \left(\frac{2gh_f d_3}{\lambda_3 l_3}\right)^{1/2} = 1.85 \text{m/s}, \quad Re_3 = \frac{V_3 d_3}{\nu} = 7.4 \times 10^5, \quad \lambda_3 = 0.017, \quad h_{f3} = 8.90 \text{m}$$

三支管的水头损失误差小于1%，说明上述求解结果是正确的，即

$$Q_1 = 0.05 \text{m}^3/\text{s}, \quad Q_2 = 0.12 \text{m}^3/\text{s}, \quad Q_3 = 0.23 \text{m}^3/\text{s}$$

讨论：若三支管的水头损失误差较大，应修正最初所设 Q_1 值重新计算，直至三支管的水头损失基本一致为止。

C1.6.5 枝状管路计算

图 C1.6.4 所示为三个带敞口水池的三分支枝状管路，每一分支均装有阀门。关闭其中一个阀门，开放另外两个阀门，均构成简单管路。流动方向由水位的相对高度决定。当三个阀门同时打开时，在节点 O 上的流动方向，不能直接从水池的水位来判定，因为各分支管的

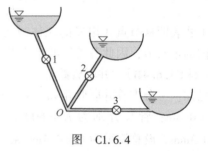

图 C1.6.4

水头损失不同。从池 1 流出的水经过节点 O 后可能分别流向池 2 和池 3，也可能与来自池 2 的水流汇合后再流向池 3。按节点净流量为零，即式(C1.6.1b)，在节点 O 处流量的代数和(流向节点为正，流出节点为负)为

$$\sum_{i=1}^{3} (\pm Q_i) = 0 \tag{C1.6.19}$$

若将三个水池改为封闭容器，根据每个容器压强的不同，三根分支管中的流动情况更为复杂(见网状管路 C1.6.6)，但在节点上仍应满足式(C1.6.19)。

【例 C1.6.5】 枝状管路计算举例

已知：带三个敞口水池的三分支枝状管路如图 CE1.6.5 所示。三个水池的水位分别为 $z_1 = 30 \text{m}$, $z_2 = 80 \text{m}$, $z_3 = 130 \text{m}$。三个分支管的直径均为 $d = 0.25 \text{m}$，壁面粗糙度均为 $\varepsilon = 0.5 \text{mm}$。长度分别为 $l_1 = 80 \text{mm}$, $l_2 = 150 \text{mm}$, $l_3 = 110 \text{mm}$。

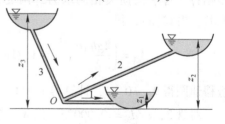

图 CE1.6.5

求：三分支管中的流量及方向。

解：由于管子很长，为简化计算忽略管内速度水头，仅考虑沿程损失。

先计算管 1 的流量：设分支管节点 O 的测压管水头为 $z_0 + \dfrac{p_0}{\rho g} = 70\mathrm{m(H_2O)}$，取达西摩擦因子为 $\lambda_1 = 0.0235$，列支管 1 的能量方程为

$$\left(z_0 + \frac{p_0}{\rho g}\right) - z_1 = \lambda_1 \frac{l_1}{d_1} \frac{V_1^2}{2g}$$

$$70 - 30 = 0.0235 \frac{80}{0.25} \frac{V_1^2}{2 \times 9.81}$$

$$104.36 = V_1^2, \quad V_1 = 10.21\mathrm{m/s}$$

计算雷诺数

$$Re = \frac{V_1 d_1}{\nu} = \frac{(10.21\mathrm{m/s}) \times 0.25\mathrm{m}}{1.02 \times 10^{-6}\mathrm{m^2/s}} = 2.5 \times 10^6$$

按 $\varepsilon/d = 0.002$，查穆迪图得原假设正确。按约定流量正号表示流向节点，负号表示流出节点。根据水头差管 1 中的水从 O 点流出，流量为

$$Q_1 = \frac{\pi d^2}{4} V_1 = \frac{-\pi(0.25\mathrm{m})^2}{4} \times 10.21\mathrm{m/s} = -0.5012\mathrm{m^3/s}$$

用类似方法求解对管 2、管 3（略），可得

$$\lambda_2 = 0.0235, \quad V_2 = 9.136\mathrm{m/s}, \quad Q_2 = 0.4485\mathrm{m^3/s}; \quad Q_3 = 0$$

验算节点 O 的净流量

$$Q_1 + Q_2 + Q_3 = 0.4485\mathrm{m^3/s} - 0.5012\mathrm{m^3/s} = -0.527\mathrm{m^3/s}$$

为保证节点 O 的净流量为零，调整 $z_0 + \dfrac{p_0}{\rho g} = 69.5\mathrm{m(H_2O)}$ 重新计算，可得

$$\lambda_1 = 0.0235, \quad V_1 = -10.15\mathrm{m/s}, \quad Q_1 = -0.4982\mathrm{m^3/s}$$

$$\lambda_2 = 0.0235, \quad V_2 = 9.174\mathrm{m/s}, \quad Q_2 = 0.4503\mathrm{m^3/s}$$

$$\lambda_3 = 0.0244, \quad V_3 = 0.956\mathrm{m/s}, \quad Q_3 = 0.0469\mathrm{m^3/s}$$

再验算节点 O 的净流量

$$Q_1 + Q_2 + Q_3 = -0.498\mathrm{m^3/s} + 0.45\mathrm{m^3/s} + 0.047\mathrm{m^3/s} \approx 0$$

计算结束，各管的流量如上述最终结果。流动方向为从 3 池流向 2 池和 1 池，如图 CE1.6.5 所示。

讨论：（1）每根管子的速度水头和损失水头之比分别是

$$(\lambda l/d)_1^{-1} = 0.13, \quad (\lambda l/d)_2^{-1} = 0.071, \quad (\lambda l/d)_3^{-1} = 0.093$$

这说明在计算中忽略速度水头是合理的。

（2）本例先假设节点 O 的测压管水头，相当于已知沿程损失求每根支管的流量。通过验算节点 O 的净流量是否为零，判断是否需要迭代计算。共迭代三次得出结果，说明此方法是可行的。

C1.6.6　网状管路计算

网状管路系统简称为管网。与枝状管路系统相比，网状管路系统的特点是：在

结构上含有闭合回路；在流动方面，即使管网的几何参数和出、入口流动条件确定，也不能直接判定管网中所有支管的流动方向。图 C1.6.5a 所示是最简单的双环路管网结构，当 A 点的入口条件和 C 点的出口条件确定后，支管 BD 内的流动可以从 B 至 D，也可以从 D 至 B，取决于五根支管的几何参数（包括粗糙度）和出、入口流动参数的相互关系。图 C1.6.5b 所示为一般管网的示意图。A，B，C，D，E，F 点为考察节点；邻近两个节点间的管子称为管段（如 AB 管）；由管段所围的最小空间称为网眼；沿网眼周线的闭合回路称为最小环路（如 AB 管右侧的环路）。

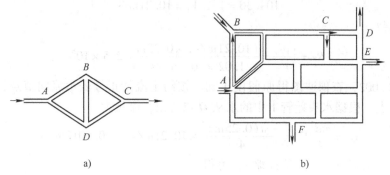

a)   b)

图　C1.6.5

1. 网状管路计算原则

设不可压缩牛顿流体在管网中作定常流动。管网中除管段外不包含管道部件和泵（实际计算时可化为等效管段处理），但管网中可以具有多个出、入口（如图 C1.6.5b 中的 A，B，D，E，F）。

管网中的流动遵循管路水力计算的原则（见 C1.6.1），如节点上净流量为零的连续性原则和水头唯一性原则等。节点上净流量为零的表达式为式（C1.6.1b）

$$\sum Q_i = 0$$

式中，i 代表节点的标号。若一管网中有 n 个节点，可列出 $n-1$ 个独立的连续性方程。

从任何一节点出发围绕环路一周回到该节点（如在图 C1.6.5a 中沿 $ABDA$ 或 $CDBC$）的水头损失的代数和称为水头损失的闭合差。按节点能头唯一原则，水头损失的闭合差应为零，即

$$\sum h_{fj} = \sum \left(\frac{\Delta p}{\rho g} \right)_j = 0 \tag{C1.6.20}$$

式中，j 代表环路的标号，并约定顺时针方向的水头损失为正，逆时针方向为负。若一管网中有 m 个环路，可列出 m 个独立的能量方程。

节点方程加环路方程共有 $n+m-1$ 个方程，与管网的管段总数一致，理论上可以求解各管段中的流量。再利用管段水头损失与流量的关系可求解各节点的压强。管网求解的关键在于正确选择式（C1.6.20）中 h_f 的阻力公式。隐式的科尔布鲁

克公式不便于计算求解，通常采用工程计算显式，如海曾-威廉斯公式（见 C1.6.2）。

2. 哈迪克罗斯方法

对商业水管管网（如城市或工厂的给排水管网），哈迪克罗斯（Hardy Cross，1936）提出一种实用的管网迭代求解方法[C1-23]。其基本原理是忽略各环路之间的相互影响，沿每一环路按幂次型沿程阻力公式（C1.6.4）

$$h_f = rQ^n$$

建立阻力求和方程。对每一管段（阻力系数为 r）设初始流量为 Q_0，取修正流量为 ΔQ（迭代小量）。修正后的流量 Q 为

$$Q = Q_0 + \Delta Q$$

水头损失为

$$h_f = rQ^n = r(Q_0 + \Delta Q)^n = r(Q_0^n + nQ_0^{n-1}\Delta Q + \cdots)$$

设 $|\Delta Q|$ 与 Q_0 相比为小量，上式右端括号中取关于 ΔQ 的一阶近似式。沿一环路的水头损失闭合差（取一阶近似）为

$$\sum h_f = \sum rQ \mid Q \mid^{n-1} = \sum r(Q_0 + \Delta Q) \mid (Q_0 + \Delta Q) \mid^{n-1}$$
$$= \sum rQ_0 \mid Q_0 \mid^{n-1} + \Delta Q \sum rn \mid Q_0 \mid^{n-1} \qquad (C1.6.21)$$

上式已考虑到正反方向流动的代数和。上式第二行的第一项是原始的闭合差，第二项是经流量修正后闭合差修正量。经过不断修正迭代直至闭合差为零或达到给定的精度。令式（C1.6.21）为零可得初始流量为 Q_0 时的修正流量与各管段初始流量的关系式为

$$\Delta Q = -\frac{\sum rQ_0 \mid Q_0 \mid^{n-1}}{\sum rn \mid Q_0 \mid^{n-1}} \qquad (C1.6.22)$$

实际管网设计就是不断调整修正流量使每一环路的闭合差趋于零或达到给定的精度。在工程上将这一过程称为管网平差计算。

用哈迪克罗斯方法进行管网平差计算的具体步骤是：

（1）根据管壁材料和几何尺寸，按式（C1.6.12）确定各管段的阻力系数 r。

（2）根据出、入口流量条件，对每一管段设定流动方向；按连续性方程（C1.6.1b）假设每一管段的初始流量 Q_0。

（3）沿假设的环路方向（如顺时针方向），按式（C1.6.22）计算各环路的第一次修正流量 $\Delta Q_j^{(1)}$，j 代表环路的标号，上标括号中的数字代表迭代的次数。在计算中应注意沿环路求和时各项的正负号。在相邻环路的公共管段中，流量应是两环路流量的代数和。

（4）若第一次修正后未达到设计精度，需要进行第二次迭代。从第 1 步开始重新计算，获得各管段新的流量分布。然后按式（C1.6.22）计算第二次修正流量 $\Delta Q_j^{(2)}$，直至闭合差或流量修正值符合精度要求为止。

（5）获得最终的流量分布，验算各节点是否满足流量守恒方程。

【例 C1. 6. 6】 管网流量分布计算：哈迪克罗斯方法

已知：最简单的管网如图 CE1.6.6a 所示。设式（C1.6.4）中的流量幂次 $n = 2.0$。A 处入口流量为 100L/s，B，C，D 三处出口流量分别为 50L/s，20L/s，30L/s。

求：各管段的流量 Q_i（流量修正精度 $| \Delta Q | \leqslant 0.03$L/s）。

解：（1）各管段的阻力系数 r 为已知，列在图 CE1.6.6a 中。

（2）根据出、入口流动情况，设每一管段的流动方向和初始流量 Q_0 如图 CE1.6.6b 所示。

（3）左、右两环路标记为环路 1 和环路 2。按式（C1.6.22）分别沿顺时针计算第一次修正流量 $\Delta Q_1^{(1)}$，$\Delta Q_2^{(1)}$。

环路 1 $\qquad \sum r Q_0 | Q_0 |^{n-1} = 6 \times 70^2 + 3 \times 35^2 - 5 \times 30^2 = 28575$

$$\sum r n | Q_0 |^{n-1} = 6 \times 2 \times 70 + 3 \times 2 \times 35 + 5 \times 2 \times 30 = 1350$$

$$\Delta Q_1^{(1)} = -\frac{28575}{1350} = -21.17$$

环路 2 $\qquad \sum r Q_0 | Q_0 |^{n-1} = 1 \times 15^2 - 2 \times 35^2 - 3 \times (35 - 21.17)^2 = -2799$

$$\sum r n | Q_0 |^{n-1} = 1 \times 2 \times 15 + 2 \times 2 \times 35 + 3 \times 2 \times (35 - 21.17) = 253$$

$$\Delta Q_2^{(1)} = -\frac{-2799}{253} = 11.06$$

（4）经第一次修正后，各管段的流量分布如图 CE1.6.6c 所示。由于流量修正值未达到精度要求（$| \Delta Q | \leqslant 0.03$L/s），必须进行再次迭代（请读者自己完成），直至修正值达到精度要求为止。

$$\Delta Q_1^{(2)} = -1.114, \quad \Delta Q_2^{(2)} = 3.006; \quad \Delta Q_1^{(3)} = 0.0079, \quad \Delta Q_2^{(3)} = 0.109$$
$$\Delta Q_1^{(4)} = 0.0013, \quad \Delta Q_2^{(4)} = 0.0003$$

（5）最后的流量分布如图 CE1.6.6d 所示，验证各节点是否满足流量守恒方程（CD 中的流动方向与原设相反）。

节点 A：$100.0 = 47.73 + 52.27$ $\qquad$ 节点 B：$29.24 + 20.76 = 50.0$

节点 C：$47.73 + 1.51 = 20.0 + 29.24$ $\qquad$ 节点 D：$52.27 = 1.51 + 20.76 + 30.0$

讨论：由上可见

（1）初始流量的假设带有任意性，但不影响最后的结果。经过 4 次迭代就收敛了（请读者重新假设初始流量分配值，从头演算）。

（2）第一次修正量 $\Delta Q_1^{(1)}$，$\Delta Q_2^{(1)}$ 的绝对值并非小量，但不影响迭代过程。

（3）每次迭代后，在每一节点上均满足流量守恒方程。

（4）公共管段的修正流量应是相邻回路的修正流量之代数和。上例中公共管段 CD 中的最终流量为 -1.51L/s，方向与原假设方向相反。

管网计算除对已有管网进行校核计算之外，还有根据用户要求设计管网。工程

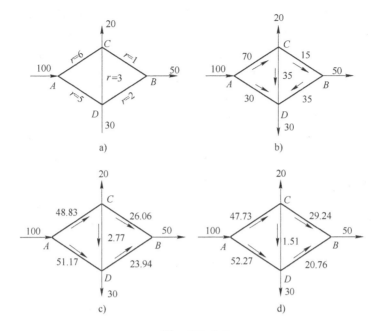

图　CE1.6.6

管网含有大量环路，迭代计算的工作量浩大，目前均采用计算机编程求解。计算程序除采用哈迪克罗斯方法外，还有以求解环路方程组为基础的其他方法，及以求解节点方程为基础的有限元方法等。本节所介绍的原理和方法将有助于对工程软件的理解和运用。

　　我国工程界使用的给排水管网工程软件除了自主开发的软件外还有美国环保局免费提供的 EPANET2.0 软件等（网址：http：//www.epa.gov/nrmrl/wswrd/dw/epa-net.html；同济大学提供中文版和说明书，网址：http：//sese.tongji.edu.cn/Jing-pinkecheng/geipaishui/secon2.htm)[C1-29]。EPANET 的水力计算功能强大，除了管网平差计算外还可以进行水力参数随时间变化的动态管网模拟计算。其主要特点和功能包括：

　　（1）可选用海曾-威廉斯公式、达西公式或谢齐-曼宁公式计算沿程水头损失。

　　（2）包括了弯头、配件等局部水头损失，可模拟水池和各种阀门。

　　（3）可模拟管网漏失情况。

　　（4）可计算水泵的能耗和运行费用。

　　（5）可对实测结果与模拟结果进行直观对比等。

C1.7　小结

　　（1）圆管湍流理论体系的建立和应用，经历了实验与观察、分析与建模、数学求解、实验修正和工程应用等全过程，是成功运用应用力学研究方法的范例之一。该理论体系的建立改变了以往的经验性方法，使管道流动的计算、设计和分析有了科学依据。在此过程中以普朗特为首的应用力学家（包括冯·卡门、史里希廷、尼古拉兹等）起了主导作用。另外在研究过程中有工程师和实验师的参与和配合，发挥科研与工程结合的团队力量也是成功的因素之一。

（2）圆管湍流理论体系的核心和基础是普朗特的混合长度理论。该理论是从实际湍流问题中提炼出来的一个湍流模型。该模型建立了壁面附近雷诺应力与时均速度的关系式，使圆管湍流中的雷诺方程组可以求解。在光滑管和粗糙管中求解的普适速度分布式和阻力公式得到尼古拉兹实验的验证；适用于湍流粗糙过渡区的科尔布鲁克普适阻力公式得到商业圆管阻力实验的验证。这些事实不仅证明了混合长度理论的有效性，也证明了雷诺方程的适用性，体现了对工程问题进行基础理论研究的重要性。

（3）圆管湍流理论体系的建立过程体现了在工程科学研究中用实验验证和修正理论结果的必要性，这一点与传统的纯理论研究有明显不同。在该过程中除了从建模到最后检验结果需要实验外，几乎在运用应用力学方法的每一步都需要实验配合。用新的理论和观点整理和分析前人的实验结果，如布拉修斯对萨弗的实验数据、尼古拉兹对达西的实验数据的研究均取得实质性进展，这也是科学研究的一种有效方法。其中布拉修斯得出圆管湍流的 1/7 次幂速度分布律虽然不具备普适性，但对认识圆管湍流速度剖面的发展趋势，及后来在求解平板湍流边界层阻力公式时都起了重要作用。

（4）圆管湍流理论体系的建立过程还体现了工程科学研究的最终目的是工程应用。在推导出圆管湍流各区域的理论阻力公式后，如果仅仅停留在论文上就不能发挥实际作用。穆迪根据管道工程界的需要和习惯将阻力公式绘制到布拉修斯坐标系中，并测定和制作了各种材料商业圆管壁面等效粗糙度的图线，使管道阻力的理论结果便于工程师们掌握和运用，达到了为工程应用服务的目的。

（5）圆管湍流理论体系的建立过程中有一个有趣的现象值得注意。尼古拉兹在人工粗糙管实验中得到的光滑区数据帮助建立和验证了普朗特-史里希廷公式，在完全粗糙区的数据帮助建立和验证了尼古拉兹公式，两个公式都适用于商业圆管。但是尼古拉兹在过渡粗糙区的实验数据却严重偏离了商业圆管。科尔布鲁克仅仅将上述两个公式简单合并却得到了可用于商业圆管的阻力公式。看上去这是一个巧合，实际上是在经过改进的模拟实验基础上经合理推断而得到的。因为普朗特-史里希廷公式反映了壁面粗糙度被粘性底层淹没时的影响，尼古拉兹公式反映了壁面粗糙度充分暴露于湍流核心区的影响。科尔布鲁克和怀特用光滑壁面和孤立的粗糙粒相结合的方法模拟了上述两种状态共同作用的影响，这正是粗糙过渡区的情况。这说明在设计人工模型来模拟工程原型力学行为时，抓住工程原型的主要特征，正确满足相似条件是多么重要。

（6）针对科尔布鲁克公式的隐式特点不便于工程管路和管网水力计算的情况，工程师们在科尔布鲁克公式的基础上提出了适合于工程计算的近似显式，并编制了工程计算软件。实践表明只有建立在基础理论之上的工程计算式和方法才具有较强的生命力和适用性。在应用这些工程计算式和方法前应熟悉相关的基础理论，在应用中应注意工程计算式和工程软件存在的局限性。

参 考 文 献

[C1-1]　丁祖荣. 流体力学：下册 [M]. 2 版. 北京：高等教育出版社，2013：77.

[C1-2]　张兆顺，崔桂香. 流体力学 [M]. 2 版. 北京：高等教育出版社，2006：337.

[C1-3]　Plandtl L & Tietjens O. Fluid-and Aeromechanics（based on Prandtl's lectures）（in German）. Berlin，Vol，Ⅰ and Ⅱ，1929.

[C1-4]　史里希廷 H. 边界层理论：上册 [M]. 孙燕候，等译. 北京：科学出版社，1988：267.

[C1-5]　White FM. Fluid Mechanics：[M]. 5th ed. 北京：清华大学出版社（影印版），2004：349.

[C1-6]　Benedict R P. Fundamentals of pipe flow [M]. New York：John Wiley & Sons，1980.

[C1-7]　Nikuradse J. Laws of turbulent flow in smooth pipes（in German）史里希廷 H. 边界层理论：下册 [M]. 孙燕候，等译. 北京：科学出版社，1988.

[C1-8]　Rechardt H. The measurements of turbulent fluctuations（in German）. Naturwissen-schaften 404，1938.

[C1-9]　Prandtl L. On the development of turbulence（in German）. ZAMM. 1925（5）：136-139. Translated as. NACA TM. 425，1927. Proceeding of 2nd international congress of applied mechanics，1926：62-75.

[C1-10]　Eckelmann H. The structure of the viscous sublayer and the adjacent wall region in a turbulent channel flow. Journal of Fluid Mechanics. 1974，Vol. 65：439-459.

[C1-11]　Darcy HPG. Experimental research on the flow of water in pipes（in French）. Mem. Acad. Sci. Inst. Imp. Fr. 1858，Vol. 15：141.

[C1-12]　Saph V& Schoder EW. An experimental study of the resistance to the flow of water in pipes. Transactions of ASCE. 1903，51：944.

[C1-13]　Nikuradse J. Laws of flow in rough pipes（in German）. Forsch.-Arb. Ing.-Wesen，No. 361，1933；see also NACA TM 1292，1950.

[C1-14]　Colebrook C F. & White CM. Experiments with fluid friction in roughened pipes. Proceedings of the Royal Society of London. Series A. 1937，Vol. 161（906）：367-381.

[C1-15]　Prandtl L. The mechanics of viscous fluid. In W. F. Durand：Aerodynamic Theory，1935，Ⅲ：142. see also summary by L. Prandtl：Neuere Ergebniss der Turbulenzforschung，1933，Z. VDI77：105-114.

[C1-16]　Colebrook C F. Turbulent flow in pipes，with particular reference to the transition region between the smooth and rough pipe laws. Journal of the Institution of Civil Engineering，

London. 1938－1939，Vol. 11：133－156.

[C1－17] Rouse H. Evaluation of boundary roughness. Proceedings of Second Hydraulic Conference. University Iowa Bulletin 27, 1943.

[C1－18] Moody L F. Friction factors for pipe flow. Transaction of the American Society of Mechanical Engineering, 1944, Vol. 66：676－684.

[C1－19] ASHRAE Handbook of fundamentals, ASHRAE, Atlanta, 1981.

[C1－20] White F M. Fluid mechanics ［M］. New York：McGraw－Hill Companies Inc, 1979.

[C1－21] Blevins R D. Applied fluid dynamics handbook ［M］. New York：Van Nostrand Reinhold Company, 1984.

[C1－22] Steerter VL. Handbook of fluid Dynamics ［M］. New York：McGraw－Hill, 1961.

[C1－23] Hardy Cross. Analysis of flow in networks of conduits or conductors. University of Illinois Bulletin, 286, November, 1936.

[C1－24] Swamee PK and Jain AK. Explicit equations for pipe－flow problems. Journal of Hydraulics Division ASME, 1967, Vol. 102, No. HY5：657－664.

[C1－25] Barr DIH. Solutions of the Colebrook－white function for resistance to uniform turbulent flow. Proceeding of Institute of Civil Engineering, Part 2, 1981, Vol. 71：529－535.

[C1－26] Haaland S E. Simple and explicit formulas for the friction factor in turbulent pipe flow. Journal of Fluids Engineering. 1983, Vol. 105, March：89－90.

[C1－27] Williams G S, Hazen A. Hydraulic Tables ［M］. 2th ed. New York：John Wiley & Sons Inc, 1933.

[C1－28] 上海市建设和交通委员会. 中华人民共和国国家标准：室外给水设计规范. GB50013—2006 ［M］. 北京：中国计划出版社, 2006.

[C1－29] 曹相生. 给水排水工程计算机软件应用 ［M］. 北京：中国建筑工业出版社, 2011.

习　　题

CP1.2.1 用圆管定常层流速度分布式验证圆管斯托克斯公式。

CP1.2.2 在半径为 R 的圆管充分发展层流流动的速度剖面中，试确定速度等于截面平均速度的位置，用以管轴为原点的径向坐标 r 表示。

CP1.2.3 从泊肃叶定律推导圆管定常层流的能量坡度 $J = h_f/l$ 与平均速度的关系式，其中 l 为管长。

CP1.2.4 试列出向下倾斜的直圆管定常层流中泊肃叶定律的表达形式。设圆管轴线与水平线夹角为 θ。

CP1.3.1 20°的水在直径 $d = 10\text{cm}$ 的光滑直圆管中形成充分发展定常湍流，流量为 $Q = 0.01\text{m}^3/\text{s}$，比压降 $G = 150\text{Pa/m}$。试求：

（1）管内雷诺数 Re；

（2）壁面切应力 τ_w；

（3）壁面上摩擦速度 $\bar{u}_*$；

（4）分别用速度剖面的对数律和1/7幂次律计算轴线上的速度 $\bar{u}_m$。

CP1.3.2　在上题中让流速减慢，流型变为层流。设 $Re = 2000$，试求：

(1) 圆管层流的比压降 G_l（Pa/m）；

(2) 上题湍流壁面切应力与本题层流壁面切应力之比 τ_{wt}/τ_{wl}。

CP1.3.3　一圆管定常湍流具有对数型速度分布。若已知管直径为 $d = 0.1\mathrm{m}$，轴线速度为 $u_m = 2\mathrm{m/s}$，离轴线 $r = 0.03\mathrm{m}$ 处的速度为 $u = 5\mathrm{m/s}$。试求壁面切应力 τ_w（Pa）。

CP1.4.1　光滑圆管的直径为 $d = 0.08\mathrm{m}$，长为 $l = 800\mathrm{m}$，输送流量为 $Q = 0.008\mathrm{m}^3/\mathrm{s}$ 的水。设水的运动粘度为 $\nu = 1.5 \times 10^{-6}\mathrm{m}^2/\mathrm{s}$，试求：

(1) 水头损失 h_f（m）；

(2) 壁面切应力 τ_w（Pa）；

(3) 对数速度剖面的轴线速度 u_m（m/s）。

CP1.4.2　设混凝土圆管内的流动处于湍流完全粗糙区。已知圆管直径为 $d = 0.3\mathrm{m}$，平均速度为 $V = 1.45\mathrm{m/s}$，壁面摩擦速度为 $u_* = 0.146\mathrm{m/s}$。试用计算①达西摩擦因子 λ；②壁面粗糙度 ε（mm）。

CP1.4.3　一根直径为 $d = 0.3\mathrm{m}$ 的旧水管长为 $l = 8\mathrm{m}$，壁面粗糙度为 $\varepsilon = 0.4\mathrm{mm}$，管内流量为 $Q = 0.3\mathrm{m}^3/\mathrm{s}$。设水温为 15℃，试用穆迪图求沿程损失 $h_f(\mathrm{m})$。

CP1.4.4　20℃的水流过一铸铁管。管径为 $d = 0.15\mathrm{m}$，管长为 $l = 400\mathrm{m}$，流速为 $V = 4.2\mathrm{m/s}$。试用穆迪图求沿程损失 $h_f(\mathrm{m})$。

CP1.4.5　商用钢管的直径为 $d = 0.15\mathrm{m}$，长为 $l = 1600\mathrm{m}$。SAE10 号油的运动粘度为 $\nu = 9.2 \times 10^{-5}\mathrm{m}^2/\mathrm{s}$，流量为 $Q = 0.055\mathrm{m}^3/\mathrm{s}$。试用穆迪图求沿程损失 $h_f(\mathrm{m})$。

CP1.4.6　新铸铁管直径为 $d = 0.1\mathrm{m}$，长为 $l = 100\mathrm{m}$。20℃的水在管内的平均速度为 $V = 5\mathrm{m/s}$。试用穆迪图求：

(1) 沿程损失 $h_f(\mathrm{m})$；

(2) 每米的功率损失 $\dot{W}/\mathrm{m}(\mathrm{W/m})$。

CP1.4.7　20℃的水在直径为 $d = 0.15\mathrm{m}$ 的新锻铁管中流动。设在 $l = 100\mathrm{m}$ 距离上压强降为 $\Delta p = 35\mathrm{kPa}$，用迭代法试求管中的流量 $Q(\mathrm{m}^3/\mathrm{s})$（初始速度建议取 $V = 3\mathrm{m/s}$）。

CP1.4.8　用铸铁管输送某种机油，流量为 $Q = 0.085\mathrm{m}^3/\mathrm{s}$。允许的摩擦损失为每 100m 最多不超过 22.6kPa。设机油的密度为 $\rho = 886\mathrm{kg/m}^3$，粘度为 $\mu = 0.44\mathrm{Pa} \cdot \mathrm{s}$。试用迭代法设计管子的直径 $d(\mathrm{m})$。（初始速度建议取 $V = 1.3\mathrm{m/s}$）

CP1.4.9　用 300m 长的输油管输送某种机油。要求流量为 $Q = 0.0142\mathrm{m}^3/\mathrm{s}$，沿程损失造成的压强降为 $\Delta p = 23.94\mathrm{kPa}$。设机油的密度为 $\rho = 869\mathrm{kg/m}^3$，粘度为 $\mu = 0.0814\mathrm{Pa} \cdot \mathrm{s}$。试设计管子的直径 $d(\mathrm{m})$。（初始速度建议取 $V = 1.5\mathrm{m/s}$）

CP1.4.10　用长为 $l = 40\mathrm{m}$、截面为 $b \times h = 25\mathrm{cm} \times 25\mathrm{cm}$ 的方形管输送标准状态空气。设空气的运动粘度和密度分别为 $\nu = 1.6 \times 10^{-5}\mathrm{m}^2/\mathrm{s}$，$\rho = 1.23 \ \mathrm{kg/m}^3$，管壁粗糙度为 $\varepsilon = 0.1\mathrm{mm}$。若流量为 $Q = 0.8\mathrm{m}^3/\mathrm{s}$，试求压强降 $\Delta p(\mathrm{Pa})$。

CP1.5.1　一突然扩大管，大、小管直径分别为 $d_1 = 0.2\mathrm{m}$，$d_2 = 0.4\mathrm{m}$，设水的流量为 $Q = 0.25\mathrm{m}^3/\mathrm{s}$。试求其局部损失 h_m（m）。

图　CP1.5.2

CP1.5.2　如图 CP1.5.2 所示，从小管 $d_1 = 0.04\mathrm{m}$ 突然扩大到大管

$d_2 = 0.08\text{m}$，前后接一 U 形管。设水银液位差为 $\Delta h = 0.015\text{m}$，管中流量为 $Q = 4 \times 10^{-3}\text{m}^3/\text{s}$。试求该处的局部损失因子 K，并与按经验公式（C1.5.2）计算的结果比较。

CP1.6.1 图 CP1.6.1 所示一储水箱下部连有一根直径为 $d_1 = 0.15\text{m}$、长为 $l_1 = 25\text{m}$ 的圆管，后接另一根直径为 $d_2 = 0.3\text{m}$、长为 $l_1 = 15\text{m}$ 的圆管，水从出口流入大气。设管轴距离水面 $h = 8\text{m}$，两根圆管的达西摩擦因子为 $\lambda = 0.01$，计及所有损失，试求管内流量 Q（m^3/s）。

CP1.6.2 图 CP1.6.2 所示两个敞口储水箱下部用一根直径为 $d = 0.3\text{m}$、长为 $l = 400\text{m}$ 的圆管连接。设管内流量为 $Q = 0.3\text{m}^3/\text{s}$，圆管的达西摩擦因子为 $\lambda = 0.008$，计及所有损失，试求两储水箱的水位差 $\Delta h(\text{m})$。

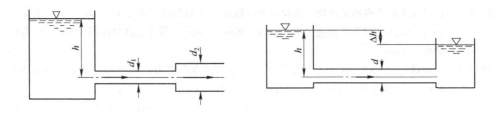

图 CP1.6.1   图 CP1.6.2

CP1.6.3 图 CP1.6.3 所示一压力水箱通过商用钢管向一密封腔输送压力水。已知管道直径为 $d = 0.15\text{m}$，长为 $l = 745\text{m}$，流量为 $Q = 0.1\text{m}^3/\text{s}$。设压力水箱内管入口的水位为 $h_1 = 26\text{m}$，管道出口与入口高差为 $h_2 = 160\text{m}$；弯头的局部损失因子为 $K = 0.9$，水的运动粘度为 $\nu = 1.13 \times 10^{-6}\text{m}^2/\text{s}$。为了使密封腔的压强达到 $p_2 = 4 \times 10^4\text{Pa}$，试求压力水箱中气体的压强 $p_1(\text{Pa})$。

CP1.6.4 图 CP1.6.4 所示两个敞口储水箱之间连有管道。管直径为 $d = 0.1\text{m}$，长为 $l = 150\text{m}$，粗糙度为 $\varepsilon = 0.9\text{mm}$。已知两水位差为 $\Delta h = 14\text{m}$，阀门的局部损失因子为 $K_1 = 9.98$，弯管为 $K_2 = 0.45$，弯接头为 $K_3 = 0.23$，水温为 20℃。试用迭代法求管内流量 $Q(\text{m}^3/\text{s})$，达西摩擦因子初始值取 $\lambda = 0.037$。

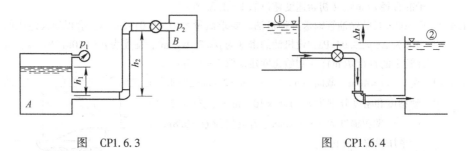

图 CP1.6.3   图 CP1.6.4

CP1.6.5 如图 CP1.6.5 所示，一水箱通过一根直径为 $d = 0.15\text{m}$、长为 $l = 102\text{m}$ 的 S 形铸铁管道向空气里喷水。已知出口与水面的高差为 $H = 10\text{m}$，出口与入口的高差为 $h = 12\text{m}$，阀门的局部损失因子为 $K_1 = 10$，弯接头为 $K_2 = 0.9$，水温为 20℃。试用迭代法求管内流量 $Q(\text{m}^3/\text{s})$，达西摩擦因子初始值取 $\lambda = 0.02$。

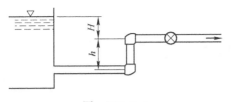

图 CP1.6.5

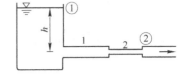

图 CP1.6.6

CP1.6.6 图 CP1.6.6 所示一敞口水箱下部连接一根铸铁水管，管径为 $d_1 = 0.2$m。在离出口 $l_1 = 30$m 处插入一段长 $l_2 = 20$m，管径较小（$d_2 < d_1$）的管子。设水头高为 $h = 20$m，管内流量为 $Q = 0.06$m³/s，水温为 20℃。为确保小管内不发生空化效应，试确定小管的最小直径 d_{2min}（m）。设 20℃时水的饱和蒸汽压强为 $p_v = 2450$Pa（ab）。

CP1.6.7 图 CP1.6.7 所示并联铸铁管 $d_1 = 0.3$m，$l = 600$m；$d_2 = 0.47$m，$l = 460$m。A，B 点的高度分别为 $z_A = 6$m，$z_B = 15$m。设总流量为 $Q = 0.57$m³/s，A 点压强为 $p_A = 690$kPa。取 $\nu = 1.13 \times 10^{-6}$m²/s，不计局部损失，试求：

(1)两管的流量 Q_1，Q_2（m³/s）；

(2)p_B（Pa）。

CP1.6.8 图 CP1.6.8 所示带三个储水池的三分支枝状管路。三储水池的水位分别为 $z_1 = 120$m，$z_2 = 100$m，$z_3 = 30$m，三分支管数据为 $d_1 = 1$m，$l_1 = 2000$m，$\varepsilon_1/d_1 = 0.00015$；$d_2 = 0.6$m，$l_2 = 2300$m，$\varepsilon_2/d_2 = 0.001$；$d_3 = 1.2$m，$l_3 = 2500$m，$\varepsilon_3/d_3 = 0.002$。设水的运动粘度 $\nu = 10^{-6}$m²/s，试求三分支管中的流量和方向。

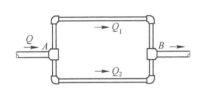

图 CP1.6.7

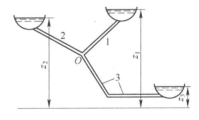

图 CP1.6.8

CP1.6.9 三分支枝状管路与图 CP1.6.8 相同。三储水池的水位分别为 $z_1 = 30$m，$z_2 = 27$m，$z_3 = 17$m。三分支管数据为 $d_1 = 0.2$m，$l_1 = 1000$m，$\varepsilon_1 = 1$mm；$d_2 = 0.2$m，$l_2 = 300$m，$\varepsilon_2 = 1$mm；$d_3 = 0.3$m，$l_3 = 600$m，$\varepsilon_3 = 3$mm。设水的运动粘度 $\nu = 10^{-6}$m²/s，试求三分支管中的流量和方向。

CP1.6.10 在例 C1.6.6 中按所设初始流量完成第二、三次迭代。

CP1.6.11 在例 C1.6.6 中的双环路管网中，若按图 CP1.6.11 假设初始流量和方向，重新计算流量分布。

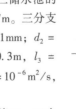

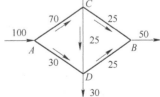

图 CP1.6.11

C2　缝隙流动与流体动力学润滑理论

在流体力学中将粘性流体在狭缝内的流动称为缝隙流动。由于缝隙的截面狭小，粘性流体（如润滑油）在缝隙中的流动雷诺数很低。如设狭缝的高度为 $h \leqslant 0.1\mathrm{mm}$，润滑油的运动粘度为 $\nu = 10^{-3}\mathrm{m}^2/\mathrm{s}$；当壁面以 $U = 1\mathrm{m/s}$ 的速度运动时，缝隙内的流动雷诺数仅为 $Re = Uh/\nu \leqslant 0.1$。在粘性流体力学中，按雷诺数大小划分出两类各具特色的流动：雷诺数远低于 1（$Re \ll 1$）的小雷诺数流动和雷诺数远大于 1（$Re > 10^4$）的大雷诺数流动（如边界层流动），缝隙流动属于前者。

在工程上有大量缝隙流动的例子，如气体或液体在活塞表面与缸壁间的缝隙中的泄漏流动，润滑油在机床滑块与导轨面之间的间隙中的流动，及在滑动轴承的轴颈和轴承之间的间隙中的流动等。研究这些缝隙流动的目的主要是为了减少作相对运动的两个固体壁面之间的摩擦和磨损，因此具有实际意义。特别是针对滑动轴承内润滑油流动建立的流体动力学润滑理论揭示了润滑效应的奥秘，具有重要的理论意义和应用价值。

C2.1　问题：滑动轴承的油膜如何产生向上托力

据考证，大约在公元前 3500 年亚洲底格里斯河与幼发拉底河流域就有木制车轮，当时人们在实践中已经摸索出用蜂蜡、动物脂和水润滑轮轴，以减小轮轴摩擦和磨损的方法。公元前 18 世纪的古巴比伦国、公元前 14 世纪的古埃及和公元前 11 世纪的中国周朝均有用动物脂肪对轮轴机构进行润滑的记载[C2-1]。

在工业化时代尽管采取了一些润滑措施，机械部件表面相对运动造成的摩擦损失仍然令人惊讶。在 20 世纪中期，据德国著名摩擦学专家福格波尔（G. Vogelpohl）估计[C2-2]，全世界的工业总能源中大约有 1/3 ~ 1/2 以各种形式耗费在摩擦上，在能源消耗中摩擦损失最显著的行业为汽车、冶金矿山、铁路机车、纺织机械等。此外，摩擦还引起物面磨损，使机器的精度、效率和强度降低，最后导致报废。在失效的机械部件中大约有 80% 是由磨损造成的，磨损损失的费用约为摩擦的 12 倍。1966 年以约斯特（P. Jost）为首的英国润滑工程工作组发表了著名的"摩擦学——关于当前状况与工业需要的报告"，指出摩擦和磨损造成的损失约占英国国内生产总值（GDP）的 1% ~ 2%[C2-3]。据美国 1966 年的统计，摩擦和磨损造成的损失高达2000 亿美元，约占 GDP 的 4%[C2-4]。2006 年中国工程院组织力量对冶金、能源化工、铁道机车、汽车、航空航天、船舶、军事装备、农业装备部门进行调查，估算这八个部门摩擦和磨损造成的损失可达 9500 亿元，约占 GDP 的 4.5%；若正确运用润滑技术可节约费用约为 3270 亿元，占 GDP 的 1.55%。在八部门中汽车行业名列第一，占的比重高达 67%[C2-5]。

人们在长期实践中已发现减少机械部件摩擦和磨损的办法就是采取润滑措施，并认识到最佳的润滑是流体（润滑油）润滑。工程师们意识到在滑动轴承中只要保证摩擦件表面具有良好的流体润滑层，轴承有可能达到几乎无磨损的运转状态。但直至 19 世纪末，流体润滑的技术一直因缺乏理论指导而进展缓慢。一个让人困惑的问题是如何保证悬浮在滑动轴承中的轴与轴瓦之间有足够的间隙实现油膜润滑。实际上，问题归结为油膜如何产生向上的托力使轴与轴瓦避免干摩擦，以及如何计算这个托力。另外，工程上还需要计算缝隙中润滑油的摩擦阻力、功率损失、缝隙中润滑油的泄漏量等，这些都是流体力学润滑理论需要回答的问题。

C2.2　实验与观察

1. 达·芬奇的摩擦实验

有文字记载的、最早对摩擦问题进行深入研究的是意大利文艺复兴时期的传奇科学家达·芬奇（L. da Vinci，1452—1519）[C2-6]。达·芬奇设计和制作了许多摩擦实验装置，图 C2.2.1 所示是 1967 年才被发现的达·芬奇的手稿中所画的重物通过滑轮带动摩擦块的实验装置。通过一系列实验，达·芬奇得到的结论是：①两块固体平面作相对运动时的摩擦力与载荷成正比；②在同等载荷下，摩擦力与接触面积无关。这些结论与现代摩擦理论一致。他还首次定义了摩擦因数概念。他对木—木、木—铁、铁—铁材料进行测试得出的摩擦因数与现代得到的无润滑摩擦测试数据相当接近。他还研究了在摩擦面之间加入润滑剂对摩擦的影响，他说"不管它有多薄，都会使摩擦减少"，并提出用铜锡合金制造轴承的建议。可惜的是，达·芬奇的手稿当时未公开发表。

2. 库仑的摩擦实验

在达·芬奇所处时代 300 年后，法国物理学家库仑（C. A. Coulomb，1736—1806）独立地进行了摩擦实验。他的实验装置如图 C2.2.2 所示。图中左端是一个带有砝码的杠杆，用以改变载荷。两块摩擦板间可加润滑剂：水、橄榄油、牛脂、轴用油等。库仑分别测量了橡木、杉木、榆木、铁、铜等平板之间干摩擦和加润滑剂后的摩擦因数，发现后者的摩擦力明显减小。经过一系列实验后他得出结论：①

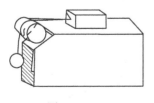

图　C2.2.1

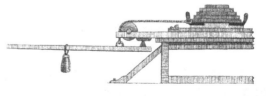

图　C2.2.2

摩擦力与作用在摩擦面上的正压力成正比，与接触面积无关；②摩擦力与滑动速度无关；③最大静摩擦力大于滑动摩擦力。后来人们将这三条结论分别称为库仑摩擦第一、第二和第三定律。库仑总结了达·芬奇以来对摩擦现象的研究成果（包括法国物理学家阿蒙顿（G. Amontons，1699）的研究），增强了对摩擦现象的定量认识。当然，库仑的摩擦定律属于经验公式。

顺便指出，在这一时期（1784）库仑还利用他发现的金属线扭转时扭力与扭转角度成比例关系，设计制作了用金属线悬吊薄圆盘在液体中摆动衰减的实验（见 B1.3.1），验证了液体内摩擦和边界不滑移假设，对认识液体与固体表面的摩擦机理提供了实验依据。

3. 托尔斯的轴承实验

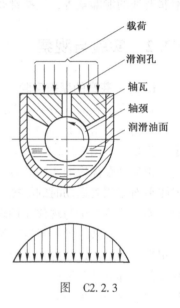

图　C2.2.3

19 世纪 80 年代，英国铁路工程师托尔斯（B. Towers）在调查一起火车出轨事件中发现，事故是由于车轮轴的滑动轴承润滑不良引起剧烈摩擦、发热、烧熔，导致轴颈卡死所致。托尔斯对轴承润滑问题进行了实验研究[C2-7]。他仔细测量了轴承与轴瓦之间的摩擦因数，发现缺油状态的摩擦因数是油充分润滑状态的 50～100 倍。在另一次实验中，他为了改善轴承的润滑状态在轴承顶部钻了一个孔，实验装置如图 C2.2.3 上图所示。他观察到在轴承静止时向孔内注射润滑油能流进去，但当轴承运转时油却从孔中溢出来。他不得不用软木塞堵住孔口，却不料软木塞被弹了出来。这是人们第一次认识到在滑动轴承转动时油层内将产生高压。托尔斯测量了滑动轴承径向和轴向的压强分布，发现基本上均呈抛物线分布：中部最高，两端最低，如图 C2.2.3 下图所示。

托尔斯对机车滑动轴承的润滑问题所作的观察和测量结果引起了流体力学家的注意。以英国物理学家雷诺（O. Reynolds，1886）[C2-8]为代表的流体力学家用问题导向的观点分析了滑动轴承内油层的流动问题，试图解释托尔斯发现的压强抛物线分布现象，最终建立了流体动力学润滑理论并在机械工程中得到广泛应用。在缝隙流动理论领域中，流体动力学润滑理论占据着中心地位。

C2.3　平行平面缝隙流动

在机械工程中常见的缝隙流动大致可分为四种类型：润滑油在滑动轴承环形缝隙中的周向流动，润滑油在机床滑块与导轨面间平面缝隙中的直线流动，气体或液体在活塞表面与缸壁间环形平行缝隙中的轴向流动，润滑油在推力轴承端面与支承面缝隙中的径向流动等。由于缝隙高度 h 远远小于长度 l（$h/l \ll 1$），后两种类型可简化为平行平面缝隙流动，前两种类型可简化为倾斜平面缝隙流动。本节讨论前者，后者将在下一节讨论。

C2.3.1　物理和数学建模

以活塞表面与缸壁间平行缝隙中的轴向流动为例。用图 C2.3.1 中两块水平放置的、间距为 h 的无限大平行平板表示缝隙（图中已将缝隙尺寸放大了），板间充满不可压缩牛顿粘性流体。下板（代表缸壁）固定，上板（代表活塞表面）以速度 U 向右运动，同时缝隙中还存在沿上板运动方向的压强差（活塞前后的压差）。在两种因素共同作用下板间流体沿缝隙作平面流动。建立图示坐标系 Oxy，x 轴

图　C2.3.1

沿下板面向右，y 轴垂直板面向上。设沿 x 轴的正向存在顺压梯度，用比压降或压强梯度表示 $G = \Delta p/l = -\mathrm{d}p/\mathrm{d}x$（这里 $\mathrm{d}p < 0$，故加负号）。由于缝隙很小，可忽略重力影响。这样就建立了平行平面缝隙流动的物理模型。

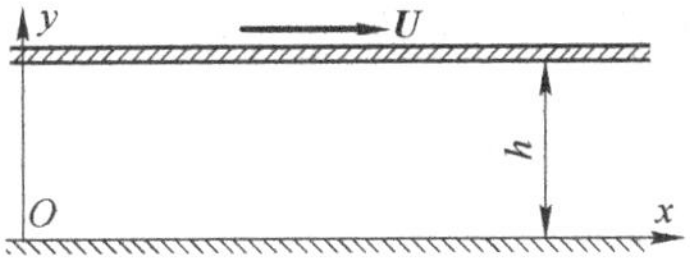

流动遵循不可压缩连续性方程和 N – S 方程。完整的平面流动基本方程组为

$$\overset{\overset{0}{\uparrow}(2)}{\frac{\partial u}{\partial x}} + \overset{\overset{0}{\uparrow}(3)}{\frac{\partial v}{\partial y}} = 0 \tag{C2.3.1a}$$

$$\rho\left(\overset{\overset{0}{\uparrow}(1)}{\frac{\partial u}{\partial t}} + u\overset{\overset{0}{\uparrow}(2)}{\frac{\partial u}{\partial x}} + v\overset{0}{\frac{\partial u}{\partial y}}\right) = \overset{\overset{0}{\uparrow}(4)}{\rho f_x} - \frac{\partial p}{\partial x} + \mu\left(\overset{\overset{0}{\uparrow}(2)}{\frac{\partial^2 u}{\partial x^2}} + \frac{\partial^2 u}{\partial y^2}\right) \tag{C2.3.1b}$$

$$\rho\left(\overset{\overset{0}{\uparrow}(1)}{\frac{\partial v}{\partial t}} + u\overset{\overset{0}{\uparrow}(3)}{\frac{\partial v}{\partial x}} + v\overset{0}{\frac{\partial v}{\partial y}}\right) = \overset{\overset{0}{\uparrow}(4)}{\rho f_y} - \frac{\partial p}{\partial y} + \mu\left(\overset{\overset{0}{\uparrow}(3)}{\frac{\partial^2 v}{\partial x^2}} + \overset{\overset{0}{\uparrow}(3)}{\frac{\partial^2 v}{\partial y^2}}\right) \tag{C2.3.1c}$$

边界条件为

$$y = 0: u = v = 0;\ y = h: u = U, v = 0 \tag{C2.3.1d}$$

下面根据已知和假设条件对方程作整理(方程上方标注了各项为零的理由)。

(1)因流体作定常流动,运动方程中的不定常项为零。

(2) 因平板无限长,沿 x 方向速度剖面处处一样,即 u 与 x 无关：$\frac{\partial u}{\partial x} = \frac{\partial^2 u}{\partial x^2} = 0$，$u$ 仅与 y 有关：$u = u(y)$。

(3) v 与 x 也无关；而且因 $\frac{\partial u}{\partial x} = 0$,从式(C2.3.1a)可得 $\frac{\partial v}{\partial y} = 0$,因此 $v =$ 常数。由下板壁面不滑移条件可得 $v = 0$。

(4)忽略重力影响 $f_x = f_y = 0$。

整理后的控制方程组为

$$\frac{\partial u}{\partial x} + \frac{\partial v}{\partial y} = 0 \qquad (C2.3.2a)$$

$$\frac{d^2 u}{dy^2} = \frac{1}{\mu} \frac{\partial p}{\partial x} \qquad (C2.3.2b)$$

$$\frac{\partial p}{\partial y} = 0 \qquad (C2.3.2c)$$

边界条件仍为式（C2.3.1d）。这样就建立了平行平面缝隙流动的数学模型。

C2.3.2 求解与分析

由式（C2.3.2b）积分得

$$p = f(x)$$

由上式 p 仅与 x 有关，压强梯度可写成 dp/dx。式（C2.3.2b）应写成

$$\frac{d^2 u}{dy^2} = \frac{1}{\mu} \frac{dp}{dx} \qquad (C2.3.3)$$

上式左边仅与 y 有关，右边与 y 无关，只有均为常数才能相等。这说明为保证平行平面缝隙流为定常流必须 $dp/dx = $ 常数，而且 $dp/dx < 0$（顺压梯度）使流体沿 x 轴正向流动。

对式（C2.3.3）直接积分两次，可得速度分布一般表达式为

$$u = \frac{1}{2\mu} \frac{dp}{dx} y^2 + C_1 y + C_2 \qquad (C2.3.4)$$

速度分布中的积分常数 C_1，C_2 由边界条件决定。下面分两种情况分别讨论。

1. 平行平面缝隙压差流

当两块平板均固定，流体仅在压差作用下流动时称为压差流。

（1）速度分布

由边界条件确定式（C2.3.4）中的积分常数为

$$y = 0, \ u = 0: \ C_2 = 0$$

$$y = h, \ u = 0: \ C_1 = -\frac{1}{2\mu} \frac{dp}{dx} h$$

代入式（C2.3.4）得速度分布式为

$$u = \frac{1}{2\mu} \frac{dp}{dx}(y^2 - hy) \qquad (C2.3.5a)$$

$$= \frac{1}{2\mu} \frac{dp}{dx}\left(y - \frac{h}{2}\right)^2 - \frac{h^2}{8\mu} \frac{dp}{dx} \qquad (C2.3.5b)$$

上式表明在恒定的压强梯度（压差）作用下，两固定平行平面间的速度剖面为抛物线，如图 C2.3.2a 所示。最大速度位于中

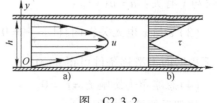

图 C2.3.2

轴线$(y = h/2)$上

$$u_{\max} = -\frac{h^2}{8\mu}\frac{dp}{dx} \qquad (C2.3.6)$$

（2）流量与平均速度

设平板宽度为 b，平板间的流量为

$$Q = b\int_0^h u\,dy = b\int_0^h \frac{1}{2\mu}\frac{dp}{dx}(y^2 - hy)\,dy = -\frac{bh^3}{12\mu}\frac{dp}{dx} \qquad (C2.3.7)$$

平均速度为

$$V = \frac{Q}{wh} = -\frac{h^2}{12\mu}\frac{dp}{dx} = \frac{2}{3}u_{\max} \qquad (C2.3.8)$$

（3）切应力

由牛顿粘性定律切应力分布式为

$$\tau = -\mu\frac{du}{dy} = -\mu\frac{d}{dy}\left[\frac{1}{2\mu}\frac{dp}{dx}(y^2 - hy)\right] = -\left(y - \frac{h}{2}\right)\frac{dp}{dx} \qquad (C2.3.9)$$

上式表明切应力沿 y 方向为线性分布（图 C2.3.2b）。在中轴线上切应力为零，在上、下板面上为最大值

$$\tau_w = \pm\frac{h}{2}\frac{dp}{dx} = \mp\frac{6\mu Q}{bh^2} \qquad (C2.3.10)$$

2. 平行平面缝隙库埃特流

当两块平板作相对滑移时板间的流动称为库埃特流（M. Couette，1890）[C2-9]。若只存在平板相对滑移带动的纯剪切流称为简单库埃特流，若同时又存在压差流时称为一般库埃特流，简称库埃特流。这里直接求解后者。

（1）速度分布

设上板以匀速 U 沿 x 方向运动（见图 C2.3.1），同时存在压强梯度 dp/dx。确定式（C2.3.4）中的积分常数为

$$y = 0，u = 0：C_2 = 0$$

$$y = h，u = U：C_1 = \frac{U}{h} - \frac{h}{2\mu}\frac{dp}{dx}$$

代入式（C2.3.4）得速度分布式为

$$u = \frac{U}{h}y + \frac{1}{2\mu}\frac{dp}{dx}(y^2 - hy) \qquad (C2.3.11)$$

化为无量纲形式

$$\frac{u}{U} = \frac{y}{h} + B\left(1 - \frac{y}{h}\right)\frac{y}{h} \qquad (C2.3.12)$$

式中，B 为无量纲压强梯度

$$B = -\frac{h^2}{2\mu U}\frac{dp}{dx} \qquad (C2.3.13)$$

B 取不同值时无量纲速度剖面 u/U 如图 C2.3.3 所示，可分为以下三种类型：

1）当 $B = 0$ 时仅为上板带动下的纯剪切流（简单库埃特流）。速度剖面是斜直线

$$u = \frac{U}{h}y \tag{C2.3.14}$$

在同轴圆筒粘度计的缝隙中就是这种分布。

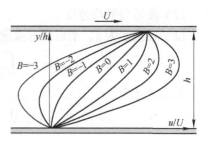

图 C2.3.3

2）当 $B > 0$ 时，纯剪切流加上顺压梯度作用下的压差流（方向相同），速度剖面是斜直线加上抛物线，如图 C2.3.3 中斜直线右边的曲线。

3）当 $B < 0$ 时，纯剪切流加上逆压梯度作用下的压差流（方向相反），速度剖面是斜直线与抛物线之相减，如图 C2.3.3 中斜直线左边的曲线。应注意在固定板一侧出现倒流，这是逆压梯度造成的结果，与钝体绕流的后部发生边界层分离的现象相似。

（2）流量（泄漏量）

设平板宽度为 b，平板间的流量为

$$Q = b\int_0^h u\mathrm{d}y = b\int_0^h \left[\frac{U}{h}y + \frac{1}{2\mu}\frac{\mathrm{d}p}{\mathrm{d}x}(y^2 - hy)\right]\mathrm{d}y = \frac{bUh}{2} - \frac{bh^3}{12\mu}\frac{\mathrm{d}p}{\mathrm{d}x}$$

$$\tag{C2.3.15}$$

当平板为有限长时，计算的流量代表缝隙的泄漏量。由式（C2.3.15）可见泄漏量由两项组成：当 $\mathrm{d}p/\mathrm{d}x < 0$（顺压梯度）时泄漏量较大（两项绝对值相加）；当 $\mathrm{d}p/\mathrm{d}x > 0$（逆压梯度）时泄漏量减小（两项绝对值相减）。对后者令 $Q = 0$，由式（C2.3.15）可解得零泄漏量时的缝隙高度为

$$h_0 = \sqrt{\frac{6\mu U}{\mathrm{d}p/\mathrm{d}x}} \tag{C2.3.16}$$

在实际机械中活塞大多是往复运动的，因此只能在单个行程中实现零泄漏。

（3）切应力

库埃特流中的切应力分布为

$$\tau = \frac{\mathrm{d}p}{\mathrm{d}x}y + \left(\mu\frac{U}{h} - \frac{h}{2}\frac{\mathrm{d}p}{\mathrm{d}x}\right) \tag{C2.3.17}$$

当 U 和 $\dfrac{\mathrm{d}p}{\mathrm{d}x}$ 均为常值时，切应力沿 y 方向为线性分布。上、下板上的切应力为

$$\tau_\mathrm{w} = \mu\frac{U}{h} \pm \frac{h}{2}\frac{\mathrm{d}p}{\mathrm{d}x} \tag{C2.3.18}$$

其中，上板取 + 号，下板取 – 号。可见上、下板上的切应力不同，取决于 $\mathrm{d}p/\mathrm{d}x$ 的符号及式（C2.3.18）右边两项的相对大小。

（4）摩擦阻力与功率损失

将板上的切应力乘板的面积即可得板的摩擦阻力 F_D。以上板（相应于活塞面）

为例，

$$F_D = \tau_w bl = \left(\mu \frac{U}{h} + \frac{h}{2} \frac{dp}{dx} \right) bl \tag{C2.3.19}$$

工程上更关心的是活塞运动的功率损失。功率损失 $\dot{W}$ 由板面摩擦力做功与流体泄漏量损失两部分组成，由式（C2.3.19）和式（C2.3.15）可得

$$\dot{W} = F_D U + \Delta p Q = \left(\mu \frac{U}{h} + \frac{h}{2} \frac{dp}{dx} \right) bl U + \left(-\frac{dp}{dx} \right) l \left(\frac{bUh}{2} - \frac{bh^3}{12\mu} \frac{dp}{dx} \right)$$

$$= \left[\frac{\mu U^2}{h} + \frac{h^3}{12\mu} \left(\frac{dp}{dx} \right)^2 \right] bl \tag{C2.3.20}$$

上式右边第一项代表摩擦损失，它与 h 成反比；第二项代表泄漏量损失，它与 h^3 成正比。要使功率损失最小，令 $d\dot{W}/dh = 0$，可得最佳缝隙高度 h_b 为

$$h_b = \sqrt{\frac{2\mu U}{dp/dx}} \tag{C2.3.21}$$

上式常用于液压系统的设计中。与式（C2.3.16）比较，$h_b = 0.58 h_0$。

（5）压强分布

当缝隙中的流量 Q 和上板速度 U 为常数时，由式（C2.3.15）可得压强梯度式为

$$\frac{dp}{dx} = 12\mu \left(\frac{U}{2h^2} - \frac{Q}{bh^3} \right) \tag{C2.3.22}$$

上式表明，当缝隙高度均匀时（h = 常数）压强梯度也为常数，这说明在平行平面缝隙中压强沿流向只能呈单调增或单调减的变化规律。要实现托尔斯发现的压强沿流向呈抛物线分布的规律（先增后减），必须让缝隙高度 h 随 x 变化。这是下节要研究的内容。

【例 C2.3.2】　轴承环形缝隙中的周向流动：简单库埃特流

已知：圆柱轴承缝隙如图 CE2.3.2 所示。轴的直径为 $d = 50\text{mm}$，长 $l = 50\text{mm}$，缝隙高度为 $h = 0.05\text{mm}$。设轴的转速为 $n = 3600\text{r/min}$，润滑油粘度为 $\mu = 0.12\text{Pa} \cdot \text{s}$。

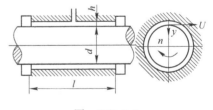

图　CE2.3.2

求：（1）作用在轴上的轴矩 T_s；

（2）作用在轴上的轴功率 $\dot{W}_s$。

解：（1）因环形缝隙远小于圆轴直径，可将缝隙内的周向流动简化为无限大平行平板间的流动。设上板（轴承壁）固定，下板（转轴面）以速度 $U = \dfrac{\pi n d}{60}$ 运动，带动润滑油作纯剪切流动。从上板沿铅垂方向建立 y 轴，缝隙内的速度梯度为

$$\frac{du}{dy} = \frac{U}{h}$$

作用在轴面上的粘性切应力为

$$\tau_w = \mu \frac{\mathrm{d}u}{\mathrm{d}y} = \mu \frac{U}{h} = \frac{\mu \pi n d}{60 h} = \frac{(0.12\mathrm{Pa \cdot s}) \times \pi \times (3600\mathrm{r/min}) \times 0.05\mathrm{m}}{(60\mathrm{s/min}) \times (0.05 \times 10^{-3}\mathrm{m})}$$

$$= 2.26 \times 10^4 \mathrm{N/m^2}$$

作用在轴上的转矩为

$$T_s = \tau_w A \frac{d}{2} = \frac{1}{2}\tau_w \pi d^2 l = \frac{1}{2}(2.26 \times 10^4 \mathrm{N/m^2}) \times \pi \times (0.05\mathrm{m})^2 \times 0.05\mathrm{m}$$

$$= 4.44\mathrm{N \cdot m}$$

（2）转动轴需要的功率为

$$\dot{W}_s = T_s \cdot \omega = T_s \frac{2\pi n}{60} = (4.44\mathrm{N \cdot m})\frac{2\pi(3600\mathrm{r/min})}{60\mathrm{s/min}} = 1673.8\mathrm{W}$$

C2.4 倾斜平面缝隙流动——流体动力学润滑理论

当平行平面缝隙流中的一个平面倾斜一个微小角度时形成倾斜平面缝隙流动。沿流动方向缝隙高度逐渐减小的为渐缩缝隙，缝隙高度逐渐增大的为渐扩缝隙，二者的分析方法相同。对渐缩平面缝隙中不可压缩牛顿粘性流体流动的研究导致建立了流体动力学润滑理论。该理论首先由英国物理学家雷诺（O. Reynolds，1886）建立[C2-8]。

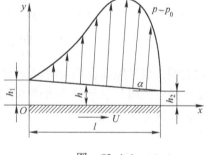

图　C2.4.1

C2.4.1 物理和数学建模

以滑块在平面导板上的滑动为例。在图 C2.4.1 中以一块无限大平板和一块足够长（l）的、平均间距很小（$h_0 \ll l$）且逐渐收缩的倾斜板构成倾斜平面缝隙（倾斜角为 α），板间充满不可压缩粘性流体。上板（代表导板）固定，下板（代表滑块）以速度 U 向右（收缩方向）运动。在下板 O 点建立坐标系 Oxy，x 轴沿板面向右，y 轴垂直板面向上。由于缝隙很小，忽略重力影响。流体在压强梯度和下板运动的带动下沿缝隙作平面流动。设缝隙的入口高度为 h_1，出口高度为 h_2，长度为 l，宽度为 1。这样就建立了倾斜平面缝隙流动的物理模型。

由于缝隙高度沿 x 方向发生变化，y 方向的速度分量不为零，因此不能照搬平行平面缝隙流动的模型，需要重新建模。先完整地写出二维平面定常流动基本方程组和边界条件为

$$\frac{\partial u}{\partial x} + \frac{\partial v}{\partial y} = 0 \tag{C2.4.1a}$$

$$\rho\left(u\frac{\partial u}{\partial x}+v\frac{\partial u}{\partial y}\right)=-\frac{\partial p}{\partial x}+\mu\left(\frac{\partial^2 u}{\partial x^2}+\frac{\partial^2 u}{\partial y^2}\right) \qquad (C2.4.1b)$$

$$\rho\left(u\frac{\partial v}{\partial x}+v\frac{\partial v}{\partial y}\right)=-\frac{\partial p}{\partial y}+\mu\left(\frac{\partial^2 v}{\partial x^2}+\frac{\partial^2 v}{\partial y^2}\right) \qquad (C2.4.1c)$$

边界条件为

$$y=0: u=U,\ v=0;\ y=h(x): u=v=0 \qquad (C2.4.1d)$$

为了将方程组(C2.4.1)无量纲化，设 h_0 为缝隙的平均高度，v_0 为垂直方向的特征速度(待定)，$p_0=\mu Ul/h_0^2$ 为特征压强。分别以 l，h_0，U，v_0，p_0 为特征量将相应的物理量无量纲化，得

$$x^*=x/l,\ y^*=y/h_0,\ u^*=u/U,\ v^*=v/v_0,\ p^*=p/p_0 \qquad (C2.4.2)$$

将上式代入连续性方程(C2.4.1a)，整理得

$$\frac{\partial u^*}{\partial x^*}+\frac{v_0 l}{h_0 U}\frac{\partial v^*}{\partial y^*}=0$$

上式中的两项分别代表流体元在两个坐标方向的线应变率(见 B3.4 节)，没有理由忽略任何一项，取第二项的系数为 1，即 $v_0=h_0 U/l$。上式成为

$$\frac{\partial u^*}{\partial x^*}+\frac{\partial v^*}{\partial y^*}=0 \qquad (C2.4.3a)$$

将式(C2.4.2)代入式(C2.4.1b)，整理得

$$\rho\left(\frac{U^2}{l}u^*\frac{\partial u^*}{\partial x^*}+\frac{U^2}{l}v^*\frac{\partial u^*}{\partial y^*}\right)=-\frac{p_0}{l}\frac{\partial p^*}{\partial x^*}+\mu\frac{U}{h_0^2}\left[\frac{\partial^2 u^*}{\partial x^{*2}}+\left(\frac{h_0}{l}\right)^2\frac{\partial^2 u^*}{\partial y^{*2}}\right]$$

因 $h_0/l\ll 1$，上式右边方括号中第二项比第一项至少小一个量级，应予忽略。考虑到压差项与黏性项同量级 $p_0/l=\mu U/h_0^2$，及 $Re=\rho Ul/\mu$，上式可化为

$$Re\left(\frac{h_0}{l}\right)^2\left(u^*\frac{\partial u^*}{\partial x^*}+v^*\frac{\partial u^*}{\partial y^*}\right)=-\frac{\partial p^*}{\partial x^*}+\frac{\partial^2 u^*}{\partial x^{*2}}$$

由于 $Re\ll 1$，$h_0/l\ll 1$，上式中左边的项(惯性力项)可以忽略。方程最终简化为

$$\frac{\partial^2 u^*}{\partial x^{*2}}=\frac{\partial p^*}{\partial x^*} \qquad (C2.4.3b)$$

按类似的方法，式(C2.4.1c)的无量纲形式可化为

$$Re\left(\frac{h_0}{l}\right)^4\left(u^*\frac{\partial v^*}{\partial x^*}+v^*\frac{\partial v^*}{\partial y^*}\right)=-\frac{\partial p^*}{\partial y^*}+\left(\frac{h_0}{l}\right)^2\frac{\partial^2 v^*}{\partial y^{*2}}$$

与压强项相比，方程左边的惯性力项和右边的粘性力项均属小量，可以忽略。方程简化为

$$\frac{\partial p^*}{\partial y^*}=0 \qquad (C2.4.3c)$$

将式(C2.4.3a)、式(C2.4.3b)、式(C2.4.3c)恢复到有量纲的形式，可得控制方程为

$$\frac{\partial u}{\partial x} + \frac{\partial v}{\partial y} = 0 \tag{C2.4.4a}$$

$$\frac{\mathrm{d}^2 u}{\mathrm{d}y^2} = \frac{1}{\mu} \frac{\partial p}{\partial x} \tag{C2.4.4b}$$

$$\frac{\partial p}{\partial y} = 0 \tag{C2.4.4c}$$

上述方程主要用于分析缝隙润滑流动问题，因此也称为润滑微分方程。雷诺将该方程沿缝隙高度进行积分，率先得到了决定压强与缝隙高度关系的微分微分方程。

倾斜平面缝隙流动的边界条件为

$$y = 0: u = U, \; v = 0; \; y = h(x): u = v = 0 \tag{C2.4.4d}$$

将润滑微分方程（C2.4.4）与平行平板流动控制方程（C2.3.2）作比较，发现两者的形式相同，但应注意两者的推导过程和适用范围不同。式（C2.3.2）是二维形式 N-S 方程的精确演化结果，而式（C2.4.4）是人为简化后的近似结果。式（C2.3.2）只适用于平行平板间的层流流动，且不局限于狭缝流动；式（C2.4.4）可用于分析倾斜平面缝隙流动，且只适用于缝隙流动。

C2.4.2　求解与分析

1. 速度分布与流量

由于控制方程的形式与平行平面缝隙流动相同，可直接利用速度分布一般表达式（C2.3.4）。由边界条件决定的积分常数为

$$y = 0, \; u = 0: C_2 = U$$

$$y = h, \; u = 0: C_1 = \frac{G}{2\mu}h - \frac{U}{h} \left(G = -\frac{\mathrm{d}p}{\mathrm{d}x} \right)$$

代入式（C2.3.4），可得速度分布式为

$$u = \frac{1}{2\mu} \frac{\mathrm{d}p}{\mathrm{d}x}(y^2 - hy) + U \left(1 - \frac{y}{h} \right) \tag{C2.4.5}$$

上式适用于整个缝隙流道。应注意，根据式（C2.4.4c）缝隙内的压强 p 是 x 的函数；由于缝隙高度 h 沿 x 方向不是常数，$\dfrac{\mathrm{d}p}{\mathrm{d}x}$ 也是 x 的函数。

根据不可压缩流体连续性方程，通过每个缝隙截面 $h(x)$ 的流量相等。设缝隙宽度为 1，则通过单位宽度的缝隙截面的流量为

$$Q = \int_0^h u \mathrm{d}x = \int_0^h \left[\frac{1}{2\mu} \frac{\mathrm{d}p}{\mathrm{d}x}(y^2 - hy) + U \left(1 - \frac{y}{h} \right) \right] \mathrm{d}x$$

$$= \frac{hU}{2} - \frac{h^3}{12\mu} \frac{\mathrm{d}p}{\mathrm{d}x} \tag{C2.4.6}$$

2. 压强分布

由式（C2.4.6）压强梯度式为

$$\frac{dp}{dx} = \frac{6\mu U}{h^2} - \frac{12\mu Q}{h^3} \qquad (C2.4.7)$$

上式称为一维雷诺润滑方程，其中缝隙高度 $h(x)$ 是 x 的函数，p 是缝隙高度上的平均压强，Q 为单位宽度上的流量。方程表明，当 U 和 Q 保持常数时缝隙内的压强梯度分布与缝隙高度呈非线性关系。

设上板的倾斜角为 α，渐缩缝隙高度的表达式为（见图 C2.4.1）

$$h = h_1 - x\tan\alpha \qquad (C2.4.8)$$

缝隙长度与高度的微分关系为

$$dx = -\frac{1}{\tan\alpha}dh$$

将上式代入式（C2.4.7）并积分可得

$$p = \frac{6\mu}{\tan\alpha}\left(\frac{U}{h} - \frac{Q}{h^2}\right) + C \qquad (C2.4.9)$$

由入口边界条件 $h = h_1$，$p = p_1$，确定积分常数为

$$C = p_1 - \frac{6\mu}{\tan\alpha}\left(\frac{U}{h_1} - \frac{Q}{h_1^2}\right) \qquad (C2.4.10)$$

将积分常数代回式（C2.4.9），可得渐缩倾斜平面缝隙中的压强分布式

$$p = p_1 - \frac{6\mu Q}{\tan\alpha}\left(\frac{1}{h^2} - \frac{1}{h_1^2}\right) + \frac{6\mu U}{\tan\alpha}\left(\frac{1}{h} - \frac{1}{h_1}\right) \qquad (C2.4.11)$$

上式表明在渐缩倾斜平面缝隙流动中流体压强与缝隙高度呈非线性关系，如图 C2.4.1 所示。

由出口边界条件 $h = h_2$，$p = p_2$ 可得出口压强为

$$p_2 = p_1 - \frac{6\mu Q}{\tan\alpha}\left(\frac{1}{h_2^2} - \frac{1}{h_1^2}\right) + \frac{6\mu U}{\tan\alpha}\left(\frac{1}{h_2} - \frac{1}{h_1}\right) \qquad (C2.4.12)$$

考虑到渐缩缝隙长与出、入口高度的几何关系为 $l = \dfrac{h_1 - h_2}{\tan\alpha}$，出入口压差为

$$\Delta p = p_1 - p_2 = \frac{6\mu l(h_1 + h_2)}{h_1^2 h_2^2}Q - \frac{6\mu l}{h_1 h_2}U \qquad (C2.4.13)$$

由此，渐缩倾斜平面缝隙的流量公式（单位宽度）还可表达为

$$Q = \frac{h_1^2 h_2^2}{6\mu l(h_1 + h_2)}\Delta p + \frac{h_1 h_2}{h_1 + h_2}U \qquad (C2.4.14)$$

3. 两种特殊情况

（1）渐缩倾斜平面缝隙的纯剪切流

当缝隙两端不存在压差，完全由上、下平面的相对滑移引起的流动称为纯剪切流。润滑油在滑动轴承中转动轴与轴承间的楔形缝隙中的流动即属于此类流动。

设 $\Delta p = 0$，由式（C2.4.14）可得流量公式（单位宽度）为

$$Q = \frac{h_1 h_2}{h_1 + h_2}U \qquad (C2.4.15)$$

将上式代入式（C2.4.10），并设缝隙外部压强为 $p_1 = p_2 = p_0$，可得

$$C = p_0 - \frac{6\mu U}{\tan\alpha(h_1 + h_2)}$$

将上两式代入式（C2.4.9），可得渐缩倾斜平面缝隙纯剪切流中的压强分布式

$$p = p_0 + \frac{6\mu U}{(h_1 + h_2)\tan\alpha} \frac{(h_1 - h)(h - h_2)}{h^2} \tag{C2.4.16}$$

由于上式右边第二项为正值，缝隙内压强处处高于 p_0，最大值位于后半程。若设缝隙内的平均压强为 p_{m}，无量纲相对压强可表为

$$\frac{p - p_0}{p_{\mathrm{m}}} = \frac{6\mu U}{p_{\mathrm{m}}(h_1 + h_2)\tan\alpha} \frac{(h_1 - h)(h - h_2)}{h^2} \tag{C2.4.17}$$

图 C2.4.2 中的上方小图画出了无量纲相对压强 $(p - p_0)/p_{\mathrm{m}}$ 沿无量纲长度的变化曲线。最大压强位于 $0.7l$ 附近，前部是逆压梯度，后部是顺压梯度。图 C2.4.2 中的下方小图为缝隙内各截面 $h(x)$ 上的速度剖面示意图[C2-10]，图中还画有流线。可见在入口附近的上部存在由逆压梯度引起的回流。

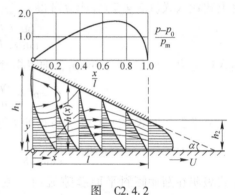

图　C2.4.2

将压强分布沿平面积分，可得单位宽度上的压强合力，即承载力

$$F_y = \int_0^l p\,\mathrm{d}x = \frac{6\mu U l^2}{(h_1 - h_2)^2}\left(\ln\frac{h_1}{h_2} - 2\frac{h_1 - h_2}{h_1 + h_2}\right) = k\frac{\mu U l^2}{h_2^2} \tag{C2.4.18}$$

式中，k 称为承载系数。式（C2.4.18）表明当承载系数确定后，轴承的承载力与下板的滑动速度（轴承转动速度）成正比，与缝隙厚度的平方成反比。承载系数的计算式为

$$k = \frac{6}{[(h_1/h_2) - 1]^2}\left[\ln(h_1/h_2) - 2\frac{(h_1/h_2) - 1}{(h_1/h_2) + 1}\right] \tag{C2.4.19}$$

图 C2.4.3 所示为承载系数 k 随进出口高度比 h_1/h_2 的变化曲线。曲线表明当 $h_1/h_2 = 1$ 时 $k = 0$，即平行平板无承载能力；当 $h_1/h_2 = 2.2$ 时 $k = 0.16$，倾斜平板的承载能力达到最大；当 $h_1/h_2 > 2.2$ 后承载能力下降。

实际的滑动轴承中收缩段润滑油对壳体的压强分布如图 C2.4.4 所示[C2-11]，图中转子处于偏心（Q_w）位置。正是由转子的旋转带动收缩段内润滑油的剪切运动产生了向上的压强合力（与图中的 F 力相反）抵消了沉重的转轴重量，使转子表面避免与壳体表面直接接触（最窄处的缝隙高度为 h_0），保护了支承面。由于用轴承间润滑油的液体摩擦代替了固体表面的摩擦，大大降低了轴承表面间的摩擦力，节省了转子动力，这就是滑动轴承的流动润滑效应。

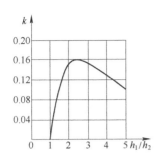

图　C2.4.3

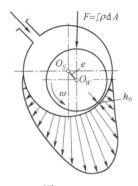

图　C2.4.4

必须指出，上述讨论的是在没有流量泄漏的条件下的理论值，即假设缝隙的宽长比无限大（$b/l \to \infty$）。实际缝隙的宽度是有限的，总存在泄漏，因此承载力比理论值要小。实验表明，当 $b/l \geqslant 2$ 时承载力可近似按式（C2.4.18）计算，即等于 $F_y b$；当 $b/l = 1$ 时，承载力仅为理论值的 40%。

（2）渐缩倾斜平面缝隙的纯压差流

当上、下平面均固定不动即 $U = 0$ 时，缝隙内的流动完全由压差引起。对渐缩倾斜平面缝隙，由式（C2.4.11）、式（C2.4.13）和式（C2.4.14），可得压强分布、入出口压差和流量公式分别为

$$p = p_1 - \frac{6\mu Q}{\tan\alpha}\left(\frac{1}{h^2} - \frac{1}{h_1^2}\right) \tag{C2.4.20}$$

$$\Delta p = p_1 - p_2 = \frac{6\mu l(h_1 + h_2)}{h_1^2 h_2^2}Q \tag{C2.4.21}$$

$$Q = \frac{1}{6\mu l}\frac{h_1^2 h_2^2}{h_1 + h_2}\Delta p \tag{C2.4.22}$$

【例 C2.4.2】　推力滑块承载力：倾斜平面缝隙流动

已知：某机床的滑块与导轨构成倾斜平面缝隙（参见图 C2.4.1）。已知滑块长与宽为 $l \times b = 0.1\,\mathrm{m} \times 0.1\,\mathrm{m}$，滑块与水平导轨的倾斜角 $\alpha = 1.5°$。设滑块的速度为 $U = 3\,\mathrm{m/s}$，润滑油的粘度为 $\mu = 0.8\,\mathrm{Pa \cdot s}$，缝隙内的流动按纯剪切流计算。

求：（1）滑块承载力达到最大时两端缝隙高度 h_1，h_2（m）；

（2）最大承载力 F_{ym}（N）。

解：（1）将式（C2.4.19）代入式（C2.4.18）并乘宽度可得倾斜平面缝隙纯剪切流承载力公式

$$F_y = \frac{6\mu U l^2 b}{(h_1 - h_2)^2}\left(\ln\frac{h_1}{h_2} - 2\frac{h_1 - h_2}{h_1 + h_2}\right) \tag{C2.4.23}$$

为求最大承载力，将式（C2.4.23）对 h_1 求极值。即

$$\frac{\mathrm{d}F_y}{\mathrm{d}h_1} = \frac{\mathrm{d}}{\mathrm{d}h_1}\left[\frac{6\mu U l^2 b}{(h_1 - h_2)^2}\left(\ln\frac{h_1}{h_2} - 2\frac{h_1 - h_2}{h_1 + h_2}\right)\right] = 0$$

可化为方程

$$\frac{1}{h_1(h_1-h_2)^2}+\frac{4h_1}{(h_1^2-h_2^2)^2}=\frac{2\ln h_1/h_2}{(h_1-h_2)^3}$$

解上述方程可得

$$h_1=2.2h_2 \tag{a}$$

由 $(h_1-h_2)/l=\tan\alpha=\tan1.5°=0.0262$，将式（a）及 $l=0.1\mathrm{m}$ 代入左式可分别解得

$$h_2=\frac{0.0262\times0.1\mathrm{m}}{1.2}=2.18\times10^{-3}\mathrm{m},\ h_1=2.2h_2=4.8\times10^{-3}\mathrm{m} \tag{b}$$

（2）将式（b）代入式（C2.4.19）可得滑块最大承载力时的承载系数

$$k=\frac{6}{[(h_1/h_2)-1]^2}\left[\ln(h_1/h_2)-2\frac{(h_1/h_2)-1}{(h_1/h_2)+1}\right]=\frac{6}{1.2^2}\left(\ln2.2-2\times\frac{1.2}{3.2}\right)=0.16 \tag{c}$$

将式（c）和其他参数代入式（C2.4.18）并乘宽度可得滑块最大承载力

$$F_{ym}=k\frac{\mu Ul^2 b}{h_2^2}=0.16\times\frac{0.8\mathrm{Pa\cdot s}\times(3\mathrm{m/s})\times(0.1\mathrm{m})^2\times(0.1\mathrm{m})}{(2.18\times10^{-3}\mathrm{m})^2}=80.8\mathrm{N}$$

C2.5 环形缝隙轴向流动

本节讨论流体沿环形缝隙作轴向流动的情况。圆柱形活塞在缸套中作轴线运动、圆柱形滑阀在阀套中作轴向移动时流体在环形缝隙中的流动即属于此类。分析此类流动的泄漏量是工程上关心的问题之一。

C2.5.1 同心环形缝隙轴向流动

同心环形缝隙如图 C2.5.1 所示。内圆柱半径为 r，外圆柱半径为 R，缝隙高为 $h=R-r$。缝隙长为 l，比压降为 $G=\Delta p/l$。用柱坐标形式 N–S 方程可求得（推导略）同心环形缝隙的流量公式为

$$Q=\frac{\pi}{8\mu}G\left[R^4-r^4-\frac{(R^2-r^2)^2}{\ln(R/r)}\right] \tag{C2.5.1}$$

令 $R=r+h$，上式化为

图 C2.5.1

$$Q=\frac{\pi}{8\mu}Gr^4\left\{\left(1+\frac{h}{r}\right)^4-1-\left[\left(1+\frac{h}{r}\right)^4-2\left(1+\frac{h}{r}\right)^2+1\right]\Big/\ln\left(1+\frac{h}{r}\right)\right\}$$

$$\tag{C2.5.2}$$

设 h 保持不变，令 $r\to\infty$，圆环变成无限大，求单位宽度上的流量 Q_1。因 h/r 为小量，将对数项按 h/r 展开，并取前三项可得极限值为

$$Q_1 = \lim_{r \to \infty} \frac{\pi}{8\mu} Gr^4 \left[4\frac{h}{r} + 6\left(\frac{h}{r}\right)^2 + 4\left(\frac{h}{r}\right)^3 - \frac{4\left(\frac{h}{r}\right)^2 + 4\left(\frac{h}{r}\right)^3 + \left(\frac{h}{r}\right)^4}{\frac{h}{r} - \frac{1}{2}\left(\frac{h}{r}\right)^2 + \frac{1}{3}\left(\frac{h}{r}\right)^3} \right] \frac{1}{2\pi r}$$

$$= \lim_{r \to \infty} \frac{\pi}{8\mu} Gr^4 \left\{ 4\left(\frac{h}{r}\right) + 6\left(\frac{h}{r}\right)^2 + 4\left(\frac{h}{r}\right)^3 - 4\left(\frac{h}{r}\right) - 6\left(\frac{h}{r}\right)^2 - \frac{8}{3}\left(\frac{h}{r}\right)^3 \right\} \frac{1}{2\pi r}$$

$$= \lim_{r \to \infty} \frac{\pi}{8\mu} Gr^4 \cdot \frac{4}{3}\left(\frac{h}{r}\right)^3 \cdot \frac{1}{2\pi r} = \frac{G}{12\mu} h^3$$

此即无限大平行板间单位宽度上的流量公式。当缝隙非常小时，可以用平行平板流量公式作估算。直径为 d 的固定同心圆环缝隙(化为宽度为 πd 的平板缝隙)中的流量为

$$Q = \frac{\pi d G}{12\mu} h^3 \qquad (C2.5.3)$$

若内圆以匀速度 U 沿轴线运动，同心圆环缝隙中的流量为

$$Q = \left(\frac{G}{12\mu} h^3 \pm \frac{U}{2} h\right) \pi d \qquad (C2.5.4)$$

当 U 与 G 同向时取 +，否则取 −。

C2.5.2 偏心环形缝隙轴向流动

固定偏心环形缝隙如图 C2.5.2 所示，缝隙内流动方向垂直纸面。内圆柱圆心为 O，半径为 r，直径为 d。外圆柱圆心为 O_1，半径为 R。设两圆的半径之差为 $\delta = R - r$，偏心距为 $OO_1 = e$，δ 和 e 均为小量。缝隙长为 l，比压降为 $G = \Delta p / l$。坐标系 Oxy 的原点在 O 点上。

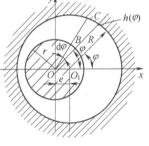

图 C2.5.2

从 O 点任意引出一射线，幅角为 φ，分别与内、外圆交于 B，C 点。从 O_1 点向 OC 线引一垂线，并引入相对偏心距 $\varepsilon = e/\delta$，缝隙高 $BC = h(\varphi)$ 可表为

$$h = OC - OB = (R + e\cos\varphi) - r = \delta + e\cos\varphi = \delta(1 + \varepsilon\cos\varphi)$$
$$(C2.5.5)$$

令 OC 绕原点转过微幅角 $d\varphi$，在内圆上的微元弧长为 $rd\varphi$。在微幅角范围中内、外圆弧间的流量 dQ 可用同心圆环缝隙流量公式计算

$$dQ = \frac{G}{12\mu} h^3(\varphi) r d\varphi$$

整个偏心圆环缝隙内的流量为

$$Q = \int dQ = \int_0^{2\pi} \frac{G}{12\mu} [\delta(1 + \varepsilon\cos\varphi)]^3 r d\varphi = \frac{rG\delta^3}{12\mu}(2\pi + 3\pi\varepsilon^2)$$

$$= \frac{\pi d G \delta^3}{12\mu}\left(1 + \frac{3}{2}\varepsilon^2\right) \qquad (C2.5.6)$$

将式(C2.5.6)与式(C2.5.3)相比，在相同比压降作用下偏心圆环缝隙的泄漏

量比同心圆环缝隙大 $3\varepsilon^2/2$ 倍。当 $\varepsilon=1$ 时，即偏心距为最大时泄漏量可大 1.5 倍。

【例 C2.5.2】 圆环缝隙泄漏量：环形缝隙轴向流动

已知：一圆环形缝隙（参见图 C2.5.1）长为 $l=0.22\mathrm{m}$，外圆柱半径为 $R=0.202\mathrm{m}$，内圆柱半径为 $r=0.2\mathrm{m}$。设缝隙两端的压差为 $\Delta p=638\mathrm{Pa}$，润滑油的粘度为 $\mu=0.1\mathrm{Pa\cdot s}$。

求：下列两种情况下的泄漏量 $Q(\mathrm{m^3/s})$：

（1）内、外圆柱同心；

（2）有相对偏心距 $\varepsilon=0.5$。

解：环形缝隙两端的比压降为

$$G=\frac{\Delta p}{l}=\frac{638\mathrm{Pa}}{0.22\mathrm{m}}=2900\mathrm{Pa/m}$$

（1）对固定的同心圆环缝隙，泄漏量用式（C2.5.3）计算。取 $d=2R$，$h=(R-r)/2$，则

$$Q_1=\frac{2\pi RG}{12\mu}h^3=\frac{2\pi\times0.202\mathrm{m}\times(2900\mathrm{Pa/m})}{12\times0.1\mathrm{Pa\cdot s}}\times(0.001\mathrm{m})^3=3.07\times10^{-6}\mathrm{m^3/s}$$

（2）对固定的偏心圆环缝隙，泄漏量用式（C2.5.6）计算。取 $d=2R$，$\delta=(R-r)/2$，则

$$Q_2=Q_1\left(1+\frac{3}{2}\varepsilon^2\right)=(3.07\times10^{-6}\mathrm{m^3/s})\times\left(1+\frac{3}{2}\times0.5^2\right)$$

$$=(3.07\times10^{-6}\mathrm{m^3/s})\times1.375=4.22\times10^{-6}\mathrm{m^3/s}$$

结果表明，偏心圆环缝隙的泄漏量是同心圆环的 1.375 倍。

C2.6 平行圆盘缝隙径向流动

在机械工程中端面推力轴承中的润滑油流动属于平行圆盘间缝隙的径向流动。两个平行圆盘中的一个保持固定，另一个可以在圆盘垂直方向浮动。两个圆盘间的缝隙靠油的压力维持，油压通常由外界的高压油泵提供。本节研究由圆盘中心的高压引起油沿径向流动时的压强分布及对轴的总推力。

图 C2.6.1 所示为一推力轴承结构示意图。上部为轴的圆柱形止推凸缘，下部为支承圆盘。支承圆盘中心开半径（缝隙内半径）为 r_1 的油腔，压强为 p_1 的高压油由此注入。设凸缘半径（缝隙外半径）为 r_2，圆盘缝隙高度为 h，缝隙外部压强为 p_2。

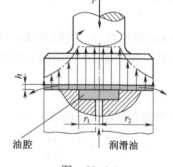

图 C2.6.1

在支承盘面上，以轴心为原点建立极坐标 $Ozr\theta$，z 轴铅垂向上。在圆盘缝隙

内、外半径间任意半径 r 处取一宽度为 $r\mathrm{d}\theta$、长度为 $\mathrm{d}r$、高度为 h 的微元体。在微元体中流体在压强降 $\mathrm{d}p$ 作用下沿 $\mathrm{d}r$ 方向流动，可将其简化为沿上、下平行平板缝隙内的单向流动，由式（C2.3.7）微元流量为

$$\mathrm{d}Q = -\frac{r\mathrm{d}\theta h^3}{12\mu}\frac{\mathrm{d}p}{\mathrm{d}r}$$

将上式沿圆周积分可得缝隙流量与压强梯度关系式为

$$Q = \int\mathrm{d}Q = -\frac{rh^3}{12\mu}\frac{\mathrm{d}p}{\mathrm{d}r}\int_0^{2\pi}\mathrm{d}\theta = -\frac{\pi rh^3}{6\mu}\frac{\mathrm{d}p}{\mathrm{d}r} \qquad (\text{C}2.6.1)$$

由上式

$$p = \int\mathrm{d}p = -\frac{6\mu Q}{\pi h^3}\int\frac{1}{r}\mathrm{d}r = -\frac{6\mu Q}{\pi h^3}\ln r + C$$

当 $r = r_2$ 时，$p = p_2$，由上式可得 $C = p_2 + \frac{6\mu Q}{\pi h^3}\ln r_2$。代回原式可得压强分布为

$$p = p_2 + \frac{6\mu Q}{\pi h^3}\ln\frac{r_2}{r} \qquad (\text{C}2.6.2)$$

式（C2.6.2）表明，圆盘缝隙内的压强沿径向按半径的负对数律衰减。当 $r = r_1$ 时，$p = p_1$，由上式可得圆盘缝隙内外压差为

$$p_1 - p_2 = \frac{6\mu Q}{\pi h^3}\ln\frac{r_2}{r_1} \qquad (\text{C}2.6.3)$$

圆盘缝隙的流量与内外压差的关系式为

$$Q = \frac{\pi h^3(p_1 - p_2)}{6\mu\ln(r_2/r_1)} \qquad (\text{C}2.6.4)$$

设油腔内的压强为均匀分布，支承圆盘对止推凸缘的总推力为

$$F = \pi r_1^2 p_1 + \int_{r_1}^{r_2}\left(p_2 + \frac{6\mu Q}{\pi h^3}\ln\frac{r_2}{r}\right)2\pi r\mathrm{d}r$$

$$= \pi r_1^2 p_1 + \pi(r_2^2 - r_1^2)p_2 + \frac{12\mu Q}{h^3}\left[(\ln r_2)\int_{r_1}^{r_2}r\mathrm{d}r - \int_{r_1}^{r_2}(\ln r)r\mathrm{d}r\right]$$

$$= \pi r_1^2(p_1 - p_2) + \pi r_2^2 p_2 + \frac{12\mu Q}{h^3}\left[\frac{1}{2}r_1^2\ln\frac{r_1}{r_2} + \frac{1}{4}(r_2^2 - r_1^2)\right]$$

将式（C2.6.4）代入上式，整理得推力公式为

$$F = \pi r_2^2 p_2 + \frac{\pi(r_2^2 - r_1^2)}{2\ln(r_2/r_1)}(p_1 - p_2) \qquad (\text{C}2.6.5\text{a})$$

将式（C2.6.3）代入上式可得推力的另一表达式

$$F = \pi r_2^2 p_2 + \frac{3\mu Q}{h^3}(r_2^2 - r_1^2) \qquad (\text{C}2.6.5\text{b})$$

当外部压强为零时（$p_2 = 0$），推力公式简化为

$$F = \frac{\pi(r_2^2 - r_1^2)}{2\ln(r_2/r_1)}p_1 = \frac{3\mu(r_2^2 - r_1^2)}{h^3}Q \qquad (\text{C}2.6.6)$$

式（C2.6.6）第一式表明，当注入的油压确定时，推力由支承圆盘的内、外半径决定。

【例 C2.6.1】 推力轴承：平行圆盘缝隙径向流动

已知：一推力轴承如图 C2.6.1 所示。油腔半径 $r_1 = 15\text{mm}$，缝隙外半径 $r_2 = 35\text{mm}$；缝隙高度为 $h = 0.08\text{mm}$。设油腔内压强均匀分布 $p_1 = 2.5 \times 10^7 \text{Pa}$，缝隙外部压强 $p_2 = 1.0 \times 10^5 \text{Pa}$。油的粘度为 $\mu = 0.08\text{Pa} \cdot \text{s}$。

求：（1）缝隙中的流量 $Q(\text{m}^3/\text{s})$；

（2）支承圆盘对止推凸缘的总推力 $F(\text{N})$。

解：（1）可用式（C2.6.4）计算缝隙中的流量

$$Q = \frac{\pi h^3 (p_1 - p_2)}{6\mu \ln(r_2/r_1)} = \frac{\pi (0.08 \times 10^{-3}\text{m})^3 (2.5 \times 10^7 \text{Pa} - 1.0 \times 10^5 \text{Pa})}{6 \times 0.08\text{Pa} \cdot \text{s} \times \ln(35/15)}$$

$$= \frac{4.0 \times 10^{-5}\text{m}^3 \cdot \text{Pa}}{0.407\text{Pa} \cdot \text{s}} = 9.83 \times 10^{-5}\text{m}^3/\text{s}$$

（2）可用式（C2.6.5a）或式（C2.6.5b）计算支承圆盘对止推凸缘的总推力。本例因流量已求得，直接用式（C2.6.5b）计算较简单

$$F = \pi r_2^2 p_2 + \frac{3\mu Q}{h^3}(r_2^2 - r_1^2)$$

$$= \pi (35 \times 10^{-3}\text{m})^2 \times (1.0 \times 10^5 \text{Pa}) +$$

$$\frac{3 \times (0.08\text{Pa} \cdot \text{s}) \times (9.83 \times 10^{-5}\text{m}^3/\text{s})}{(0.08 \times 10^{-3}\text{m})^3} [(35 \times 10^{-3}\text{m})^2 - (15 \times 10^{-3}\text{m})^2]$$

$$= 384.8\text{N} + 46078.1\text{N} = 4.65 \times 10^4 \text{N}$$

C2.7 小结

（1）雷诺对滑动轴承内油层的流动问题进行建模分析，建立了决定楔形缝隙压强分布的微分方程（雷诺润滑方程），奠定了流体动力学润滑问题的理论基础。可惜的是，雷诺从流体力学角度获得的理论结果（1886）没有立即引起机械工程界的注意，直至 40 年后由法尔茨（E. Falz, 1926）将雷诺方程的解用工程师们容易接受的形式表达出来后才在工程界获得应用[C2-12]。在第二次世界大战后，借助计算技术的进步，流体动力学润滑理论和应用获得了蓬勃发展。在缝隙流动理论领域中，流体动力学润滑理论占据着中心地位。

（2）雷诺润滑方程（C2.4.4）虽然与库埃特方程（C2.3.2）的形式相同，但两者的意义却是不同的。它们都来源于完整的 N-S 方程组（C2.3.1），但是平行平面缝隙流动特殊的几何和运动特点使惯性项和粘性第二项自动消失，式（C2.3.2）是不作任何近似处理的演化结果，方程是精确的。实际上，式（C2.3.2）并不局限于狭缝流动，对有限高度的平行平板间的流动同样适用。式（C2.4.4）则是根据楔形缝

隙流动的几何和运动特点，对基本方程组（C2.3.1）中的各项比较量级大小，经人为删除属于小量的惯性项和粘性第二项后得到的简化结果，方程是近似的，且只适用于狭缝流动。

（3）雷诺分析倾斜平面间缝隙流动与库埃特分析平行平板间流动的目的也不同。库埃特是从求解 N - S 方程精确解的角度分析平行平板间的粘性流动，似乎没有特殊的应用目的，属于经典力学范畴。雷诺是为了解决托尔斯观察到的实验现象而进行的针对性研究。雷诺方程（1886）在库埃特研究（1890）之前就提出了，因此并不是建立在库埃特流的基础之上。事实表明当缝隙的高度不变时（h = 常数）内部的压强梯度保持常数，说明在平行平面缝隙中压强沿流向只能呈单调递增或递减的变化规律。要实现托尔斯发现的压强沿轴向呈抛物线分布的规律（先增后减），必须让缝隙高度 h 随 x 变化，应重新建模分析。因此雷诺的研究属于应用力学范畴。

（4）从托尔斯观察和测量机车滑动轴承损坏原因，提出轴承内的油膜压强分布问题，到雷诺对滑动轴承问题进行物理和数学建模。特别是雷诺根据倾斜平面缝隙流动的特点，用与普朗特处理边界层流动相似（见 C4.3）的方法简化处理 N - S 方程后得到雷诺润滑方程，并对方程进行数学求解得到了与托尔斯实验一致的结果。再到法尔茨将雷诺方程的解用工程师们和设计师们容易接受的形式表达出来后在工程界获得广泛应用。整个过程符合应用力学的研究步骤。由此可见，流体动力学润滑理论的建立和应用也是体现应用力学思想和方法的一个例子。

参 考 文 献

[C2 - 1] Bannister K E. Lubrication for industry[M]. 2nd. edition. New York: Industrial Press Inc, 2007.

[C2 - 2] Vogelpohl G. Lubrication problems[C] // 3th World Petroleum Congress, in Netherlands, 1951.

[C2 - 3] Jost P. Lubrication (tribology)——a report on the present position and industry's needs. Department of Education and Science, H. M. Stational Office, London, 1966.

[C2 - 4] 布尚 B. 摩擦学导论[M]. 葛世荣，译. 北京：机械工业出版社，2007.

[C2 - 5] 谢友柏，张嗣伟. 摩擦学科学及工程应用现状与发展战略研究[M]. 北京：高等教育出版社，2009.

[C2 - 6] 崔海霞，陈建敏，周惠娣. 奇妙的摩擦世界[M]. 北京：科学出版社，2010.

[C2 - 7] Tower B. Report on friction experiments[C] // Proceeding of Institution of Mechanical Engineering. 1884: 632.

[C2 - 8] Reynolds O. On the theory of lubrication and its application to Mr. Beauchamp Tower's experiments, including an experimental determination of the viscosity of olive oil. Philosophical Transactions of Royal Society of London. 1886, 177: 157 - 234.

［C2－9］ Couette M. Distinction of two regimes in the movement of fluid（in French）. Annales de chimie et physique. 1890, 21：433－510.

［C2－10］ 史里希廷 H. 边界层理论：上册［M］. 徐燕候，徐立功，徐书轩，译. 北京：科学出版社，1988.

［C2－11］ 朗格. 滑动轴承［M］. 王成涛，译. 北京：机械工业出版社，1986.

［C2－12］ Falz E. The foundation of lubrication technology（in German）［M］. Berlin：Springer Verlag, 1926.

习　题

CP2.3.1　图 CP2.3.1 所示下平板固定，上平板以 $U=3\mathrm{m/s}$ 向右运动。板间距为 $h=2\mathrm{mm}$，板间液体的粘度为 $\mu=1\mathrm{Pa \cdot s}$。设压强沿板不变，求作用在上、下平板上的切应力 $\tau(\mathrm{Pa})$。

CP2.3.2　不可压缩粘性流体在两块倾斜的无限大平行平板间作定常层流流动，如图 CP2.3.2 所示。板间距为 $h=10\mathrm{mm}$，倾角为 $\alpha=45°$。设下板不动，上板以速度 $U=1\mathrm{m/s}$ 沿板面向斜上方运动。在上板上开有两个测压孔 A，B，位置高差为 $H=1\mathrm{m}$。取图示坐标系 Oxy。设流体物性参数为 $\mu=1\mathrm{Pa \cdot s}$，$\rho=10^3\mathrm{kg/m^3}$。若测得 A，B 孔的压强分别为 200kPa，100kPa，试求：（1）平板间的速度分布表达式 $u(y)$；（2）上板板面上的切应力大小 $\tau(\mathrm{Pa})$。

CP2.3.3　如图 CP2.3.3 所示，半无限长平行平板的间距为 $h=0.3\mathrm{m}$。不可压缩粘性流体的入口均流速度为 V，以间距 h 为特征长度的雷诺数为 $Re=Vh/\nu=1500$，入口段长度为 L。取图示坐标系 Oxy，设流体物性参数为 $\nu=1.45\times10^{-5}\mathrm{m^2/s}$，$\rho=10^3\mathrm{kg/m^3}$，试求入口截面与 $x=L$ 截面沿轴线的压强差 $\Delta p(\mathrm{Pa})$。

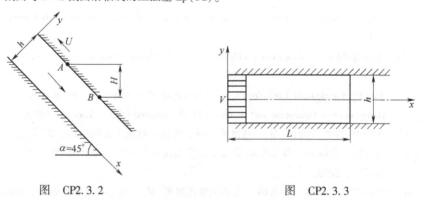

图　CP2.3.2　　　　　　　　　　　图　CP2.3.3

CP2.3.4　密封的滑动轴颈轴承构成同心圆环，内、外径分别为 $r_1=25\mathrm{mm}$，$r_2=26\mathrm{mm}$，轴颈长为 $L=100\mathrm{mm}$。设轴转速为 $n=2800\mathrm{rpm}$，力矩为 $T=0.2\mathrm{N \cdot m}$，间隙内速度为线性分布。按牛顿流体计算，试求：（1）润滑油的粘度 $\mu(\mathrm{Pa \cdot s})$；（2）力矩随时间增大还是减小，为什么？

CP2.3.5　牛顿流体在两间距为 $h=3\mathrm{mm}$ 的固定平行平板间形成充分发展定常流动。设轴向坐标

为 x，沿轴的压强梯度为 $\partial p/\partial x = -1200\text{N/m}^3$，流体粘度为 $\mu = 0.5\text{Pa}\cdot\text{s}$。试求：

(1) 上板的切应力 $\tau_1(\text{Pa})$；

(2) 单位板宽的体积流量 $q(\text{m}^2/\text{s})$。

CP2.3.6　图 CP2.3.6 所示一圆柱形活塞装置。活塞直径为 $d = 6\text{mm}$，长为 $l = 25\text{mm}$，缝隙中润滑油的粘度为 $\mu = 0.42\text{Pa}\cdot\text{s}$。试求：

(1) 在上方需加多大的质量 $M(\text{kg})$（包括活塞在内的所有质量）才能在下端油腔内产生压强 $p = 1.5\text{MPa}$？

(2) 缝隙中油的泄漏量 Q 与缝隙宽度 h 的比例关系；

(3) 当活塞速度为 $U = 1\text{mm/min}$ 时允许的最大缝隙宽度 $h(\text{mm})$。

CP2.3.7　在图 CP2.3.7 所示水平放置的两平行平板间的缝隙中，60℃的水在压强差的作用下作从左到右的层流流动。设上板固定，下板以 $U = 0.3\text{m/s}$ 向左滑动，缝隙间距为 $h = 3\text{mm}$。为了达到缝隙中的平均流量为零，试求需加在水流上的比压降 $G(\text{Pa/m})$ 应为多大？

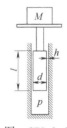

图　CP2.3.6

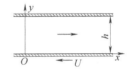

图　CP2.3.7

CP2.4.1　图 CP2.4.1 所示由滑块与导轨构成的倾斜平面缝隙。已知缝隙长 $l = 0.25\text{m}$，宽 $b = 0.5\text{m}$。两端的缝隙高度分别为 $h_1 = 0.075\text{mm}$，$h_2 = 0.025\text{mm}$。设滑块的速度为 $U = 1.2\text{m/s}$，润滑油的粘度为 $\mu = 0.65\text{Pa}\cdot\text{s}$。试求滑块受到的承载力 $F(\text{N})$。

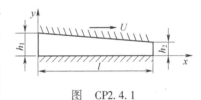

图　CP2.4.1

CP2.4.2　一滑块长为 $l = 0.1\text{m}$，宽为 $b = 0.2\text{m}$。滑块与导轨的倾斜角为 $\alpha = 2°$（参见图 CP2.4.1）。设滑块运动速度为 $U = 4.2\text{m/s}$，润滑油的粘度为 $\mu = 0.65\text{Pa}\cdot\text{s}$。试求（1）设计承受最大承载力的缝隙进、出口高度 h_1，$h_2(\text{mm})$；（2）最大承载力 $F(\text{N})$。

CP2.5.1　粘度为 $\mu = 0.32\text{Pa}\cdot\text{s}$ 的油在圆柱形滑阀与阀套之间的环形缝隙中作轴向流动，如图 CP2.5.1 所示。设滑阀直径为 $d = 7.5\text{cm}$，缝隙为 $h = 0.1\text{mm}$，缝隙长 $l = 5\text{cm}$，两端压强差为 $\Delta p = p_1 - p_2 = 3.6 \times 10^5 \text{Pa}$。试求：

(1) 若滑阀与阀套为同心时油的泄漏量 Q_1 (m^3/s)；（2）若滑阀与阀套的相对偏心矩为 $\varepsilon = e/\delta = 0.65$（$\delta$ 为滑阀与阀套半径之差，参见图 C2.5.2）时油的泄漏量 $Q_2(\text{m}^3/\text{s})$。

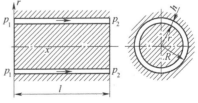

图　CP2.5.1

CP2.5.2　将图 CP2.5.2 所示直径为 $d = 3.5\text{cm}$ 的长圆柱形活塞垂直插入充满油的适配油缸内。油缸下端封闭，上端口部内壁与活塞的间隙保持均匀的 $h = 0.2\text{mm}$，接触面长度为 $l = $

8cm。活塞在自重 $W = 100N$ 作用下在缸体中均匀地下滑，油缸下部的油从缝隙中挤压流出。设油的粘度为 $\mu = 0.05Pa \cdot s$，油缸外部为大气压，忽略壁面切应力作用，试求：（1）活塞下滑距离 $\Delta s = 10cm$ 所需要的时间 $\Delta t(s)$；（2）缝隙内流出的流量 $Q(m^3/s)$。

CP2.6.1 在图 CP2.6.1 所示平面圆盘缝隙中，圆盘的内、外径分别为 $r_1 = 6mm$，$r_2 = 30mm$，缝隙高度为 $h = 2mm$。粘度为 $\mu = 0.08Pa \cdot s$ 的油从中心孔流入，从圆盘外缘流入大气，流量为 $Q = 5L/s$。试求：（1）缝隙中圆盘内径处的压强 $p_1(Pa)$；（2）圆盘受到的承载力 $F(N)$。

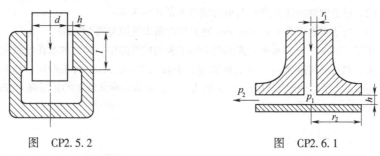

图　CP2.5.2　　　　　　　　　图　CP2.6.1

CP2.6.2 一推力轴承(参见图 CP2.6.1)的缝隙高度为 $h = 0.1mm$，缝隙内半径 $r_1 = 10mm$，外半径 $r_2 = 23mm$。若已知缝隙外部压强 $p_2 = 1.5 \times 10^5 Pa$，缝隙中的流量 $Q = 1.7 \times 10^{-4} m^3/s$；设油腔内的压强为均匀分布，油的粘度为 $\mu = 0.06Pa \cdot s$，试求：（1）油腔内的压强 $p_1(Pa)$；（2）支承圆盘对止推凸缘的总推力 $F(N)$。

C3 气体喷管流动与一维等熵流模型

前两章讨论的流动介质都是不可压缩流体。在不可压缩流动中将密度视为常数，压强变化仅与速度变化有关，动力学分析只需动量方程或动量方程的积分（如伯努利方程），可不涉及能量方程。当气体流动速度较大（$Ma > 0.3$）时不可压缩流体模型不再适用，应考虑密度同时随压强和温度的变化，引入可压缩流体模型。对可压缩流动必须考虑能量方程，且连续性方程、动量方程与能量方程是相互耦合的，因此可压缩流动的一些规律与不可压缩流动明显不同。

在可压缩流动中，气体在变直径管道中的流动在工程上占有重要地位，尤其是超声速喷管流动具有典型的理论意义和应用价值。严格地说，变直径管道内的流动参数也可能沿径向变化，为了便于分析又不失代表性，在每一截面上取平均值后将流动参数简化为仅为轴向坐标的函数，这样可用一维定常可压缩流动理论来描述和分析。本章以喷管流动为研究对象，建立完全气体的一维等熵流动模型，通过分析拉伐尔喷管获得超声速流动和出现激波现象的过程，认识可压缩流动的基本特征。可压缩流体动力学（即空气动力学）是流体力学中的重要分支学科，涉及航空航天、能源动力、机械、气象、环境工程等众多领域，本章介绍的仅是入门基础知识。

C3.1 问题：如何获得超声速气流

今天，即使是非专业人士也知道有超声速飞机，因为在 20 世纪由英法联合研制的协和超声速民航客机曾投入商业运行。该飞机的速度达 1.8 倍声速，从纽约飞到伦敦只要 3 小时 15 分钟，而普通飞机要 7 小时 40 分钟。军用战斗机的飞行速度可达到 2 ~ 3 倍声速，航天飞机和宇宙火箭可达到更高的速度。但一般人并不清楚，这些飞行器能实现超声速飞行主要是因为装备了能产生超声速气流的喷气发动机的缘故。事实上，这种喷气发动机直到第二次世界大战期间（20 世纪 40 年代）才研制出来[C3-1]。在这之前，飞机的速度都低于声速的 1/3。

在自然界并没有超声速气流自然发生。最强的超强台风（17 级）的风速只有 60m/s，即使是台风眼（图 C3.1.1）里的风速也达不到 100m/s，都远远低于声速 340m/s。超声速气流只能在人造的装置中根据流体力学原理获得。最先对超声速气流的需求来自蒸汽涡轮机。

图 C3.1.1

19 世纪后期已经发明了蒸汽涡轮机，它利用喷管将蒸汽气流直接冲击涡轮机叶片使转子旋转。蒸汽涡轮机的效率和功率都大大超过往复式蒸汽机，因此很快就取代了往复式蒸汽机成为轮船和发电厂的主要动力机械。为了提高蒸汽涡轮机的效率和功率必须进一步提高涡轮机的转速，人们希望喷管喷出的气流越高越好。但当时工程师们尚不具备超声速流动的理论知识，仍然套用低速流动的经验，认为只要将收缩喷管的截面尽量缩小，即加长收缩喷管的长度就能得到超声速气流。结果是工程师们的种种努力均告失败。

事实上，当气体以很高的速度在喷管内流动时密度不再保持常数。经典的不可压缩流体的伯努利方程已不再适用，而要用变密度的伯努利方程推广形式即式（B4.2.19）

$$e + \frac{\alpha V^2}{2} + \frac{p}{\rho} = 常数$$

式中，e 为气体内能；ρ 是变量。问题是在式（B4.2.19）中有 4 个变量：e，V，p，ρ，应该如何控制其他三个变量才能使速度不断增大。具体来说，工程师们应如何科学地设计喷管来实现超声速流动，这是一个必须解决的问题。

C3.2 有关超声速气流的概念

C3.2.1 声速

在 B1.4 节中曾引入微弱扰动波的传播速度即声速表示流体的可压缩性，计算公式为式（B1.4.4）

$$c = \sqrt{\frac{\mathrm{d}p}{\mathrm{d}\rho}} = \sqrt{\frac{K}{\rho}}$$

但未加推导。图 C3.2.1 所示为一微弱扰动在连续介质中传播的示意图：刚性小球代表介质微团的质量，弹簧代表介质的弹性。当第 1 个小球受到撞击后发生的扰动通过弹簧传递到第 2 个小球，然后依次传递下去。微弱扰动的传播

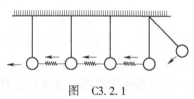

图 C3.2.1

规律是：①传播速度与弹簧的弹性模量成正比，与小球质量成反比，即传播速度取决于弹簧的弹性模量与小球质量之比。气体的弹性用体积模量 K 表示，质量用密度 ρ 表示，微弱扰动在气体中的传播速度取决于两者之比 K/ρ。②传播速度与微弱扰动本身的大小和方式如扰动的频率、振幅与周期等无关。发声部件产生的振动不论频率高低、振幅大小均以同样的速度传播，因此由不同频率和振幅组成的乐曲能按原样传播到听众耳朵里。微弱扰动波还包括低频的次声波和高频的超声波，声速仅为表示微弱扰动传播速度的一种借喻。

为推导式（B1.4.4），以一维微弱扰动波为例。在图 C3.2.2a 中有一竖向的微

弱压强扰动波在静止的流体介质中以声速 c 向右运动。在某瞬时波前的压强和密度分别为 p，ρ。波后的流体速度变成 dV，压强为 $p+dp$，密度为 $\rho+d\rho$。在地面坐标系中是一个不定常流动。现将坐标系固定在扰动波上一起运动，在运动坐标系中流动是定常的。取

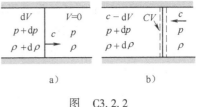

图　C3.2.2

包围扰动波的虚线控制体 CV，如图 C3.2.2b 所示。右边流体的压强为 p，密度为 ρ，以速度 c 向左流入控制体。然后以压强 $p+dp$、密度 $\rho+d\rho$ 及速度 $c-dV$ 流出控制体。设两边的面积为 A，由一维连续性方程有

$$\rho c A = (\rho + d\rho)(c - dV)A$$

展开后为

$$\rho c = \rho c - \rho dV + c d\rho - d\rho dV$$

略去二阶小量项可得

$$\rho dV = c d\rho \qquad (C3.2.1)$$

忽略摩擦力影响，外力仅为两边的压力差，由一维动量方程（B4.3.6）（方向向左为正）

$$(\rho + d\rho)(c - dV)A(c - dV) - \rho c A c = pA - (p + dp)A$$

在上式中略去二阶小量项后可得

$$\rho c dV = dp \qquad (C3.2.2)$$

将式（C3.2.1）代入式（C3.2.2）可得

$$c^2 d\rho = dp$$

由上式可得式（B1.4.4）中第一个表达式

$$c = \sqrt{\dfrac{dp}{d\rho}} \qquad (C3.2.3)$$

必须指出，在上述推导中没有考虑声波传播的热力学条件。因为在不同的热力学条件下（如等温条件或绝热条件）压强与密度的关系不同，因此声速也不同。这个问题将在 C3.4 中讨论。

C3.2.2　超声速流场中扰动波传播规律

以声速为界，可压缩流动可分为亚声速和超声速流动两类。微弱扰动波在这两类流动中的传播规律存在很大差别。

在不可压缩静止流体的固定点 O 上有一点声源，每隔 1s 发一次声音。声波为向外扩张的压强扰动球面波，称为波阵面。每秒发出的波阵面形成一簇同心球面。根据式（B1.4.4）声速将达无穷大（$c \to \infty$），即扰动波在瞬间传遍整个流场。在流场中不同位置上可同时听到声源发出的相同频率的声音。即使流体流动也不影响上述结果。

现在考察可压缩流场。设流场速度为 V，点声源发出声速是有限值 c。按 V 与 c 的相对大小可分为四种情况：

（1）$V = 0$。声波波阵面仍为同心球面，只是传播速度有限。在离声源较远的位置上听到频率相同的声音比较近的位置上要晚。

（2）$0 < V < c$，$Ma < 1$，称为亚声速流动。叠加了流场的速度后声波波阵面不再保持同心球面，而是偏心球面："迎风面"间距小，"背风面"间距大，如图 C3.2.3a 所示。由于声速大于流速，声波仍能传遍整个空间。但由于声波疏密不同，不同位置上听到的声音频率不同，此现象称为多普勒效应。

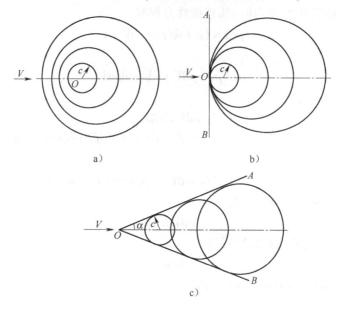

图　C3.2.3

（3）$V = c$，$Ma = 1$，称为跨声速流动。声源发出的声波在"迎风面"与来流抵消，在"背风面"以 2 倍声速传播。波阵面形成一簇相切于 O 点的球面，如图 C3.2.3b 所示。在与球面相切的平面 AOB 左侧称为未扰动区，该区听不到声源发出的声音。平面右侧称为扰动区，在不同位置上可听到不同频率的声音。AOB 平面可看做所有波阵面的包络面，称为马赫波。

（4）$V > c$，$Ma > 1$，称为超声速流动。由于流速大于声速，所有波阵面的包络面，即马赫波形成以 O 为顶点的旋转圆锥面，如图 C3.2.3c 所示。圆锥面内部为扰动区，外部为未扰动区。该现象首先由多普勒（C. Doppler，1847）发现，然后由马赫（E. Mach，1887）用实验证实，因此圆锥面称为马赫锥。在图 C3.2.3c 中 OA 和 OB 称为马赫线，圆锥的半锥角称为马赫角。马赫波和马赫角均由普朗特的学生迈耶（T. Meyer，1908）首先定义[C3-2]。半锥角 α 与马赫数的关系式为

$$\alpha = \arcsin \frac{c}{V} = \arcsin \frac{1}{Ma} \qquad (C3.2.4)$$

从上式可知，马赫角随马赫数增大而减小。当 $Ma = 1$ 时 $\alpha = \alpha_{max} = \pi/2$。由此可见，在超声速流场中微弱扰动波的传播空间是有界的，这是超声速流场的基本特征。

在超声速流场中，微弱的压缩扰动形成的马赫波称为压缩马赫波。流体经过压缩马赫波后流动参数均发生微小变化，如压强、密度和温度均有微小升高，而速度则微小降低。类似地，微弱的膨胀扰动形成的马赫波称为膨胀马赫波。流体经过膨胀马赫波后流动参数均发生微小变化，如压强、密度和温度均有微小降低，而速度则微小增加。

C3.2.3 激波与膨胀波简介

在超声速流场中，一个强烈的压缩扰动传播有时可能形成强压缩波阵面，称为激波。例如当飞机以超声速飞行时，或原子弹爆炸时均会出现激波现象。

1. 激波的形成

为了说明激波的形成过程，以等截面长管中活塞对静止气体作强烈压缩为例。设静止气体的压强为 p_1，活塞 O 从静止起向右作突然加速运动，如图 C3.2.4a 所示。OB 形成高压区，压强为 p_2；BA 为过渡区。图 C3.2.4b 所示为压强分布图。活塞的强压缩可看做由无数微弱压缩波组成，每一个微弱压缩波均把压强提高 Δp 值。其他参数也发生类似变化。

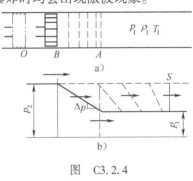

图 C3.2.4

微弱压缩波的声速与当地温度有关（参见 C3.4）。第一个微弱压缩波后的声速为 $c_1 = \sqrt{\gamma R T_1}$。经过第一次压缩后气体温度上升 ΔT，速度增加 ΔV。第二个微弱压缩波后的声速为 $c_2 = \sqrt{\gamma R(T_1 + \Delta T)}$，实际的速度为 $c_2 + \Delta V > c_1$，依次类推。这样后面的微弱扰动波的速度越来越高，迅速赶上前面的波，过渡区 BA 越来越缩短。经过一段时间后所有的微弱扰动波叠加在一起形成一个强的压缩波 S，就是激波，如图 C3.2.4b 所示。

激波是流动参数的强间断面，流体通过激波后流动参数发生突跃性变化。如压强、密度和温度均突跃地升高，而速度则突跃地降低。形成激波的必要条件是气体作超声速流动。

2. 正激波与斜激波

当激波与来流速度垂直时称为正激波，图 C3.2.4 中的管内形成的激波即为正激波。早在 1870 年苏格兰工程师兰金（WJM. Rankine，1820—1872）就推导出正激波的方程[C3-3]。后来法国弹道学家许贡纽（PH. Hugoniot，1889）也独立地推导了正激波前后参数的关系式，称为兰金-许贡纽公式[C3-4]。但是这些理论公式一直到 20 世纪 40 年代（第二次世界大战时期）才得到实际应用。

在没有固体边界限制的超声速气流中如果受到强烈压缩也会形成激波。如当飞机或炮弹以超声速在气体中运动时，在其前方就会形成正激波。图 C3.2.5 所示为在一超声速运动的圆柱体前方形成的激波照片(脱体激波)。圆柱体上、下侧的激波与来流速度不垂直，称为斜激波。斜激波的形成可用沿二维壁面的流动来简要说明。

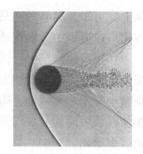

图 C3.2.5

如图 C3.2.6a 所示，设超声速气流沿壁面 AB 流动。当壁面有微小内折角 dδ 时，弯折点 O 对气流产生微弱压缩扰动，形成一道压缩马赫波 OL，与来流方向的夹角即马赫角 α。气流经过压缩马赫波后速度略微降低，方向偏斜后与斜壁 OB 平行。当 OB 的内折角为有限值 δ 时，可将其分解为无数个微小内折角。每个微小内折角都产生一道压缩马赫波，叠加起后形成一个有限强度的压缩扰动间断面 SS′，就是斜激波，如图 C3.2.6b 所示。斜激波与来流方向夹角 β 称为斜激波角。气流经过斜激波后，速度突跃降低为亚声速，压强、密度、温度均突跃增大。

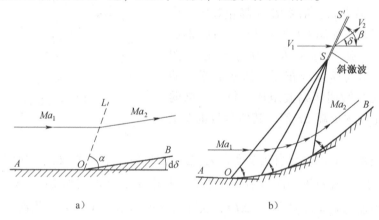

a)　　　　　　　　　　b)

图　C3.2.6

3. 膨胀波

当超声速气流受到膨胀扰动时将产生膨胀扰动波。如图 C3.2.7a 所示，设超声速气流沿有微小外折角 dδ 的壁面 AB 流动，弯折点 O 将对超声速气流产生一微弱膨胀扰动，形成一道斜的膨胀马赫波。气流经过膨胀马赫波后流速略微增大，方向偏斜后与斜壁 OB 平行。当 OB 的外折角为有限值 δ 时，可将其分解为无数个微小外折角。每个微小外折角都产生一道膨胀马赫波，形成一扇形区域，如图 C3.2.7b 所示。气流经过该区域时连续膨胀和加速，方向不断偏斜直至与 OB 平行。普朗特和迈耶(Prandtl-Mayer，1908)首先对这种流动进行了研究[C3-2]，这种扇形膨胀波被称为普朗特-迈耶膨胀波。

当斜激波和斜膨胀波遇到固体壁面或自由边界时将发生反射，形成复杂的波系。如在拉伐尔喷管的出口区可观察到这种波系(见图 C3.3.5)。

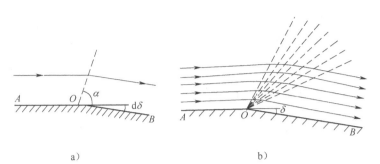

图 C3.2.7

C3.3 实验与观察

C3.3.1 拉伐尔喷管

1893 年在美国芝加哥市为纪念哥伦布发现新大陆 400 周年举办的世界博览会上，展出了一台新型的单级船用冲动式汽轮机。汽轮机总长只有 1.83m，由多个特殊的喷管喷出高速气流冲击叶片而让转子高速运转（图 C3.3.1）。由于喷管喷出的气流速度非常高，这台汽轮机的转速达到了惊人的 30000r/min[C3-5]。该汽轮机的奥秘在于喷管采用了由瑞典工程师拉伐尔（De Laval，1845—1912，图 C3.3.2）发明的新型喷管。

如前所述，其他工程师们采用的都是收缩喷管。这种收缩喷管出口与入口的压强比都不能低于 50%。1882 年拉伐尔创造性地发明了先收缩后扩张的喷管，称为拉伐尔喷管，如图 C3.3.3 所示。这种喷管出口与入口的压强比可达到 10% 以下。

图 C3.3.1

图 C3.3.2

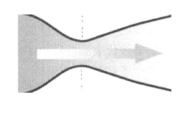

图 C3.3.3

但是当时制造汽轮机的金属材料的性能不能承受高速旋转的转子引起的巨大离心力，配备拉伐尔喷管的汽轮机实际运行的转速只能达到设计指标的三分之二。1884 年另一位英国工程师帕森斯（CA Parsons，1854—1931）作了改进，发明了多级反动式汽轮机，让转子以较低的转速实现较高的效率[C3-6]。

没有文献记载当时拉伐尔为什么会想到在收缩段后面再加一个扩张段，但可以推断的是拉伐尔发明新型喷管时还不能验证在喷管的扩张段内流速已经达到了超声速，更没有意识到他的设计对开启超声速飞行新时代所具有的历史意义。

C3.3.2 斯托多拉实验和普朗特实验

拉伐尔的汽轮机创造的惊人转速引发了学术界对拉伐尔喷管流体力学机理的研究兴趣。一个代表性人物是瑞士苏黎世联邦工业大学（ETH）机械工程系的教授斯托多拉（Aurel Stodola，1859—1942）。据说相对论之父、著名物理学家 A. 爱因斯坦当时就读于苏黎世联邦工业大学时曾是斯托多拉的学生。

运用一维可压缩等熵流动理论对拉伐尔喷管中的流动进行理论分析，可推断在扩张段形成超声速流动并可能出现激波（参见 C3.7.2）。在没有实验验证的情况下当时对此理论推断存在着争议，斯托多拉（1903）决定用实验进行验证[C3-7]。他设计制作的拉伐尔喷管的扩张实验段如图 C3.3.4 上方所示。空气由右向左流动，通过调节喷管出口下游的阀门改变背压的大小。沿喷管轴线设置一条贯穿喷管的中空细管用于测量沿中

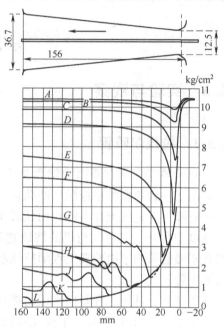

图　C3.3.4

心轴的压强分布。他的测量结果列于图 C3.3.4 的下方。图中 A，B，C 曲线相应于在较高背压下的亚声速流。随着背压的降低在扩张段内出现了激波，D～L 曲线中压强突变的位置即是激波的位置。随着背压的下降激波位置逐渐向出口方向移动，最低的曲线代表激波移出了出口。斯托多拉实验验证了理论结果，证明拉伐尔喷管确实产生了超声速气流。

斯托多拉的工作引起了哥廷根大学普朗特的注意。当时普朗特除了研究边界层理论外还对拉伐尔喷管流动感兴趣。1905 年普朗特在哥廷根建立了一个拉伐尔喷管装置（$Ma=1.5$），指导学生用了三年时间研究喷管超声速流，获得了有关膨胀波和斜激波及相互关系的理论公式，并用纹影法拍摄了许多超声速流在喷管出口处产生斜激波或膨胀波的经典性照片[C3-2]。图 C3.3.5 所示为在 $Ma=1.6$ 的拉伐尔喷管出口的照片，其中暗线为压缩波，亮线为膨胀波。图 C3.3.5a 所示为出口压强为背压的 0.8 倍时从上下缘口发出两道斜激波，然后相交并在自由边界上反射的波系。图 C3.3.5b 所示为在背压非常低的情况下超声波流在上下缘口发出两道膨胀波，然

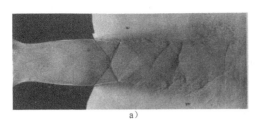
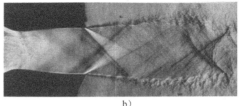

a)   b)

图　C3.3.5

后相交并在自由边界上反射的波系。

对拉伐尔喷管的研究直接促进了对喷气发动机、超声速风洞和火箭的研制和应用。

C3.4　建模与分析：完全气体模型

1. 完全气体模型

通常将压强 p、密度 ρ 和温度 T 三个物理量称为气体的基本状态参数。当将气体中分子的体积和分子间的相互作用均忽略不计时，其基本状态参数之间的关系可用克拉珀龙方程(B1.4.5)描述

$$p = R\rho T$$

式中，R 称为普适气体常数；T 为热力学温度，p 为绝对压强。上述气体模型在热力学中称为理想气体模型，在流体力学中称为完全气体模型。式(B1.4.5)称为完全气体状态方程，简称为状态方程。

所有远离液体状态的常用气体在很大的常用温度和压强范围内，均十分接近完全气体。例如，在常温下压强高达 30atm 或在常压下温度低至 −130℃时的空气与完全气体的误差均在 1% 以下，因此空气可按完全气体模型处理，普适气体常数为 $R = 287 \mathrm{J/kg \cdot K}$。除空气外，燃气、烟气等常用气体在通常的温度和压强范围内也可看做完全气体。因此完全气体模型在实用中具有很大的适用性。

在高温高压或低温高压等极端条件下，气体基本状态参数不满足克拉珀龙方程，称为实际气体，应建立其他形式的状态方程来描述。

2. 完全气体的热力学性质

由基本状态参数唯一确定的其他参数也称为状态参数，如内能、焓、熵、声速等。

(1)比内能

气体的热力学能通常是指分子热运动所具有的动能和由分子内聚力形成的位能之和，又称热力学能。完全气体模型忽略分子内聚力，因此完全气体的内能就是分子热运动的动能。单位质量气体的内能称为比热力学能，记为 $e(\mathrm{J/kg})$。完全气体的比内能仅是温度的函数，即

$$e = e(T) \tag{C3.4.1}$$

其微分式可表为

$$de = c_V dT \tag{C3.4.2}$$

式中，c_V 是单位质量气体的定容热容，称为比定容热容，也仅是温度的函数 $c_V(T)$。

（2）比焓

焓是内能和压能之和，代表流体元除动能外所具有的全部能量。在流体力学中单位质量气体的压能为 p/ρ，在热力学中称为流动功。单位质量气体的焓称为比焓，记为 $h(\text{J/kg})$，定义为

$$h = e + \frac{p}{\rho} \tag{C3.4.3}$$

完全气体的焓也仅是温度的函数，其微分式可表为

$$dh = c_p dT \tag{C3.4.4}$$

式中，c_p 是单位质量气体的定压热容，称为比定压热容，它仅是温度的函数 $c_p(T)$。

将状态方程（B1.4.5）代入式（C3.4.3）可得

$$h = e + RT \tag{C3.4.5}$$

对上式取微分，并利用式（C3.4.2）可得

$$dh = de + RdT = c_V dT + RdT \tag{C3.4.6}$$

将上式与式（C3.4.4）相比较。可得

$$c_p = c_V + R \tag{C3.4.7}$$

引入比热比

$$\gamma = \frac{c_p}{c_V} \tag{C3.4.8}$$

其中，γ 又称为等熵指数，与 c_V，c_p 的关系为

$$c_V = \frac{1}{\gamma - 1}R \tag{C3.4.9a}$$

$$c_p = \frac{\gamma}{\gamma - 1}R \tag{C3.4.9b}$$

在常温常压下，完全气体的 c_V，c_p，γ 值可视为常数，如空气的 $c_V = 717.4\text{J}/(\text{kg} \cdot \text{K})$，$c_p = 1004\text{J}/(\text{kg} \cdot \text{K})$，$\gamma = 1.4$。由各微分式直接积分可得完全气体比热力学能和比焓的表达式为

$$e = c_V T \tag{C3.4.10}$$

$$h = e + \frac{p}{\rho} = c_p T \tag{C3.4.11}$$

热力学第一定律表述为：对单位质量气体所加的热能等于单位质量气体内能的增加和对外做功之和。其表达式为

$$dq = de + pd\left(\frac{1}{\rho}\right) \qquad (C3.4.12)$$

用比焓表示热力学第一定律时，考虑到式（C3.4.3），上式可表为

$$dq = dh - \frac{dp}{\rho} \qquad (C3.4.13)$$

（3）比熵

单位质量气体的熵称为比熵，记为 $s(J/kg \cdot K)$，定义为

$$s = \int \frac{dq}{T} \qquad (C3.4.14)$$

微分式为

$$ds = \frac{dq}{T} \qquad (C3.4.15)$$

热力学第二定律表述为：气体在绝热的可逆过程中熵值保持不变；在不可逆过程中熵值必定增加。由式（C3.4.15）、式（C3.4.12）和式（C3.4.13），得

$$Tds = dq = de + pd\left(\frac{1}{\rho}\right) = dh - \frac{1}{\rho}dp \qquad (C3.4.16)$$

对完全气体，由式（C3.4.16）及式（C3.4.10）和式（C3.4.11）及状态方程可分别得

$$ds = \frac{de}{T} + \frac{p}{T}d\left(\frac{1}{\rho}\right) = c_V \frac{dT}{T} + R\frac{d(1/\rho)}{1/\rho} \qquad (C3.4.17a)$$

$$ds = \frac{dh}{T} - \frac{(1/\rho)}{T}dp = c_p \frac{dT}{T} - R\frac{dp}{p} \qquad (C3.4.17b)$$

从状态 1 到状态 2 的比熵增可分别表示为

$$s_2 - s_1 = c_V \ln \frac{T_2}{T_1} + R\ln \frac{\rho_1}{\rho_2} \qquad (C3.4.18a)$$

$$s_2 - s_1 = c_p \ln \frac{T_2}{T_1} - R\ln \frac{p_2}{p_1} \qquad (C3.4.18b)$$

在热力学中，绝热而又可逆的过程称为等熵过程，表达式为 $ds = 0$。气体作无摩擦绝热流动时为等熵流动。对完全气体等熵流动，由式（C3.4.18a）和式（C3.4.18b）两式分别等于零可得

$$\ln \frac{T_2}{T_1} = \frac{R}{c_p}\ln \frac{p_2}{p_1} = -\frac{R}{c_V}\ln \frac{\rho_1}{\rho_2}$$

利用式（C3.4.9a）和式（C3.4.9b），从上式可得完全气体作等熵流动时的状态参数关系式为

$$\left(\frac{T_2}{T_1}\right)^{\frac{\gamma}{\gamma-1}} = \frac{p_2}{p_1} = \left(\frac{\rho_2}{\rho_1}\right)^{\gamma} \qquad (C3.4.19)$$

由上式中的第二等式可得完全气体等熵流动的常用关系式为

$$\frac{p}{\rho^{\gamma}} = 常数 \qquad (C3.4.20)$$

（4）声速

早在 17 世纪，人们通过测量加农炮炮声的传播时间（气温约 25℃）测得声速约为 347m/s（1140ft/s）。牛顿在《自然哲学的数学原理》中推导了式（C3.2.3），但当时他认为声波传递过程是等温过程，因此计算的结果是 $c = 298$m/s（979ft/s），与实测值差了 14%。1816 年，法国数学家拉普拉斯（PS Laplace，1749—1827）指出声波传递过程应是绝热过程，又视为可逆过程，因此声波传递符合等熵关系[C3-8]。声速式（B1.4.4）准确的表达式应为

$$c = \sqrt{\left(\frac{\mathrm{d}p}{\mathrm{d}\rho}\right)_s} \qquad (C3.4.21)$$

式中，脚标 s 表示等熵过程。对空气（$\gamma = $ 常数）的等熵流动，由式（C3.4.20），得

$$\left(\frac{\partial p}{\partial \rho}\right)_s = \frac{\partial}{\partial \rho}(常数\ \rho^\gamma) = 常数\ \gamma\rho^{\gamma-1} = \frac{p}{\rho^\gamma} \cdot \gamma\rho^{\gamma-1} = \gamma \cdot \frac{p}{\rho} = \gamma RT \quad (C3.4.22)$$

代入式（C3.4.21）可得

$$c = \sqrt{\gamma RT} \qquad (C3.4.23)$$

上式是完全气体的理论声速公式。设温度为 15℃ 时，计算得声速为 340m/s，与在空气中实测结果一致。式（C3.4.23）表明完全气体中的声速仅是温度的函数，也是一个状态参数。

【例 C3.4.1】 空气中的声速

已知：设海平面（$z = 0$）的大气温度 $T_0 = 288$K，在对流层顶部（$z = 11$km）的高空大气温度 $T_1 = 216.5$K。

求：试比较两处的声速。

解：设空气气体常数和比热比分别为 $R = 287$J/（kg · K），$\gamma = 1.4$。由式（C3.4.23），得

$$c_0 = \sqrt{\gamma RT_0} = \sqrt{1.4 \times (287\text{J/kg} \cdot \text{K}) \times 288\text{K}} = 340\text{m/s}$$

$$c_1 = \sqrt{\gamma RT_1} = \sqrt{1.4 \times (287\text{J/kg} \cdot \text{K}) \times 216.5\text{K}} = 295\text{m/s}$$

$$\frac{c_0 - c_1}{c_0} = 0.13 = 13\%$$

讨论：本例说明海平面与 11 km 高空的声速相差 13% 之多。

C3.5 建模与分析：一维等熵流动模型

C3.5.1 绝能流能量方程

与外界无能量交换的流动称为绝能流。采取绝热措施的管道内的流动即属于绝能流。由一维可压缩流体定常绝能流动能量方程（B4.2.20）（忽略重力）可得

$$e + \frac{V^2}{2} + \frac{p}{\rho} = h + \frac{V^2}{2} = h_0 = 常数（绝能流） \tag{C3.5.1}$$

式中，h_0 为滞止状态的焓，称为总焓。对完全气体而言，

$$h = c_p T = \frac{\gamma}{\gamma - 1} RT = \frac{\gamma}{\gamma - 1} \frac{p}{\rho} = \frac{c^2}{\gamma - 1} \tag{C3.5.2}$$

将上式代入式（C3.5.1）可分别得

$$c_p T + \frac{V^2}{2} = c_p T_0 = \frac{c^2}{\gamma - 1} + \frac{V^2}{2} = \frac{c_0^2}{\gamma - 1} = 常数（绝能流） \tag{C3.5.3}$$

式（C3.5.3）称为完全气体一维定常绝能流方程，T_0 称为总温，c_0 称为总声速。式（C3.5.3）左边和右边等式可分别改写为马赫数形式

$$\frac{T}{T_0} = \left(1 + \frac{\gamma - 1}{2} Ma^2 \right)^{-1} （绝能流） \tag{C3.5.4a}$$

$$\frac{c}{c_0} = \left(1 + \frac{\gamma - 1}{2} Ma^2 \right)^{-1/2} （绝能流） \tag{C3.5.4b}$$

式（C3.5.4）称为绝能流气动函数，是工程上常用的形式。

应注意，无论是可逆或不可逆过程，绝能流中的总温 T_0 和总声速 c_0 保持不变。但如果存在不可逆过程（如发生激波、有摩擦损失等），总压 p_0 和总密度 ρ_0 不一定保持相等。

C3.5.2　等熵流伯努利方程

在绝能条件下符合可逆过程的流动称为等熵流动。等熵流伯努利方程可从一维无粘性可压缩流体定常流欧拉运动方程（B4.2.4）再加等熵条件导出。由式（B4.2.4）忽略重力和不定常项可得

$$\frac{v^2}{2} + \int \frac{\mathrm{d}p}{\rho} = 常数（沿流线） \tag{C3.5.5}$$

设流动是等熵的，由式（C3.4.16）

$$T\mathrm{d}s = \mathrm{d}h - \frac{1}{\rho}\mathrm{d}p = 0$$

可得

$$\frac{\mathrm{d}p}{\rho} = \mathrm{d}h = \mathrm{d}\left(e + \frac{p}{\rho} \right) \tag{C3.5.6}$$

将上式代入式（C3.5.5）再按总流积分（取 $\alpha = 1$），可得

$$e + \frac{V^2}{2} + \frac{p}{\rho} = h + \frac{V^2}{2} = h_0 = 常数（等熵沿总流） \tag{C3.5.7}$$

上式称为无粘性可压缩流体定常等熵流动伯努利方程。上式与式（C3.5.1）形式相同，但适用于等熵流。限制条件除伯努利方程的四个条件外，还要加等熵条件。

对完全气体，根据式（C3.4.11）、式（C3.4.9）和式（C3.4.23）可将式（C3.5.7）

改写为如下形式

$$c_p T + \frac{V^2}{2} = 常数 \qquad (C3.5.8a)$$

$$\frac{\gamma}{\gamma - 1} RT + \frac{V^2}{2} = 常数 \qquad (C3.5.8b)$$

$$\frac{\gamma}{\gamma - 1} \frac{p}{\rho} + \frac{V^2}{2} = 常数 \qquad (C3.5.8c)$$

$$\frac{c^2}{\gamma - 1} + \frac{V^2}{2} = 常数 \qquad (C3.5.8d)$$

上式称为完全气体等熵流动伯努利方程组。方程右边的常数一般用总流中特定的参考状态值表示，如滞止状态参数、临界状态参数等。

等熵流模型可用于描述工程上许多实际装置内的流动，如各类未发生激波的喷管、扩压管、风洞内的高速绝能流动。因为当边界层很薄时，边界层对外部流场无实质性影响，可将流动简化为等熵流动。

C3.5.3　等熵流气动函数

1. 用滞止状态参数表示的气动函数

气体从当地状态等熵地降低到速度为零时所具有的状态称为滞止状态。滞止状态可能在实际流场中并不存在，只是假想的状态。滞止状态参数又称为总参数，以下标"0"表示，如 h_0，T_0 称为总焓、总温等。在等熵流中总焓、总温、总压、总密度和总声速均保持常数，因此可作为参考状态参数。

利用等熵流动关系式(C3.4.19)

$$\left(\frac{T}{T_0}\right)^{\frac{\gamma}{\gamma-1}} = \frac{p}{p_0} = \left(\frac{\rho}{\rho_0}\right)^{\gamma}$$

可将式(C3.5.8)改写为当地参数与滞止参数之比的表达式

$$\frac{T}{T_0} = \left(1 + \frac{\gamma - 1}{2} Ma^2\right)^{-1} \qquad (C3.5.9a)$$

$$\frac{p}{p_0} = \left(1 + \frac{\gamma - 1}{2} Ma^2\right)^{-\frac{\gamma}{\gamma-1}} \qquad (C3.5.9b)$$

$$\frac{\rho}{\rho_0} = \left(1 + \frac{\gamma - 1}{2} Ma^2\right)^{-\frac{1}{\gamma-1}} \qquad (C3.5.9c)$$

$$\frac{c}{c_0} = \left(1 + \frac{\gamma - 1}{2} Ma^2\right)^{-\frac{1}{2}} \qquad (C3.5.9d)$$

上式称为用滞止状态参数表示的等熵流气动函数组。从式中可看到 T，p，ρ，c 随 Ma 数变化的趋势是一致的。完全气体($\gamma = 1.4$)等熵流气动函数值列于附录 E1.5 中。

2. 用临界状态参数表示的气动函数

气体从当地状态等熵地加速($Ma < 1$)或减速($Ma > 1$)到 $Ma = 1$ 时所具有的状态称为临界状态。临界状态也可以是假想的状态。临界状态参数简称为临界参数，以上标" $*$ "表示，如 T^* ， p^* 分别称为临界温度、临界压强等。在等熵流中所有的临界参数均保持常数，因此可作为参考状态参数。

在式(C3.5.9)中设 $Ma = 1$ ，可得等熵流中临界参数与滞止参数之比的表达式

$$\frac{T^*}{T_0} = \frac{2}{\gamma + 1} \qquad (C3.5.10a)$$

$$\frac{p^*}{p_0} = \left(\frac{2}{\gamma + 1}\right)^{\frac{\gamma}{\gamma - 1}} \qquad (C3.5.10b)$$

$$\frac{\rho^*}{\rho_0} = \left(\frac{2}{\gamma + 1}\right)^{\frac{1}{\gamma - 1}} \qquad (C3.5.10c)$$

$$\frac{c^*}{c_0} = \left(\frac{2}{\gamma + 1}\right)^{\frac{1}{2}} \qquad (C3.5.10d)$$

对空气($\gamma = 1.4$)，可计算式(C3.5.10)右边的数值为

$$\left(\frac{T^*}{T_0}\right)_{\gamma = 1.4} = 0.833 \qquad (C3.5.11a)$$

$$\left(\frac{p^*}{p_0}\right)_{\gamma = 1.4} = 0.528 \qquad (C3.5.11b)$$

$$\left(\frac{\rho^*}{\rho_0}\right)_{\gamma = 1.4} = 0.634 \qquad (C3.5.11c)$$

$$\left(\frac{c^*}{c_0}\right)_{\gamma = 1.4} = 0.913 \qquad (C3.5.11d)$$

【例 C3.5.3】 一维定常等熵流状态参数

已知：空气在一喷管内作定常等熵流动。两截面的面积分别为 $A_1 = 0.001\text{m}^2$ 和 $A_2 = 0.00051\text{m}^2$ ；状态参数分别为 $Ma_1 = 0.3$ ， $T_1 = 350\text{K}$ ， $p_1 = 650\text{kPa}$ (绝)， $Ma_2 = 0.8$ 。

求：截面 1 和 2 的流速和其他状态参数。

解：截面 1 计算

$$\rho_1 = \frac{p_1}{RT_1} = \frac{650 \times 10^3 \text{Pa}}{(287\text{J/kg} \cdot \text{K}) \times 350\text{K}} = 6.47\text{kg/m}^3$$

$$c_1 = \sqrt{\gamma RT_1} = \sqrt{1.4 \times (287\text{J/kg} \cdot \text{K}) \times 350\text{K}} = 375.01\text{m/s}$$

$$V_1 = c_1 Ma_1 = (375.01\text{m/s}) \times 0.3 = 112.5\text{m/s}$$

由 $Ma_1 = 0.3$ 及 $Ma_2 = 0.8$ 查等熵流气动函数表可得

$$T_1/T_{01} = 0.98232 , \quad p_1/p_{01} = 0.93947 , \quad A_1/A^* = 2.0351$$

$$T_2/T_{02} = 0.88652 , \quad p_2/p_{02} = 0.65602 , \quad A_2/A^* = 1.03823$$

利用等熵流 $T_{01} = T_{02}$，$p_{01} = p_{02}$，可得

$$\frac{T_2}{T_1} = \frac{T_2}{T_{02}} \cdot \frac{T_{02}}{T_1} = \frac{0.88652}{0.98232} = 0.90248 \quad T_2 = 0.90248 \times 350\text{K} = 315.87\text{K}$$

$$\frac{p_2}{p_1} = \frac{p_2}{p_{02}} \cdot \frac{p_{02}}{p_1} = \frac{0.65602}{0.93947} = 0.6983 \quad p_2 = 0.6983 \times 650\text{kPa} = 453.9\text{kPa}$$

由状态方程

$$\rho_2 = \frac{p_2}{RT_2} = \frac{453.9 \times 10^3\text{Pa}}{(287\text{J/kg} \cdot \text{K})(315.87\text{K})} = 5.01\text{kg/m}^3$$

$$c_2 = \sqrt{\gamma R T_2} = \sqrt{1.4 \times (287\text{J/kg} \cdot \text{K}) \times 315.87\text{K}} = 356.25\text{m/s}$$

$$V_2 = c_2 Ma_2 = (356.25\text{m/s}) \times 0.8 = 285\text{m/s}$$

验算流量

$$\dot{m}_1 = \rho_1 V_1 A_1 = (6.47\text{kg/m}^3) \times (112.5\text{m/s}) \times 0.001\text{m}^2 = 0.728\text{kg/s}$$

$$\dot{m}_2 = \rho_2 V_2 A_2 = (5.01\text{kg/m}^3) \times (285\text{m/s}) \times 0.00051\text{m}^2 = 0.728\text{kg/s} = \dot{m}_1$$

讨论：本例结果表明在收缩喷管中随着速度增大，压强、密度和温度均下降。

C3.6 应用：拉伐尔喷管流动原理

1. 截面变化对速度的影响

在一维变截面喷管内气体流动的连续性方程为

$$\rho V A = 常数$$

两边取微分，并用 $\rho V A$ 除，可得

$$\frac{\mathrm{d}\rho}{\rho} + \frac{\mathrm{d}V}{V} + \frac{\mathrm{d}A}{A} = 0 \tag{C3.6.1}$$

为了获得截面变化对速度影响的关系式，需要将 $\mathrm{d}\rho/\rho$ 化为速度关系式。设管轴方向的坐标为 x，由欧拉运动方程（B4.6.1）的一维定常总流表达式（忽略体积力）

$$\rho V \frac{\mathrm{d}V}{\mathrm{d}x} = -\frac{\mathrm{d}p}{\mathrm{d}x}$$

可化为

$$\frac{\mathrm{d}p}{\rho} = -V\mathrm{d}V \tag{C3.6.2}$$

再利用声速公式 $c^2 = \mathrm{d}p/\mathrm{d}\rho$ 可得

$$\frac{\mathrm{d}\rho}{\rho} = \frac{\mathrm{d}\rho}{\mathrm{d}p} \frac{\mathrm{d}p}{\rho} = -\frac{\mathrm{d}\rho}{\mathrm{d}p} V\mathrm{d}V = -\frac{1}{c^2} V\mathrm{d}V$$

将上式代入式（C3.6.1）整理后可得

$$\frac{dA}{A} = -\frac{d\rho}{\rho} - \frac{dV}{V} = \frac{1}{c^2}VdV - \frac{dV}{V} = \left(\frac{V^2}{c^2} - 1\right)\frac{dV}{V}$$

引入 $Ma = V/c$，上式可化为

$$\frac{dA}{A} = (Ma^2 - 1)\frac{dV}{V} \qquad (C3.6.3)$$

或由式（C3.6.2）

$$\frac{dA}{A} = (Ma^2 - 1)\left(-\frac{dp}{\rho}\right)\frac{1}{V^2} \qquad (C3.6.4)$$

从式（C3.6.3）和式（C3.6.4）可得出推论：

（1）对亚声速流 $Ma < 1$，$Ma^2 - 1 < 0$，dA 与 dV 异号，与 dp 同号。在收缩管中将加速和减压，在扩张管中将减速和增压，与不可压缩流动相似。

（2）对超声速流 $Ma > 1$，$Ma^2 - 1 > 0$，dA 与 dV 同号，与 dp 异号。在收缩管中将减速和增压，在扩张管中将加速和减压，与亚声速流相反。

将式（C3.6.3）化为

$$\frac{dA}{dx} = \frac{A}{V}(Ma^2 - 1)\frac{dV}{dx} \qquad (C3.6.5)$$

由上式可知当 $Ma = 1$ 时有 $dA/dx = 0$，说明流速达声速之处应是面积达极值之截面。如在图 C3.6.1 所示的先收缩后扩张管道中，亚声速气流在收缩段加速至喉部截面 A_t 处可达到声速，然后在扩张段内继续加速成超声速流。这种管道称为拉伐尔喷管，A_t 称为临界截面。

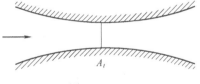

图 C3.6.1

【例 C3.6.1A】 超声速流在变截面管中的密度变化

已知：由式（C3.6.3）可知超声速流在收缩管中减速，在扩张管中加速。

求：试分析超声速流在收缩管和扩张管中的密度变化。

解：由连续性方程微分式（C3.6.1）可得

$$\frac{dV}{V} = -\left(\frac{d\rho}{\rho} + \frac{dA}{A}\right)$$

将上式代入式（C3.6.3）可得

$$\frac{dA}{A} = -(Ma^2 - 1)\left(\frac{d\rho}{\rho} + \frac{dA}{A}\right)$$

整理后得

$$\frac{d\rho}{\rho} = \frac{Ma^2}{1 - Ma^2}\frac{dA}{A} \qquad (C3.6.6)$$

由式（C3.6.6）可判断：当 $Ma > 1$ 时 $\frac{Ma^2}{1 - Ma^2} < 0$，$d\rho$ 与 dA 异号，且 $\left|\frac{Ma^2}{1 - Ma^2}\right| > 1$，

因此 $\left|\dfrac{\mathrm{d}\rho}{\rho}\right| > \left|\dfrac{\mathrm{d}A}{A}\right|$。这说明当超声速流流过收缩管时，随着截面积的减小，流体密度将增大。而且密度的增长率超过面积的减小率，为了保证质量守恒必然降低速度。当超声速流流过扩张管时，随着截面积的增大，流体密度将减小。而且密度的减小率超过面积的增长率，为了保证质量守恒必然增大流速。

2. 截面积与 _Ma_ 数的关系

设喷管内存在临界截面 A^*，连续性方程式为

$$\rho V A = \rho^* V^* A^* = 常数 \qquad (C3.6.7)$$

用声速公式（C3.4.23）可得

$$\frac{A}{A^*} = \frac{\rho^*}{\rho}\frac{V^*}{V} = \frac{\rho^*}{\rho_0}\frac{\rho_0}{\rho}\frac{V^*}{c_0}\frac{c_0}{c}\frac{c}{V} = \frac{\rho^*}{\rho_0}\frac{\rho_0}{\rho}\sqrt{\frac{T^*}{T_0}}\sqrt{\frac{T_0}{T}}\frac{c}{V}$$

利用式（C3.5.9）和式（C3.5.10）并引入 $Ma = V/c$，上式可化为

$$\frac{A}{A^*} = \left(\frac{2}{\gamma+1}\right)^{\frac{1}{\gamma-1}}\left(1+\frac{\gamma-1}{2}Ma^2\right)^{\frac{1}{\gamma-1}}\left(\frac{2}{\gamma+1}\right)^{\frac{1}{2}}\left(1+\frac{\gamma-1}{2}Ma^2\right)^{\frac{1}{2}}\frac{1}{Ma}$$

$$= \frac{1}{Ma}\left[\frac{2+(\gamma-1)Ma^2}{\gamma+1}\right]^{\frac{\gamma+1}{2(\gamma-1)}} \qquad (C3.6.8)$$

对空气（$\gamma = 1.4$）由上式可得

$$\frac{A}{A^*} = \frac{1}{1.728Ma}(1+0.2Ma^2)^3 \qquad (C3.6.9)$$

A/A^*-Ma 关系曲线如图 C3.6.2 所示。从图中可看到每个 A/A^* 有两个可能的 Ma 值与之对应，一个代表亚声速，一个代表超声速。

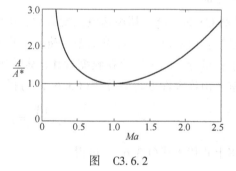

式（C3.6.8）和式（C3.6.9）也属于等熵流气动函数。与空气 A/A^* 有关的数据列于附录表 E1.5.1 中。如果在喷管内没有出现临界截面，仍可利用表 E1.5.1 进行计算：按截面上的 Ma 数查相应的 A/A^* 值，确定 A^* 作为假想的临界截面，然后再计算其他截面上的参数。

图　C3.6.2

【例 C3.6.1B】　临界截面的应用

已知：设收缩喷管的出口截面积为 $A_e = 0.002\,\mathrm{m}^2$，马赫数为 $Ma_e = 0.7$。

求：管内 $A = 0.003\,\mathrm{m}^2$ 截面上的马赫数 Ma。

解：查附录表 E1.5.1，按 $Ma_e = 0.7$ 查得出口面积比和临界截面积分别为

$$\frac{A_e}{A^*} = 1.09437$$

$$A^* = \frac{A_e}{1.09437} = \frac{0.002\,\mathrm{m^2}}{1.09437} = 0.00183\,\mathrm{m^2}$$

上式表明让收缩喷管继续延长才能达到声速，因此 A^* 为假想的临界截面。这不影响利用 A/A^* 值计算各截面上的参数。现

$$\frac{A}{A^*} = \frac{0.003\,\mathrm{m^2}}{0.00183\,\mathrm{m^2}} = 1.64$$

按式(C3.6.9)对应一个 A/A^* 有两个 Ma 数。本例是收缩喷管，在附录表 E1.5.1 中按 $A/A^* = 1.64$ 选 $Ma = 0.38$。

3. 质量流量与 Ma 数的关系

气体在拉伐尔喷管内的质量流量可表为

$$\dot{m} = \rho V A = \frac{\rho}{\rho_0} \rho_0 \frac{V}{c} \frac{c}{c_0} c_0 A$$

利用式(C3.5.9)、声速公式(C3.4.23)及 $Ma = V/c$，可得

$$\dot{m} = \left(1 + \frac{\gamma-1}{2} Ma^2\right)^{-\frac{1}{\gamma-1}} \rho_0 Ma \left(1 + \frac{\gamma-1}{2} Ma^2\right)^{-\frac{1}{2}} \sqrt{\gamma R T_0} A \quad (C3.6.10)$$

利用状态方程 $\rho_0 = p_0/RT_0$，从上式可得质量流量与 Ma 数的关系式为

$$\dot{m} = \sqrt{\frac{\gamma}{R}} \frac{p_0}{\sqrt{T_0}} Ma \left(1 + \frac{\gamma-1}{2} Ma^2\right)^{-\frac{\gamma+1}{2(\gamma-1)}} A \quad (C3.6.11)$$

若拉伐尔喷管内出现临界截面($Ma = 1$)质流量达最大值

$$\dot{m}_{\mathrm{max}} = \sqrt{\frac{\gamma}{R}} \frac{p_0}{\sqrt{T_0}} \left(\frac{\gamma+1}{2}\right)^{-\frac{\gamma+1}{2(\gamma-1)}} A^* \quad (C3.6.12)$$

C3.7 应用：喷管流动计算

喷管是利用特定的管道形状使气流加速的管道装置。由于喷管较短，气流速度大，喷管内的流动可以按等熵流处理。常用的喷管有收缩喷管和拉伐尔喷管，前者的气流可加速至声速，后者可加速至超声速。喷管在汽轮机、压气机、蒸汽或燃气涡轮机、喷气发动机、火箭喷管、超声速风洞等设备中有广泛应用。

C3.7.1 收缩喷管流动计算

考察收缩喷管内的流动有助于理解拉伐尔喷管的流动规律。设收缩喷管的入口为大储气罐，滞止参数为 T_0, p_0, ρ_0。收缩喷管的出口外环境压强 p_b ($< p_0$) 称为背景压强，简称背压。如图 C3.7.1a 所示。出口处压强、速度和截面分别为 p_e, V_e, A_e。由 C3.6 可知收缩喷管内为亚声速流，流速随背压下降而加速。

设出口处 Ma 数为 Ma_e，由式(C3.6.10)得喷管的质量流量为

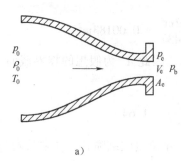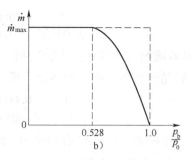

a)　　　　　　　　b)

图　C3.7.1

$$\dot{m} = \rho_0 \sqrt{\gamma R T_0} Ma_e \left(1 + \frac{\gamma - 1}{2} Ma_e^2\right)^{-\frac{\gamma+1}{2(\gamma-1)}} A_e \qquad (C3.7.1)$$

设 $p_e = p_b$，由式（C3.5.9b）得出口处 Ma 数为

$$Ma_e = \left\{\frac{2}{\gamma - 1}\left[\left(\frac{p_b}{p_0}\right)^{-\frac{\gamma-1}{\gamma}} - 1\right]\right\}^{\frac{1}{2}}$$

由状态方程

$$RT_0 = p_0/\rho_0$$

将上两式代入式（C3.7.1）可得

$$\dot{m} = \rho_0 \sqrt{\frac{\gamma p_0}{\rho_0}} \left\{\frac{2}{\gamma - 1}\left[\left(\frac{p_b}{p_0}\right)^{-\frac{\gamma-1}{\gamma}} - 1\right]\right\}^{\frac{1}{2}} \left\{1 + \frac{\gamma - 1}{2} \frac{2}{\gamma - 1}\left[\left(\frac{p_b}{p_0}\right)^{-\frac{\gamma-1}{\gamma}} - 1\right]\right\}^{-\frac{\gamma+1}{2(\gamma-1)}} A_e$$

$$= \rho_0 \left\{\frac{2\gamma}{\gamma - 1} \frac{p_0}{\rho_0}\left[\left(\frac{p_b}{p_0}\right)^{-\frac{\gamma-1}{\gamma}} - 1\right]\left(\frac{p_b}{p_0}\right)^{\frac{\gamma+1}{\gamma}}\right\}^{1/2} A_e$$

$$= \rho_0 \left\{\frac{2\gamma}{\gamma - 1} \frac{p_0}{\rho_0}\left[\left(\frac{p_b}{p_0}\right)^{\frac{2}{\gamma}} - \left(\frac{p_b}{p_0}\right)^{\frac{\gamma+1}{\gamma}}\right]\right\}^{1/2} A_e \qquad (C3.7.2)$$

根据上式绘制的 $\dot{m}\text{-}p_b/p_0$ 曲线如图 C3.7.1b 所示。当 $p_b/p_0 = 1$ 时，$\dot{m} = 0$；在 $0.528 < p_b/p_0 < 1$ 段，当背压降低时，$\dot{m}$ 沿曲线段增大，直至 $\dot{m} = \dot{m}_{max}$。此时出口达声速，$Ma_e = 1$，流量达最大值 $\dot{m}_{max}$，称为临界流量。由式（C3.7.1）可得

$$\dot{m}_{max} = \sqrt{\gamma p_0 \rho_0}\left(\frac{\gamma + 1}{2}\right)^{-\frac{\gamma+1}{2(\gamma-1)}} A_e \qquad (C3.7.3)$$

由式（C3.5.10a）得出口声速为

$$V_e^* = \sqrt{\gamma R T^*} = \sqrt{\frac{2\gamma}{\gamma + 1} R T_0} \qquad (C3.7.4)$$

对空气 $\gamma = 1.4$，分别为

$$\dot{m}_{max} = 0.6847 \sqrt{p_0 \rho_0} A_e \qquad (C3.7.5)$$

$$V_e^* = 18.3 \sqrt{T_0} \qquad (C3.7.6)$$

由上可见，上游滞止参数和喷管出口面积决定了最大流量和最大出口速度。当达到最大流量后若背压继续下降不能增加流量。该现象称为壅塞现象。

C3.7.2　拉伐尔喷管流动计算

本节不涉及拉伐尔喷管的具体结构，只讨论喷管内的流动规律。计算的流动参数主要是压强分布 $p(x)$ 和马赫数分布 $Ma(x)$，x 是沿喷管轴线的位置坐标。

拉伐尔喷管形线如图 C3.7.2a 所示。入口为大储气罐，罐内的滞止参数为 T_0，p_0，ρ_0。出口背压 p_b 可以调节。喷管出口截面的参数用下标"e"表示，喉部截面的参数用下标"t"表示，其他截面的面积为 A。设背压从 p_0 开始下降，分四种工况分别讨论。p/p_0 和 Ma 沿管轴的变化曲线称为流动曲线，分别如图 C3.7.2b、c 表示。

（1）$p_c \leqslant p_b < p_0$

p_b 下降后气体开始流动。当流速较低（$Ma < 0.3$）时可按不可压缩流动处理。流动曲线在图 C3.7.2b 中为 i-n 线。当 p_b 再下降后气体作亚声速等熵流动，Ma-A 的关系满足等熵流式（C3.6.8），流动曲线为 i-a 线。当 p_b 继续下降时气体在收缩段中加速，直至在喉部达到声速。此时 $Ma_t = 1$，$p_t/p_0 = 0.528$，流量达到最大值 $\dot{m}_{\max}$。流动曲线在收缩段和扩张段中要分别讨论。在收缩段中的流动曲线为 i-t 线。

在扩张段中，按图 C3.6.2 任意截面的 A/A^* 值对应两个 Ma 数：一个是亚声速，一个是超声速。两种工况的流动曲线在图 C3.7.1b、c 中分别为 t-c 线和 t-j 线，本工况属于前者。这两组 t-c 和 t-j 曲线分别是扩张段内连续等熵流的极限曲线，位于这两组曲线所夹的区域内将出现非等熵流（或称等熵流间断面）。

（2）$p_f \leqslant p_b < p_c$

当 p_b 从 p_c 值下降时，收缩段内的流动仍将维持 $p_b = p_c$ 时的情况，这就是前面提到的壅塞现象。扩张段内的气体从喉部起开始加速为超声速流，压强沿图 C3.7.2b 中 i-j 线下降。当背压 p_b 不够低时，流动不能沿 i-j 线进行到底，在中途（如图中 s 点）形成压强间断面 sd'，即所谓正激波，如图 C3.7.2d 所示。跨激波的流动为非等熵流。通过激波后 Ma 数突跃下跌，气流转变为亚声速流，并等熵地沿虚线 $d'd$ 作减速流动。压强则突跃上升至 d' 点，再沿 $d'd$ 线逐渐上升，在出口处与背压衔接。随着背压进一步下降，激波向下游移动。当 $p_b = p_f$ 时激波正好位于出口截面上，如图 C3.7.2f 所示。出口处激波前的压强为 p_j。

（3）$p_j \leqslant p_b < p_f$

当 p_b 从 p_f 值下降时，整个喷管内的流动维持不变，出口处压强保持 p_j，但激波将移出口外。当背压下降至 $p_b = p_g$ 时，出口的激波变成拱桥形，如图 C3.7.2g 所示。当背压进一步下降至 $p_b = p_h$ 时，拱桥形激波变成两条斜激波，如图 C3.7.2h 所示。随着背压的不断下降（但高于 p_j），斜激波越来越斜。气流跨过斜激波后速度突跃下降，压强突跃上升，与背压衔接。当背压 $p_b = p_j$ 时，出口处的斜激波消

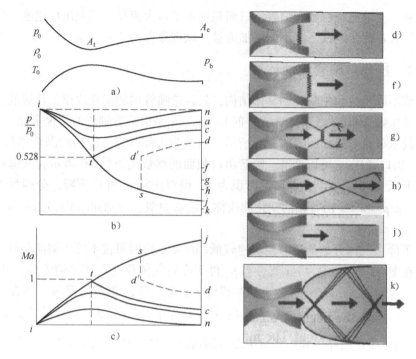

图　C3.7.2

失，出口压强直接与背压衔接，如图 C3.7.2j 所示。

（4）$0 \leqslant p_b < p_j$

当 p_b 从 p_j 值继续下降时，背压低于出口压强，气体将作膨胀降压流动。背压降得越低，膨胀越厉害。膨胀波在自由边界上来回反射形成扇形膨胀波，如图 C3.7.2k 所示。

【例 C3.7.1】　在拉伐尔喷管中的流动

已知：拉伐尔喷管的喉部面积为 $A_t = 0.001\text{m}^2$，出口面积为 $A_e = 0.004\text{m}^2$，储气罐中滞止参数 $p_0 = 1000\text{kPa}$（绝），$T_0 = 450\text{K}$。

求：（1）喉部达到声速时的出口参数 Ma_e，p_e 和质量流量 $\dot{m}$；

（2）若背压 $p_b = p_f = 331.7\text{kPa}$ 时出口处出现激波，试求 $p_b = 990\text{kPa}$，900kPa，300kPa，30kPa 时的流动状况。

解：（1）$A_e/A_t = 0.004/0.001 = 4$，由式（C3.6.9）可求得 Ma 数两个解（用插值法和查附录表 E1.5.1 等熵流气动函数表）：$Ma_{e1} = 0.15$，$Ma_{e2} = 2.94$。

$Ma_{e1} = 0.15$ 代表喉部为临界截面，扩张段为亚声速流，$p_{e1}/p_0 = 0.984$，$p_{e1} = p_c = 984\text{kPa}$；

$Ma_{e2} = 2.8$ 代表喉部为临界截面，扩张段为超声速流，$p_{e2}/p_0 = 0.030$，$p_{e2} = p_j = 30\text{kPa}$；

两种工况的质量流量相等，均为最大流量。由式（C3.7.6）可得

$$\dot{m}_{max} = 0.6847 \sqrt{p_0 \rho_0} A_e$$

$$= 0.6847 \frac{p_0}{\sqrt{RT_0}} A_e$$

$$= \left(0.6847 \times \frac{1000 \times 1000}{\sqrt{287 \times 450}} \times 0.004\right) \text{kg/s}$$

$$= 7.62 \text{kg/s}$$

（2）$p_b = 990 \text{kPa}$ 时，$p_b > p_c = 984 \text{kPa}$，喷管内为亚声速等熵流动；

$p_b = 900 \text{kPa}$ 时，$p_c > p_b > p_f = 331.7 \text{kPa}$，在扩张管内某处出现激波；

$p_b = 300 \text{kPa}$ 时，$p_f > p_b > p_j = 30 \text{kPa}$，扩张管内为超声速等熵流；

$p_b = 30 \text{kPa}$ 时，$p_j = p_b$，扩张管内仍为超声速流，出口压强直接与背压衔接。

C3.8　小结

（1）理论和实验均揭示可压缩流体的超声速流动与不可压缩流体的流动存在本质差异。根据质量守恒定律，不可压缩流体在收缩管内加速，在扩张管内减速。但可压缩流体的超声速流动正好相反：在收缩管内减速，在扩张管内加速。

用一维可压缩定常等熵流动模型可分析这种现象的机理。那就是当超声速气流流过收缩管时，随着截面面积的减小，流体密度将增大；而且密度的增长率超过面积的减小率，只有降低速度才能保证质量守恒。当超声速气流流过扩张管时，随着截面积的增大，流体密度将减小，而且密度的减小率超过面积的增长率，只有增大流速才能保证质量守恒。

（2）当超声速气流受到强烈压缩扰动时，如活塞在等截面管内作强烈压缩运动、超声速流流过扩张管、超声速流流过有限大内折角的固壁或曲壁等，将形成激波。激波是一个流动参数的强间断面。流体通过激波后流动参数发生突跃性变化：压强、密度、温度等突跃性升高，速度则突跃性降低。激波的发生是可压缩流体超声速流动中常见的现象。在不可压缩流动中虽不多见，但也有类似的现象。如管道中的水击现象、明渠流中的水跃现象等。

（3）1903 年是一个不寻常的年份。莱特兄弟（Wright brothers）驾驶"飞行者一号"实现了载人动力飞机的首次飞行，标志着人类进入了航空时代。斯托多拉（Aurel Stodola，1859—1942，图 C3.8.1）在这一年进行拉伐尔喷管实验，首次证实了人类可以在技术上创造和控制超声速流动，预示着航天飞行将成为可能。

斯托多拉是当时汽轮机研究和制造领域的领袖级人物。他的学生遍布瑞士的汽轮机制造公司，使这些公司站在该领域的世界前沿。除了在科学研究和技术应用领域取得成就外，他还敏锐地意识到工程研究的重要性。当时除了哥廷根大学的克莱因外还很少有人具有这种思想。他写道（1903）："我们工程师当然知道，通过广泛的实践尝试建造的机械已经解决了许多问题。看上去似乎很容易，让科学研究者感到困惑。但是具有讽刺意味的是，这种尝试性的实践工作的代价是昂贵的，更重要的是效率很低。我们不能低估了在技术工作中科学研究的作用。"[C3-7]斯托多拉的这段评论虽然是针对当时汽轮机的设计而发，但是这种想法与由哥廷根学派开创的工程科学思想不谋而合。

图 C3.8.1

（4）虽然拉伐尔喷管是针对汽轮机而设计制造的，但是对拉伐尔喷管流动的基础研究却导致创建了现代超声速和高超声速流学科。斯托多拉的学生阿克瑞特（Jakob. Ackeret，1898—1981）[C3-9]于 1920 年从ETH 机械系毕业后成为斯托多拉的助手。1921—1927年他到哥廷根大学在普朗特手下进行空气动力学研究，后来又回到 ETH 取得博士学位。阿克瑞特升任教授后于 1931 年组建了空气动力学研究所，设计并建造了世界上第一台超声速风洞。图 C3.8.2 所示是该风洞的简图[C3-10]，驱动功率为1000kW。图中 A 为拉伐尔喷管段，F 为扩压段，中间是实验段。从那时起世界各国的研究部门和飞机制造厂纷纷建造了各种类型的超声速风洞，大大推动了航空和航天事业的发展。顺便指出，被誉为"现代航天之父"的冯·布劳恩（Wernher von Braun，1912—1977）曾是阿克瑞特的学生。

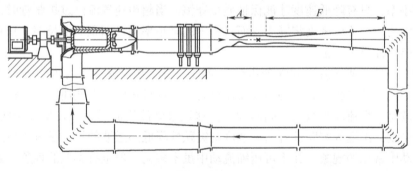

图 C3.8.2

（5）应注意，用一维等熵流模型分析和计算喷管流动是在管壁的摩擦效应和与外界的热交换效应均可忽略的前提下进行的。实际的工业管道有的很长，输送高速气流时摩擦效应不能忽略；有的虽短但热交换效应很明显，这时都发生熵增过程，一维等熵流模型不再适用。对等截面管通常分为两种类型：绝热摩擦管流动（范诺流）和无摩擦热交换管流动（瑞利流）。前者用一维绝能流能量方程(C3.5.3)结合连续性方程、完全气体熵增公式推导范诺流气动函数，再进行计算；后者用一般能量方程和动量方程结合连续性方程、完全气体熵增公式推导瑞利流气动函数，再进行计算。相关内容可参阅文献[C3-3]。

参 考 文 献

［C3-1］　李成智，李小宁，田大山. 飞行之梦——航空航天发展史概论［M］. 北京：北京航空航天大学出版社，2004.

［C3-2］　Meyer T. On the two-dimensional flow processes in a gas flowing at supersonic velocities（in German）. Ph. . D. Dissertation.（Advisor：L. Prandtl），Gottingen，1908.

［C3-3］　丁祖荣. 流体力学：中册［M］. 北京：高等教育出版社，2003.

［C3-4］　Hugoniot PH On the propagation of motion in bodies and in perfect gases in particular – Ⅱ（in French，1889）. see《Classic papers in shock compression science》，editors：JN. Johnson & R Cheret. 1998：161 − 244.

［C3-5］　Anderson J. D. Modern compressible flow with historical perspective［M］. New York：McGraw-Hill Companies Inc，2003.

［C3-6］　Smil V. Creating the Twentieth Century：Technical Innovations of 1867—1914 and their lasting impact［M］. London：Oxford University Press Inc，2005.

［C3-7］　Stodola A. Steam turbines（in German）［M］. Berlin：Springer-Verlag，1903.

［C3-8］　Laplace P. S. The speed of sound in air and water（in French）. Annales de Chimie et de Physique. 1816.

［C3-9］　Rott N. Jokob Ackeret and the history of the Mach number. Annual Reviews of Fluid Mechanics. 1985，17：1 − 9.

［C3-10］　普朗特 L. 流体力学概论［M］. 郭永怀，陆士嘉，译. 北京：科学出版社，1981.

习　　题

CP3.4.1　南极科学考察船为了确定一座冰山的位置，在 −40℃ 环境中发出一信号，听到的回声时间为 3s，试估计冰山离船的距离 L。

CP3.4.2　一架飞机在高空 $T = −50℃$ 环境中飞行，马赫数为 $Ma = 2.0$，试求它的速度 $V(km/h)$。

CP3.4.3　在温度为 $T = 25℃$ 的环境中以 $Ma_1 = 2.5$ 飞行的飞机，若其速度保持不变，飞到空气温度为 $T = 50℃$ 的赤道上空时，马赫数 Ma_2 为多大？

CP3.5.1　在空气等熵流中 1，2 两点的 Ma 数分别为 0.4，0.8，试按等熵流动公式计算两点密度变化率 ρ_2/ρ_1，并与查等熵流表所得的数据对照。

CP3.5.2　用毕托管测量空气流速，测得的静压 $p = 10^5 Pa$，总压与静压差为 $\Delta p = 3 × 10^4 Pa$，设滞止温度为 $T_0 = 30℃$，试求：（1）速度 $V(m/s)$；（2）与按不可压缩流体模型计算结果比较。

CP3.5.3　试证明等熵流临界参数公式

$$（1）\frac{\rho}{\rho^*} = \left(\frac{2}{\gamma + 1} + \frac{\gamma - 1}{\gamma + 1}Ma^2\right)^{-\frac{1}{\gamma - 1}} \quad （2）\frac{c}{c^*} = \left(\frac{2}{\gamma + 1} + \frac{\gamma - 1}{\gamma + 1}Ma^2\right)^{-\frac{1}{2}}$$

CP3.5.4　试证明在等熵流中状态 1 和状态 2 的总压强相等：$p_{01} = p_{02}$。

CP3.5.5　流动的大气等熵地降为绝对零度时的速度称为最大理论速度。设大气的滞止温度为 T_0

$=300K$，试求相应的最大理论速度 $V_{max}(m/s)$。

CP3.5.6 一架飞机的飞行速度为 $V=1100km/h$。周围环境为 $p=68.67kPa$，$T=-5℃$。试计算：(1) Ma 数；(2) 驻点的压强 $p_0(Pa)$；(3) 驻点的温度 $T_0(K)$；(4) 驻点的密度 ρ_0 (kg/m^3)。

CP3.5.7 气体等熵地流过一变直径管道。在第一段管道中 $V_1=300m/s$，$p_1=6\times10^4Pa$，$T_1=313K$；在第二段管道中压强升高为 $p_2=9\times10^4Pa$。设 $\gamma=1.4$，试求在第二段管道中的速度 $V_2(m/s)$。

CP3.7.1 一压力容器中的空气通过一收缩喷管流入大气中。设喷管出口截面面积为 $A_e=0.02m^2$，容器中的参数为 $p_0=180kPa$，$T_0=290K$；容器外的参数为 $p_b=100kPa$。不计流动损失，试求：(1) 喷管出口气流速度 $V_e(m/s)$；(2) 喷管的质量流量 $\dot{m}(m^3/s)$。

CP3.7.2 一收缩喷管，出口面积为 $A_e=0.02m^2$。喷管内的参数为 $p_0=190kPa$，$T_0=350K$，喷管外的压强 $p_b=85kPa$。若不计流动损失，试计算：(1) 喷管出口气流速度 $V_e(m/s)$；(2) 喷管的质量流量 $\dot{m}(m^3/s)$。

CP3.7.3 有一拉伐尔喷管，其出口面积为喉口面积的 2.5 倍，试对 p_b/p_0 为下列条件时，判断管内的流动情况。
(1) 0.06；(2) 0.9725；(3) 0.6；(4) 0.528；(5) 0.3。

E 附 录

E1

E1.1　常用流体的物理性质

表 E1.1.1　水的物理性质

温度 $T/℃$	密度 $\rho/(kg/m^3)$	动力粘度 $\mu/(N \cdot s/m^2)$	运动粘度 $\nu/(m^2/s)$	声速 $c/(m/s)$
0	999.9	1.787×10^{-3}	1.787×10^{-6}	1403
5	1000.0	1.519×10^{-3}	1.519×10^{-6}	1427
10	999.7	1.307×10^{-3}	1.307×10^{-6}	1447
15	999.1	1.140×10^{-3}	1.140×10^{-6}	
20	998.2	1.002×10^{-3}	1.004×10^{-6}	1481
25	997.1	8.900×10^{-4}	8.930×10^{-7}	
30	995.7	7.975×10^{-4}	8.009×10^{-7}	1507
35	994.1	7.180×10^{-4}	7.230×10^{-7}	
40	992.2	6.529×10^{-4}	6.580×10^{-7}	1526
45	990.0	5.940×10^{-4}	6.000×10^{-7}	
50	988.1	5.468×10^{-4}	5.534×10^{-7}	1541
55	986.0	5.010×10^{-4}	5.080×10^{-7}	
60	983.2	4.665×10^{-4}	4.745×10^{-7}	1552
65	980.0	4.300×10^{-4}	4.380×10^{-7}	
70	977.8	4.042×10^{-4}	4.134×10^{-7}	1555
75	975.0	3.740×10^{-4}	3.840×10^{-7}	
80	971.8	3.547×10^{-4}	3.650×10^{-7}	1555
85	969.0	3.300×10^{-4}	3.410×10^{-7}	
90	965.3	3.147×10^{-4}	3.260×10^{-7}	1550
95	962.0	2.940×10^{-4}	3.060×10^{-7}	
100	958.4	2.818×10^{-4}	2.940×10^{-7}	1543

表 E1.1.2 空气的物理性质(在标准大气压强下)

温度 $T/℃$	密度 $\rho/(\mathrm{kg/m^3})$	动力粘度 $\mu/(\mathrm{N·s/m^2})$	运动粘度 $\nu/(\mathrm{m^2/s})$	比热比 γ	声速 $c/(\mathrm{m/s})$
−40	1.514	1.57×10^{-5}	1.04×10^{-5}	1.401	306.2
−20	1.395	1.63×10^{-5}	1.17×10^{-5}	1.401	319.1
0	1.292	1.71×10^{-5}	1.32×10^{-5}	1.401	331.4
5	1.269	1.73×10^{-5}	1.36×10^{-5}	1.401	334.4
10	1.247	1.76×10^{-5}	1.41×10^{-5}	1.401	337.4
15	1.225	1.80×10^{-5}	1.47×10^{-5}	1.401	340.4
20	1.204	1.82×10^{-5}	1.51×10^{-5}	1.401	343.3
25	1.184	1.85×10^{-5}	1.56×10^{-5}	1.401	346.3
30	1.165	1.86×10^{-5}	1.60×10^{-5}	1.400	349.1
40	1.127	1.87×10^{-5}	1.66×10^{-5}	1.400	354.7
50	1.109	1.95×10^{-5}	1.76×10^{-5}	1.400	360.3
60	1.060	1.97×10^{-5}	1.86×10^{-5}	1.399	365.7
70	1.029	2.03×10^{-5}	1.97×10^{-5}	1.399	371.2
80	0.9996	2.07×10^{-5}	2.07×10^{-5}	1.399	376.6
90	0.9721	2.14×10^{-5}	2.20×10^{-5}	1.398	381.7
100	0.9461	2.17×10^{-5}	2.29×10^{-5}	1.397	386.9
200	0.7461	2.53×10^{-5}	3.39×10^{-5}	1.390	434.5
300	0.6159	2.98×10^{-5}	4.84×10^{-5}	1.379	476.3
400	0.5243	3.32×10^{-5}	6.43×10^{-5}	1.368	514.1
500	0.4565	3.64×10^{-5}	7.97×10^{-5}	1.357	548.8
1000	0.2772	5.04×10^{-5}	1.82×10^{-5}	1.321	694.8

表 E1.1.3 常用液体的物理性质

液体名称	温度 $T/℃$	密度 $\rho/(\mathrm{kg/m^3})$	动力粘度 $\mu/(\mathrm{N·s/m^2})$	运动粘度 $\nu/(\mathrm{m^2/s})$	体积模量 $K/(\mathrm{N/m^2})$
四氯化碳	20	1590	9.58×10^{-4}	6.03×10^{-7}	1.31×10^{9}
乙醇(酒精)	20	789	1.19×10^{-3}	1.51×10^{-6}	1.06×10^{9}
汽油	15.6	680	3.10×10^{-4}	4.60×10^{-7}	1.30×10^{9}
煤油	20	814	1.90×10^{-3}	2.37×10^{-6}	
SAE30 号油	15.6	912	3.80×10^{-1}	4.20×10^{-4}	1.50×10^{9}
润滑油	17	890	1.00	1.12×10^{-3}	
甘油	20	1260	1.5	1.19×10^{-3}	4.52×10^{9}
水银	20	13600	1.57×10^{-3}	1.15×10^{-7}	2.85×10^{10}
海水	15.6	1030	1.20×10^{-3}	1.17×10^{-6}	2.34×10^{9}
水	15.6	999	1.12×10^{-3}	1.12×10^{-6}	2.15×10^{9}
血液	37	1050	3.5×10^{-3}	3.33×10^{-6}	

表 E1.1.4　常用气体的物理性质(在标准大气压强下)

气体名称	温度 $T/℃$	密度 $\rho/(kg/m^3)$	动力粘度 $\mu/(N \cdot s/m^2)$	运动粘度 $\nu/(m^2/s)$	气体常数 $R/(J/kg \cdot K)$	比热比 γ
空气	15	1.25	1.79×10^{-5}	1.46×10^{-5}	286.9	1.40
一氧化碳	20	1.15	1.69×10^{-5}	1.50×10^{-5}	296.8	1.40
二氧化碳	20	1.83	1.47×10^{-5}	8.03×10^{-6}	188.9	1.3
氦气	20	1.63	1.94×10^{-5}	1.15×10^{-4}	2077	1.66
氢气	20	0.822	8.84×10^{-6}	1.05×10^{-4}	4124	1.41
氮气	20	1.16	1.76×10^{-5}	1.52×10^{-5}	296.8	1.40
氧气	20	1.33	2.04×10^{-5}	1.53×10^{-5}	259.8	1.40
甲烷	20	0.667	1.10×10^{-5}	1.65×10^{-5}	518.3	1.31
水蒸汽	107	0.586	1.27×10^{-5}	2.17×10^{-5}	461.4	1.30

E1.2　单位换算表

国际单位制(SI)	物理单位制(CGS)		英制
表 E1.2.1　质量			
千克	克	斯拉格(Slug)	磅(lb)
kg	g	$lbf \cdot s^2/f^{1/2}$	lb
1	10^3	0.06852	2.205
10^{-3}	1	0.068521×10^{-3}	2.205×10^{-3}
14.594	14.594×10^3	1	32.174
0.4536	0.4536×10^3	0.031081	1
表 E1.2.2　密度			
千克/米^3	克/厘米^3	斯拉格/英尺^3	磅/英尺^3
kg/m^3	g/cm	$Slug/ft^3$	lb/ft^3
1	10^{-3}	1.94×10^{-3}	0.06243
1000	1	1.94	62.428
515.46	0.5155	1	32.174
16.02	0.016	0.031081	1
表 E1.2.3　力			
牛顿(N)	达因(dyn)		磅力
$kg \cdot m/s^2$	$g \cdot cm/s^2$		lbf
1	10^5		0.2248
10^{-5}	1		0.2248×10^{-5}
4.448	4.448×10^5		1

（续）

国际单位制（SI）	物理单位制（CGS）	英制

表 E1.2.4　动力粘度

帕·秒（Pa·s）	泊（P）	磅力·秒/英尺^2
N·s/m^2 = kg/（m·s）	dyn·s/cm^2 = g/（cm·s）	lbf·s/ft^2
1	10	0.02089
0.1	1	0.002089
47.88	478.8	1

表 E1.2.5　运动粘度

米^2/秒	斯托克（St）	英尺^2/秒
m^2/s	cm^2/s	ft^2/s
1	10^4	10.764
10^{-4}	1	1.076×10^{-3}
0.0929	1	1

表 E1.2.6　能量

焦耳（J）	达因·厘米	英国热量单位	英尺·磅力
N·m	dyn·cm	Btu	ft·lbf
1	10^7	9.478×10^{-4}	0.7376
10^{-7}	1	9.478×10^{-11}	0.7376×10^{-7}
1.055×10^3	1.055×10^{10}	1	778.223
1.3558	1.3558×10^7	1.285×10^{-3}	1

表 E1.2.7　功率

瓦特（W）	马力（公制）	英尺·磅力/秒	马力
N·m/s	hp	ft·lbf/s	hp
1	1.361×10^{-3}	0.7376	1.341×10^{-3}
735	1	542.136	0.986
1.356	1.845×10^{-3}	1	1.818×10^{-3}
745.7	1.0146	550	1

表 E1.2.8　压强

帕斯卡（Pa）	标准大气压	米水柱	毫米汞柱	psi	物理单位制
N/m^2 = kg/m·s^2	atm	mH$_2$O	mmHg	lbf/in^2	dyn/cm^2
1	0.987×10^{-5}	1.02×10^{-4}	7.5×10^{-3}	1.45×10^{-4}	10
1.013×10^5	1	10.33	760	14.69	1.013×10^6
9807	0.0967	1	73.5	1.422	98070
133.32	1.315×10^{-3}	0.0136	1	0.01934	1333.2
6.895×10^3	0.0681	0.7033	51.71	1	6.895×10^4
0.1	9.87×10^{-7}	1.02×10^{-5}	7.5×10^{-4}	1.45×10^{-5}	1

1Pa = 0.102kgf/m^2，　1kgf/m^2 = 9.81Pa

（续）

国际单位制(SI)	物理单位制(CGS)	英制

表 E1.2.9　其他量

长度	$1\,\text{in} = 0.0254\,\text{m}$	
	$1\,\text{ft} = 0.3048\,\text{m}$	
	$1\,\text{mile} = 1.609 \times 10^3\,\text{m}$	
质量	$1\,\text{oz}(盎司) = 28.35\,\text{g}$	
容积	$1\,\text{US}_{\text{gal}}(美加仑) = 3.785 \times 10^{-3}\,\text{m}^3$	
	$1\,\text{UK}_{\text{gal}}(英加仑) = 4.546 \times 10^{-3}\,\text{m}^3$	
	$1\,\text{mol}(摩尔)气体(标准状态) = 22.4 \times 10^{-3}\,\text{m}^3$	
流量	$1\,\text{US}_{\text{gal}}(美)/\text{min} = 6.309 \times 10^{-5}\,\text{m}^3/\text{s}$	
温度	$T_{\text{F}}(\,^{\circ}\text{F}，华氏) = \dfrac{9}{5}T_{\text{C}}(\,^{\circ}\text{C}，摄氏) + 32,\ T_{\text{C}} = \dfrac{5}{9}(T_{\text{F}} - 32)$	
	$T_{\text{K}}(\text{K}，开尔文) = T_{\text{C}} + 273.15(用摄氏温度表示的绝对温度)$	
	$T_{\text{R}}(\text{R}，兰金) = T_{\text{F}} + 459.67(用华氏温度表示绝对温度)$	
压强	$1\,\text{bar} = 10^5\,\text{Pa}$	
重力加速度	$g = 9.807\,\text{m/s}^2(本书取 9.81\,\text{m/s}^2) = 32.174\,\text{ft/s}^2(海平面上)$	
转速	$\text{rpm} = \text{r/min},\ \text{rps} = \text{r/s}$	
空气的气体常数	$R = 286.9\,\text{J}/(\text{kg}\cdot\text{K})\,[\,\text{m}^2/(\text{s}^2\cdot\text{K})\,]\,[\,本书取 R = 287\,\text{J}/(\text{kg}\cdot\text{K})\,]$	
	$= 1716\,\text{ft}\cdot\text{lb}/(\text{slug}\cdot\,^{\circ}\text{R})$	

E1.3　有关数学公式

E1.3.1　直角坐标系中的矢量运算

设右手直角坐标系 $\{x, y, z\}$ 和坐标轴单位矢量 $(\boldsymbol{i}, \boldsymbol{j}, \boldsymbol{k})$，如图 E1.3.1 所示。

1. 矢量代数

设任意矢量 $\boldsymbol{a}(a_x, a_y, a_z)$，$\boldsymbol{b}(b_x, b_y, b_z)$。

$$\boldsymbol{a} \cdot \boldsymbol{b} = ab\cos <\boldsymbol{a},\boldsymbol{b}> = a_x b_x + a_y b_y + a_z b_z$$

$$\boldsymbol{a} \times \boldsymbol{b} = ab\sin <\boldsymbol{a},\boldsymbol{b}> = \begin{vmatrix} \boldsymbol{i} & \boldsymbol{j} & \boldsymbol{k} \\ a_x & a_y & a_z \\ b_x & b_y & b_z \end{vmatrix}$$

$$= (a_y b_z - a_z b_y)\boldsymbol{i} + (a_z b_x - a_x b_z)\boldsymbol{j} + (a_x b_y - a_y b_x)\boldsymbol{k}$$

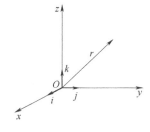

图　E1.3.1

2. 矢量微分

设速度矢量 $\boldsymbol{v}(u, v, w)$，标量 $\varphi(x, y, z)$。

$$\nabla = \boldsymbol{i}\frac{\partial}{\partial x} + \boldsymbol{j}\frac{\partial}{\partial y} + \boldsymbol{k}\frac{\partial}{\partial z}$$

$$\nabla^2 = \frac{\partial^2}{\partial x^2} + \frac{\partial^2}{\partial y^2} + \frac{\partial^2}{\partial z^2}$$

$$\nabla \varphi = \frac{\partial \varphi}{\partial x}\boldsymbol{i} + \frac{\partial \varphi}{\partial y}\boldsymbol{j} + \frac{\partial \varphi}{\partial x}\boldsymbol{k}$$

$$\nabla \cdot \boldsymbol{v} = \frac{\partial u}{\partial x} + \frac{\partial v}{\partial y} + \frac{\partial w}{\partial z}$$

$$\nabla \times \boldsymbol{v} = \begin{vmatrix} \boldsymbol{i} & \boldsymbol{j} & \boldsymbol{k} \\ \frac{\partial}{\partial x} & \frac{\partial}{\partial y} & \frac{\partial}{\partial z} \\ u & v & w \end{vmatrix} = \left(\frac{\partial w}{\partial y} - \frac{\partial v}{\partial z}\right)\boldsymbol{i} + \left(\frac{\partial u}{\partial z} - \frac{\partial w}{\partial x}\right)\boldsymbol{j} + \left(\frac{\partial v}{\partial x} - \frac{\partial u}{\partial y}\right)\boldsymbol{k}$$

$$(\boldsymbol{v} \cdot \nabla)\boldsymbol{v} = \left(u\frac{\partial}{\partial x} + v\frac{\partial}{\partial y} + w\frac{\partial}{\partial z}\right)\boldsymbol{v}$$

$$(\boldsymbol{v} \cdot \nabla)\boldsymbol{v} = \nabla\left(\frac{v^2}{2}\right) + (\nabla \times \boldsymbol{v}) \times \boldsymbol{v}$$

E1.3.2　柱坐标系中的表达式

设右手柱坐标系$\{r, \theta, z\}$和坐标轴单位矢量$(\boldsymbol{e}_r, \boldsymbol{e}_\theta, \boldsymbol{e}_z)$，如图 E1.3.2 所示。设速度矢量$\boldsymbol{v}(v_r, v_\theta, v_z)$，标量$\varphi(r, \theta, z)$。

1. 矢量微分

$$\nabla \cdot \boldsymbol{v} = \frac{1}{r}\frac{\partial}{\partial r}(rv_r) + \frac{1}{r}\frac{\partial v_\theta}{\partial \theta} + \frac{\partial v_z}{\partial z}$$

$$\nabla \times \boldsymbol{v} = \left(\frac{1}{r}\frac{\partial v_z}{\partial \theta} - \frac{\partial v_\theta}{\partial z}\right)\boldsymbol{e}_r + \left(\frac{\partial v_r}{\partial z} - \frac{\partial v_z}{\partial r}\right)\boldsymbol{e}_\theta +$$

$$\frac{1}{r}\left[\frac{\partial(rv_\theta)}{\partial r} - \frac{\partial v_r}{\partial \theta}\right]\boldsymbol{e}_z$$

$$\nabla \varphi = \frac{\partial \varphi}{\partial r}\boldsymbol{e}_r + \frac{1}{r}\frac{\partial \varphi}{\partial \theta}\boldsymbol{e}_\theta + \frac{\partial \varphi}{\partial z}\boldsymbol{e}_z$$

$$\nabla^2 \varphi = \frac{\partial^2 \varphi}{\partial r^2} + \frac{1}{r}\frac{\partial \varphi}{\partial r} + \frac{1}{r^2}\frac{\partial^2 \varphi}{\partial \theta^2} + \frac{\partial^2 \varphi}{\partial z^2}$$

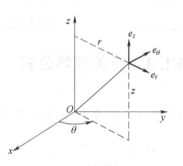

图　E1.3.2

2. 变形率分量

$$\varepsilon_{rr} = \frac{\partial v_r}{\partial r}, \qquad \varepsilon_{r\theta} = \frac{1}{2}\left[r\frac{\partial}{\partial r}\left(\frac{v_\theta}{r}\right) + \frac{1}{r}\frac{\partial v_r}{\partial \theta}\right] = \frac{1}{2}\dot{\gamma}_{r\theta}$$

$$\varepsilon_{\theta\theta} = \frac{1}{r}\frac{\partial v_\theta}{\partial \theta} + \frac{v_r}{r}, \qquad \varepsilon_{\theta z} = \frac{1}{2}\left(\frac{1}{r}\frac{\partial v_z}{\partial \theta} + \frac{\partial v_\theta}{\partial z}\right) = \frac{1}{2}\dot{\gamma}_{\theta z}$$

$$\varepsilon_{zz} = \frac{\partial v_z}{\partial z}, \qquad \varepsilon_{zr} = \frac{1}{2}\left(\frac{\partial v_r}{\partial z} + \frac{\partial v_z}{\partial r}\right) = \frac{1}{2}\dot{\gamma}_{zr}$$

3. 不可压缩连续性方程

$$\frac{1}{r}\frac{\partial}{\partial r}(rv_r) + \frac{1}{r}\frac{\partial v_\theta}{\partial \theta} + \frac{\partial v_z}{\partial z} = 0$$

4. N-S 方程

$$\frac{\mathrm{D}v_r}{\mathrm{D}t} - \frac{v_\theta^2}{r} = f_r - \frac{1}{\rho}\frac{\partial p}{\partial r} + v\left(\nabla^2 v_r - \frac{2}{r^2}\frac{\partial v_\theta}{\partial \theta} - \frac{v_r}{r^2}\right)$$

$$\frac{\mathrm{D}v_\theta}{\mathrm{D}t} + \frac{v_r v_\theta}{r} = f_\theta - \frac{1}{\rho r}\frac{\partial p}{\partial \theta} + v\left(\nabla^2 v_\theta + \frac{2}{r^2}\frac{\partial v_r}{\partial \theta} - \frac{v_\theta}{r^2}\right)$$

$$\frac{\mathrm{D}v_z}{\mathrm{D}t} = f_z - \frac{1}{\rho}\frac{\partial p}{\partial z} + v\,\nabla^2 v_z$$

式中，欧拉算子

$$\frac{\mathrm{D}}{\mathrm{D}t} = \frac{\partial}{\partial t} + v_r\frac{\partial}{\partial r} + \frac{v_\theta}{r}\frac{\partial}{\partial \theta} + v_z\frac{\partial}{\partial z}$$

E1.4 有关几何图形与公式

表 E1.4.1 常用几何图形的惯性矩、回转半径和惯性积

名称	图形	面积	回转半径	惯性矩	惯性积
矩形		$A = bl$	$r_\xi^2 = \frac{l^2}{12}$	$I_\xi = \frac{bl^3}{12}$	$I_{\xi\eta} = 0$
圆		$A = \frac{\pi}{4}d^2$	$r_\xi^2 = r_\eta^2 = \frac{d^2}{16}$	$I_\xi = I_\eta = \frac{\pi R^4}{4}$	$I_{\xi\eta} = 0$
椭圆		$A = \pi bl$	$r_\xi^2 = \frac{l^2}{16}$	$I_\xi = \frac{\pi bl^3}{16}$	$I_{\xi\eta} = 0$
半圆		$A = \frac{\pi}{8}d^2$	$r_\xi^2 = \frac{d^2}{16}$	$I_\xi = \frac{\pi R^4}{8}$ $I_\eta = 0.11R^4$	$I_{\xi\eta} = 0$

（续）

名称	图形	面积	回转半径	惯性矩	惯性积
三角形		$A = \dfrac{1}{2}bl$	$r_\xi^2 = \dfrac{l^2}{18}$	$I_\xi = \dfrac{bl^3}{36}$	$I_{\xi\eta} = \dfrac{bl^2}{72}(b-2d)$
1/4 圆		$A = \dfrac{\pi}{4}R^2$	$r_\xi^2 = r_\eta^2 = 0.07R^2$	$I_\xi = I_\eta = 0.0549R^4$	$I_{\xi\eta} = -0.0164R^4$

E1.5 等熵流气动函数数据

表 E1.5.1　等熵流气动函数表（完全气体 $\gamma = 1.4$）

Ma	p/p_0	ρ/ρ_0	T/T_0	A/A^*	（马赫角）α
.00	1.00000	1.00000	100000	∞	
.02	.99972	.99980	.99992	28.942	
.04	.99888	.99920	.99968	14.482	
.06	.99748	.99820	.99928	9.6659	
.08	.99553	.99680	.99872	7.2616	
.10	.99303	.99502	.99800	5.8218	
.12	.98998	.99284	.99714	4.8643	
.14	.98640	.99027	.99610	4.1824	
.16	.98228	.98731	.99490	3.6727	
.18	.97765	.98398	.99356	3.2779	
.20	.97250	.98027	.99206	2.9635	
.22	.96685	.97621	.99041	2.7076	
.24	.96070	.97177	.98861	2.4956	
.26	.95408	.96699	.98666	2.3173	
.28	.94700	.96185	.98456	2.1656	
.30	.93947	.95638	.98232	2.0351	
.32	.93150	.95508	.97993	1.9218	
.34	.92312	.94446	.97740	1.8229	
.36	.91433	.93803	.97473	1.7358	
.38	.90516	.93129	.97193	1.6587	

（续）

Ma	p/p_0	ρ/ρ_0	T/T_0	A/A^*	（马赫角）α
.40	.89562	.92428	.96899	1.5901	
.42	.88572	.91697	.96592	1.5289	
.44	.87550	.90940	.96272	1.4740	
.46	.86496	.90157	.95940	1.4246	
.48	.85413	.89349	.95595	1.3801	
.50	.84302	.88517	.95238	1.3398	
.52	.83166	.87662	.94869	1.3034	
.54	.82005	.86788	.94489	1.2703	
.56	.80822	.85892	.94098	1.2403	
.58	.79621	.84977	.93696	1.2130	
.60	.78400	.84045	.93284	1.1882	
.62	.77164	.83096	.92861	1.1656	
.64	.75913	.82132	.92428	1.1454	
.66	.74650	.81153	.91986	1.1265	
.68	.73376	.80162	.91535	1.1096	
.70	.72092	.79158	.91075	1.09437	
.72	.70802	.78143	.90606	1.08057	
.74	.69507	.77119	.90129	1.06814	
.76	.68207	.76086	.89644	1.05700	
.78	.66905	.75046	.89152	1.04705	
.80	.65602	.74000	.88652	1.03823	
.82	.64300	.72947	.88146	1.03046	
.84	.63000	.71890	.87633	1.02370	
.86	.61703	.70831	.87114	1.01787	
.88	.60412	.69769	.86589	1.01294	
.90	.59126	.68704	.86058	1.00886	
.92	.57848	.67639	.85523	1.00560	
.94	.56578	.66575	.84982	1.00311	
.96	.55317	.65513	.84437	1.00136	
.98	.54067	.64452	.83887	1.00033	
1.00	.52828	.63394	.83333	1.00000	90.00
1.02	.51602	.62339	.82776	1.00033	78.64
1.04	.50389	.61288	.82215	1.00130	74.06
1.06	.49189	.60243	.81651	1.00290	70.63
1.08	.48005	.59203	.81084	1.00512	67.81

（续）

Ma	p/p_0	ρ/ρ_0	T/T_0	A/A^*	（马赫角）α
1.10	.46835	.58169	.80515	1.00793	65.38
1.12	.46582	.57143	.79944	1.01131	63.23
1.14	.44545	.56123	.79370	1.01527	61.31
1.16	.43425	.55112	.78795	1.01978	59.55
1.18	.42323	.54108	.78218	1.02484	57.94
1.20	.41238	.53114	.77640	1.03044	56.44
1.22	.40171	.52129	.77061	1.03657	55.05
1.24	.39123	.51154	.76481	1.04323	53.75
1.26	.38094	.50189	.75900	1.05041	52.53
1.28	.37083	.49234	.75319	1.05810	51.38
1.30	.36092	.48291	.74738	1.06631	50.28
1.32	.35119	.47358	.74158	1.07502	49.25
1.34	.34166	.46436	.73577	1.08424	48.27
1.36	.33233	.45527	.72997	1.09397	47.33
1.38	.32319	.44628	.72418	1.10420	46.44
1.40	.31424	.43742	.71839	1.1149	45.58
1.42	.30549	.42869	.71261	1.1262	44.77
1.44	.30693	.42007	.70685	1.1379	43.98
1.46	.28856	.41158	.70110	1.1502	43.23
1.48	.28039	.40322	.69537	1.1629	42.51
1.50	.27240	.39498	.68965	1.1762	41.81
1.52	.26461	.38687	.68396	1.1899	41.14
1.54	.25700	.37890	.67828	1.2042	40.49
1.56	.24957	.37105	.67262	1.2190	39.87
1.58	.24233	.36332	.66699	1.2343	39.27
1.60	.23527	.35573	.66138	1.2502	38.68
1.62	.22839	.34826	.65579	1.2666	38.12
1.64	.22168	.34093	.65023	1.2835	37.57
1.66	.21515	.33372	.64470	1.3010	37.04
1.68	.20879	.32664	.63919	1.3190	36.53
1.70	.20259	.31969	.63372	1.3376	36.03
1.72	.19656	.31286	.62827	1.3567	35.55
1.74	.19070	.30617	.62286	1.3764	35.08
1.76	.18499	.29959	.61747	1.3967	34.62
1.78	.17944	.29314	.61211	1.4176	34.18

（续）

Ma	p/p_0	ρ/ρ_0	T/T_0	A/A^*	（马赫角）α
1.80	.17404	.28682	.60680	1.4390	33.75
1.82	.16879	.28061	.60151	1.4610	33.33
1.84	.16369	.27453	.59626	1.4837	32.92
1.86	.15874	.26857	.59105	1.5069	32.52
1.88	.15392	.26272	.58586	1.5308	32.13
1.90	.14924	.25699	.58072	1.5552	31.76
1.92	.14469	.25138	.57561	1.5804	31.39
1.94	.14028	.24588	.57054	1.6062	31.03
1.96	.13600	.24049	.56551	1.6326	30.68
1.98	.13184	.23522	.56051	1.6597	30.33
2.00	.12780	.23005	.55556	1.6875	30.00
2.02	.12380	.22499	.55064	1.7160	29.67
2.04	.12009	.22004	.54576	1.7452	29.35
2.06	.11640	.21519	.54091	1.7750	29.04
2.08	.11282	.21045	.53611	1.8056	28.74
2.10	.10935	.20580	.53135	1.8369	28.44
2.12	.10599	.20126	.52663	1.8690	28.14
2.14	.10272	.19681	.52194	1.9018	27.86
2.16	.09956	.19247	.51730	1.9354	27.58
2.18	.09650	.18821	.51269	1.9698	27.30
2.20	.09352	.18405	.50813	2.0050	27.04
2.22	.09064	.17998	.50361	2.0409	26.77
2.24	.08784	.17600	.49912	2.0777	26.51
2.26	.08514	.17211	.49468	2.1154	26.26
2.28	.08252	.16830	.49027	2.1538	26.01
2.30	.07997	.16458	.48591	2.1931	25.77
2.32	.07751	.16095	.48158	2.2333	25.53
2.34	.07513	.15739	.47730	2.2744	25.30
2.36	.0728	.15391	.47305	2.3164	25.07
2.38	.07057	.15052	.46885	2.3593	24.85
2.40	.06840	.14720	.46468	2.4031	24.62
2.42	.06630	.14395	.46056	2.4479	24.41
2.44	.06426	.14078	.45647	2.4936	24.19
2.46	.06229	.13768	.45242	2.5403	23.99
2.48	.06038	.13465	.44841	2.5880	23.78

（续）

Ma	p/p_0	ρ/ρ_0	T/T_0	A/A^*	（马赫角）α
2.50	.05853	.13169	.44444	2.6367	23.58
2.52	.05674	.12879	.44051	2.6865	23.38
2.54	.05500	.12597	.43662	2.7372	23.18
2.56	.05332	.12321	.43277	2.7891	22.99
2.58	.05169	.12051	.42894	2.8420	22.81
2.60	.05012	.11787	.42517	2.8960	22.62
2.62	.04859	.11530	.42143	2.9511	22.44
2.64	.04711	.11278	.41772	3.0074	22.26
2.66	.04568	.11032	.41406	3.0647	22.08
2.68	.04429	.10792	.41043	3.1233	21.91
2.70	.04295	.10557	.40684	3.1830	21.74
2.72	.04166	.10328	.40327	3.2440	21.57
2.74	.04039	.10104	.39976	3.3061	21.41
2.76	.03917	.09885	.39627	3.3695	21.24
2.78	.03800	.09671	.39282	3.4342	21.08
2.80	.03685	.09462	.38941	3.5001	20.92
2.82	.03574	.09259	.38603	3.5674	20.77
2.84	.03467	.09059	.38268	3.6359	20.62
2.86	.03363	.08865	.37937	3.7058	20.47
2.88	.03262	.08674	.37610	3.7771	20.32
2.90	.03165	.08489	.37286	3.8498	20.17
2.92	.03071	.08308	.36965	3.9238	20.03
2.94	.02980	.08130	.36648	3.9993	19.89
2.96	.02891	.07957	.36333	4.0763	19.75
2.98	.02805	.07788	.36022	4.1547	19.61
3.00	.02722	.07623	.35714	4.2346	19.47
3.10	.02345	.06852	.34223	4.6573	18.82
3.20	.02023	.06165	.32808	5.1210	18.21
3.30	.01748	.05554	.31466	5.6287	17.64
3.40	.01512	.05009	.30193	6.1837	17.10
3.50	.01311	.04523	.28986	6.7896	16.60
3.60	.01138	.04089	.27840	7.4501	16.13
3.70	.00990	.03702	.26752	8.1691	15.68
3.80	.00863	.03355	.25720	8.9506	15.26
3.90	.00753	.03044	.24740	9.7990	14.86

（续）

Ma	p/p_0	ρ/ρ_0	T/T_0	A/A^*	（马赫角）α
4.00	.00658	.02766	.23810	10.719	14.48
4.10	.00577	.02516	.22925	11.715	14.12
4.20	.00506	.02292	.22085	12.792	13.77
4.30	.00445	.02090	.21286	13.955	13.45
4.40	.00392	.01909	.20525	15.210	13.14
4.50	.00346	.01745	.19802	16.562	12.84
4.60	.00305	.01597	.19113	18.018	12.56
4.70	.00270	.01463	.18457	19.583	12.28
4.80	.00240	.01343	.17832	21.264	12.02
4.90	.00213	.01233	.17235	23.067	11.78
5.00	.00189	.01134	.1667	25.000	11.54
6.00	.000633	.00519	.12195	51.180	
7.00	.000242	.00261	.09259	104.143	
8.00	.000102	.00141	.07246	190.109	
9.00	.0000474	.000815	.05814	327.189	
10.00	.0000236	.000495	.04762	535.938	
∞	0	0	0	∞	

E1.6 习题答案

B1

BP1.3.1 $\tau_{w1} = 2\tau_{w2}$

BP1.3.2 $\mu = 8.3 \times 10^{-4} \mathrm{Pa \cdot s}$

BP1.3.3 $\tau_{w1} = \rho g h, \tau_{w2} = 1.732 \rho g h$

BP1.3.4 $\mu = 1.17 \mathrm{Pa \cdot s}$

BP1.3.5 $F_1 = 0.6 \mathrm{N}, F_2 = 12 \mathrm{N}$

BP1.3.6 $\dot{W}_1 = 558 \mathrm{W}, \dot{W}_2 = 5580 \mathrm{W}$

BP1.3.7 $\mu = 1.0 \mathrm{Pa \cdot s}$

BP1.4.1 $\rho = 1699 \mathrm{kg/m^3}, \rho g = 16.7 \mathrm{kN/m^3}, SG = 1.7$

BP1.4.2 $\Delta p = 1.1 \times 10^8 \mathrm{Pa}$

BP1.4.3 $\tau = 161 \mathrm{m^3}$

BP1. 4. 4　$\Delta \tau = -0.863\tau_1$

BP1. 5. 1　$\rho/\rho_0 = 0.96$

B2

BP2. 1. 2　$p_{ab} = 179.78 \times 10^3 \text{Pa}, p_g = 78.48 \times 10^3 \text{Pa}$

BP2. 1. 3　$h = 679.4\text{m}$

BP2. 1. 4　（1）$p_0 = 46.1\text{kPa}$；　（2）$p_A = 47.3\text{kPa}$

BP2. 1. 5　$\Delta h = 0.0372\text{m}$

BP2. 3. 1　$\Delta p = 13.34\text{kPa}$

BP2. 3. 2　$\Delta p = 8971.3\text{Pa}$

BP2. 4. 1　$p_{A(a)} = 4.9\text{kPa}, p_{A(b)} = 7.1\text{kPa}, p_{A(c)} = -1.67\text{kPa}$
　　　　　$F_{(a)} = 5.54\text{kN}, F_{(b)} = 16.71\text{kN}, F_{(c)} = 6.79\text{kN}$

BP2. 4. 2　$F_A = 4689.2\text{N}, F_B = 3713.1\text{N}$

BP2. 5. 1　（1）$F = 1765.8\text{kN}$；（2）$h_D = 18.07\text{m}$

BP2. 5. 3　（1）$F = 206\text{kN}$；（2）$h_D = 7.07\text{m}$

BP2. 5. 5　（1）$F = 38.75\text{kN}$；（2）$e = 0.015\text{m}$；（3）$l = 0.615\text{m}$

BP2. 6. 1　（1）$F = 798.3\text{kN}$；（2）$\theta = 38.1°$

BP2. 6. 2　$F_x = 156.9\text{kN}, F_y = 44.8\text{kN}$

BP2. 6. 3　$F_x = 86.3\text{kN}, F_y = 60.7\text{kN}$

BP2. 6. 4　$F_x = 490.5\text{kN}, F_y = -462.4\text{kN}$

BP2. 6. 5　$\rho = 6040\text{kg/m}^3$

BP2. 6. 6　$\theta = 23.3°$

BP2. 6. 7　（1）$h = 1.22\text{m}$；（2）$\Delta H = 0.0086\text{m}$

B3

BP3. 1. 1　（2）$u = x + t, v = y - t + 2, w = 0$

BP3. 1. 2　$u = y, v = x$

BP3. 1. 3　$a_x = x + t + 1, a_y = x - t + 1, a_z = 0$

BP3. 1. 4　$a_x = x, a_y = y$

BP3. 1. 5　$a_1 = 9.1\text{m/s}^2, a_2 = 2208.5\text{m/s}^2$

BP3. 1. 7　$Q_1 = 16\text{m}^3/\text{s}, Q_2 = 40\text{m}^3/\text{s}$

BP3. 1. 8　$Q = 7.85\text{cm}^3/\text{s}, V = 0.625\text{cm/s}, u_m = 1.25\text{cm/s}$

BP3. 2. 1　（2）$(24,8)$

BP3. 2. 2　（2）$(1894,100,0)$

BP3. 2. 3　（2）$(8,4,16)$

BP3. 3. 1　$xy = C$

BP3.3.2　(1) $x = e^t + t + 1$, $y = 2e^{-t} + t - 1$；(2) $xy = 2$

BP3.3.3　(1) $y = 2(2\ln x + 1)^{\frac{1}{2}} + 1$；(2) $y = \dfrac{2}{t}\ln x + C$

BP3.3.4　$xy = C$

BP3.4.3　$\varepsilon_{xx} = \dfrac{\partial u}{\partial x} = \dfrac{2xy}{(x^2 + y^2)^2}$，$\varepsilon_{yy} = \dfrac{\partial v}{\partial y} = -\dfrac{2xy}{(x^2 + y^2)^2}$；$\nabla \cdot v = 0$；$\dot{\gamma} = \dfrac{2(y^2 - x^2)}{(x^2 + y^2)^2}$；

$\omega = 0$

BP3.4.4　$\varepsilon_{xx} = 1$，$\varepsilon_{yy} = 1$，$\varepsilon_{zz} = 2$，$\nabla \cdot v = 4$；$\dot{\gamma}_{xy} = 1$，$\dot{\gamma}_{xz} = 2$，$\dot{\gamma}_{yz} = 1$；$\omega_x = \dfrac{3}{2}$，

$\omega_y = 1$，$\omega_z = \dfrac{1}{2}$

B4

BP4.1.1　(1) $Q_1 = 20\text{m}^3/\text{s}$，$Q_2 = 52.5\text{m}^3/\text{s}$；(2) $t_1 = 13.9\text{h}$，$t_2 = 5.29\text{h}$

BP4.1.2　$Q = 0.363U\delta$

BP4.1.3　(1)满足;(2)不满足;(3)不满足;(4)满足

BP4.1.4　(1)满足;(2)满足;(3)不满足

BP4.1.5　$v = -2axy + f(x)$

BP4.1.6　$w = -3xz - 2xyz + \dfrac{z^3}{3} + f(x, y)$

BP4.2.1　$V = 29\text{m/s}$

BP4.2.2　$V = 0.79\text{m/s}$

BP4.2.3　(1) $p_{v1} = 2.96\text{Pa}$，$p_1 = -355\text{Pa}$

BP4.2.4　$p_1 = 227\text{Pa}$

BP4.2.5　(1) $H = 2.35\text{m}$；(2) $h_m = 7.75\text{m}$

BP4.3.1　$F = 4.77 \times 10^6 \text{N}$

BP4.3.2　(2) $F_x = 57.5\text{N}$，$F_y = 12.7\text{N}$

BP4.3.3　(1) $p_1 = 164\text{kPa}$；(2) $F = 152\text{N}$

BP4.3.4　$\varepsilon = 0.5$

BP4.3.5　$F = 431\text{kN}$

BP4.3.6　(1) $\theta = 25.4°$；(2) $F = 33.1\text{N}$

BP4.3.7　$F_1 = 21.2\text{kN}$，$F_2 = 7.63\text{kN}$

BP4.3.8　$F = 209.7\text{N}$

BP4.3.9　(1) $h_1 = 0.026\text{m}$，$h_2 = 0.004\text{m}$；(2) $F = 339.4\text{kN}$

BP4.6.1　(1) $\varphi = \dfrac{1}{2}x^2 + x^2y - \dfrac{1}{3}y^3 - \dfrac{1}{2}y^2 + C$

BP4.6.2　(1) $u = -\dfrac{1}{3}y^3 - 2x + x^2y$，$v = -xy^2 + \dfrac{1}{3}x^3 + 2y$

BP4. 6. 3　（1）$\varphi = x^3 - 3xy^2 + C_1$；（2）$\psi = 3x^2 y - y^3 + C_2$

BP4. 6. 4　$\varphi = 3x + 4y + C_1$，$\psi = 3y - 4x + C_2$

BP4. 6. 5　$\varphi = \dfrac{Q}{2\pi}\ln r + C_1$，$\psi = \dfrac{Q}{2\pi}\theta + C_2$

B5

BP5. 2. 1　$Q = kd^4 (\mathrm{d}p/\mathrm{d}x)/\mu$

BP5. 2. 2　$V = \sqrt{ghf}\left(\dfrac{d}{h}, \dfrac{\mu}{\rho h \sqrt{gh}}\right)$

BP5. 2. 3　$q = w \sqrt{gw}\varphi\left(\dfrac{h}{w}, \dfrac{\mu}{\rho w \sqrt{gw}}\right)$

BP5. 2. 4　（1）$F_D = \rho V^2 l^2 f(\mu/\rho Vl, E/\rho V^2)$；（2）$C_D = f(Re)$

BP5. 2. 5　$C_{gH} = \dfrac{gH}{n^2 D^2} = f_1\left(\dfrac{Q}{nD^3}, \dfrac{\rho nD^2}{\mu}, \dfrac{l}{D}, \dfrac{\varepsilon}{D}\right)$，$C_{\dot{W}_s} = \dfrac{\dot{W}_s}{\rho n^2 D^5} = f_2\left(\dfrac{Q}{nD^3}, \dfrac{\rho nD^2}{\mu}, \dfrac{l}{D}, \dfrac{\varepsilon}{D}\right)$，$\eta$

$= \dfrac{\rho QgH}{\dot{W}_s} = f_3\left(\dfrac{Q}{nD^3}, \dfrac{\rho nD^2}{\mu}, \dfrac{l}{D}, \dfrac{\varepsilon}{D}\right)$

BP5. 2. 6　$F_D = d^2 V^2 f\left(\dfrac{d\omega}{V}, Re, \dfrac{c}{V}\right)$

BP5. 4. 1　$V = 5.1\mathrm{m/s}$，$Q = 0.09\mathrm{m^3/s}$

BP5. 4. 2　$F_D/F_{Dm} = 467.2$

BP5. 4. 3　（1）$h_m = 1.22\mathrm{m}$；（2）$F = 2067\mathrm{N}$

BP5. 4. 4　$V = 12.7\mathrm{m/s}$，$Q = 2.5 \times 10^4 \mathrm{m^3/s}$

BP5. 4. 5　$F = 2.45 \times 10^3 \mathrm{N}$

BP5. 4. 6　（1）$h_m = 0.13\mathrm{m}$；（2）$Q_m = 0.08\mathrm{m^3/s}$；（3）$p_v = 3\mathrm{mH_2O(v)}$

BP5. 4. 7　$Q_2 = 120\mathrm{m^3/s}$

BP5. 4. 8　（1）$Q_m = 3\mathrm{m^3/s}$；（2）$\Delta p = 0.3\mathrm{kPa}$

C1

CP1. 2. 2　$r = 0.707R$

CP1. 2. 3　$J = \dfrac{8\mu}{\rho g R^2}V$

CP1. 2. 4　$Q = \dfrac{\pi}{8\mu}(G + \rho g\sin\theta)R^4$

CP1. 3. 1　（1）$Re = 1.27 \times 10^5$；（2）$\tau_w = 3.75\mathrm{Pa}$；（3）$\bar{u}_* = 0.0613\mathrm{m/s}$；（4）$\bar{u}_m = 1.56\mathrm{m/s}$

CP1. 3. 2　（1）$G_1 = 0.064\mathrm{Pa/m}$；（2）$\tau_{wt}/\tau_{wl} = 2343.75$

CP1. 3. 3　$\tau_w = 47.7\mathrm{Pa}$

CP1. 4. 1　$h_f = 23.9\text{m}, \tau_w = 5.86\text{Pa}, u_m = 1.88\text{m/s}$

CP1. 4. 2　$\lambda = 0.08, \varepsilon = 19\text{mm}$

CP1. 4. 3　$h_f = 5.13\text{m}$

CP1. 4. 4　$h_f = 54.2\text{m}$

CP1. 4. 5　$h_f = 198.5\text{m}$ 油柱

CP1. 4. 6　（1）$h_f = 32.1\text{m}$，（2）$\dot{W}/m = 123.7\text{W/m}$

CP1. 4. 7　$Q = 0.0445\text{m}^3/\text{s}$

CP1. 4. 8　$d = 0.3\text{m}$

CP1. 4. 9　$d = 0.156\text{m}$

CP1. 4. 10　$\Delta p = 295\text{Pa}$

CP1. 5. 1　$h_m = 1.82\text{m}$

CP1. 5. 2　$K = 0.57$

CP1. 6. 1　$Q = 0.079\text{m}^3/\text{s}$

CP1. 6. 2　$\Delta h = 40.5\text{m}$

CP1. 6. 3　$p_1 = 2.7 \times 10^6\text{Pa}$

CP1. 6. 4　$Q = 0.0162\text{m}^3/\text{s}$

CP1. 6. 5　$Q = 0.046\text{m}^3/\text{s}$

CP1. 6. 6　$d_{2\min} = 0.092\text{m}$

CP1. 6. 7　（1）$Q_1 = 0.12\text{m}^3/\text{s}, Q_2 = 0.45\text{m}^3/\text{s}$；（2）$p_B = 543\text{kPa}$

CP1. 6. 8　$Q_1 = 4.39\text{m}^3/\text{s}, Q_2 = 0.66\text{m}^3/\text{s}, Q_3 = 5.05\text{m}^3/\text{s}$

CP1. 6. 9　$Q_1 = 0.03\text{m}^3/\text{s}, Q_2 = 0.46\text{m}^3/\text{s}, Q_3 = -0.078\text{m}^3/\text{s}$

C2

CP2. 3. 1　$\tau = 1.5 \times 10^3\text{Pa}$

CP2. 3. 2　（2）$\tau = 478\text{Pa}$

CP2. 3. 3　$\Delta p = 3.285\text{Pa}$

CP2. 3. 4　（1）$\mu = 0.0695\text{Pa} \cdot \text{s}$

CP2. 3. 5　（1）$\tau_1 = -1.8\text{Pa}$；（2）$q = 5.4 \times 10^{-6}\text{m}^2/\text{s}$

CP2. 3. 6　（1）$M = 4.32\text{kg}$；（2）$Q = kh^3$；（3）$h = 0.0128\text{mm}$

CP2. 3. 7　$G = 92.6\text{Pa/m}$

CP2. 4. 1　$F = 5.77 \times 10^6\text{N}$

CP2. 4. 2　（1）$h_1 = 6.40\text{mm}, h_2 = 2.91\text{mm}$；（2）$F_{\max} = 103\text{N}$

CP2. 5. 1　（1）$Q_1 = 4.42 \times 10^{-7}\text{m}^3/\text{s}$；（2）$Q_2 = 7.22 \times 10^{-7}\text{m}^3/\text{s}$

CP2. 5. 2　（1）$\Delta t = 50.5\text{s}$；（2）$Q = 1.91 \times 10^{-6}\text{m}^3/\text{s}$

CP2. 6. 1　（1）$p_1 = 1.53 \times 10^5\text{Pa}$；（2）$F = 129.6\text{N}$

CP2.6.2　（1）$p_1 = 1.6 \times 10^7 \text{Pa}$；（2）$F = 1.34 \times 10^4 \text{N}$

C3

CP3.4.1　$L = 459\text{m}$

CP3.4.2　$V = 2155.2\text{km/h}$

CP3.4.3　$Ma_2 = 2.39$

CP3.5.1　$\rho_2/\rho_1 = 0.801$

CP3.5.2　（1）$V = 209.8\text{m/s}$；（2）4.5%

CP3.5.5　$V_{\text{max}} = 776.3\text{m/s}$

CP3.5.6　（1）$Ma = 0.931$；（2）$p_0 = 120\text{kPa(ab)}$；（3）$T_0 = 314.4\text{K}$；（4）$\rho_0 = 1.33\text{kg/m}^3$

CP3.5.7　$V_2 = 113\text{m/s}$

CP3.7.1　（1）$v_e = 300\text{m/s}$；（2）$\dot{m} = 8.53\text{m}^3/\text{s}$

CP3.7.2　（1）$V_e = 342.3\text{m/s}$；（2）$\dot{m} = 8.2\text{m}^3/\text{s}$

参 考 文 献

[1] 普朗特 L,等. 流体力学概论[M]. 郭永怀,陆士嘉,译. 北京:科学出版社,1981.

[2] 史里希廷 H. 边界层理论:(上册)[M]. 孙燕候,等译. 北京:科学出版社,1988.

[3] 史里希廷 H. 边界层理论:(下册)[M]. 孙燕候,等译. 北京:科学出版社,1988.

[4] 巴切勒 GK. 流体动力学引论[M]. 沈青,贾复,译. 北京:科学出版社,1997.

[5] White F M. Viscous Fluid Flow. Third Edition. New York:Me Graw-Hill Companies,2006.

[6] 怀特 FM. 流体力学[M]. 陈建宏,译. 台北:晓园出版社,1992.

[7] Munson B R,Young D F,Okiishi T H. Fundamentals of Fluid Mechanics[M]. 4th ed. New York: John Wiley & Sons Inc,2002.

[8] Fox R W, Mcdonald A T. Introduction to Fluid Mechanics[M]. 5th ed. New York:John Wiley & Sons. Inc,1998.

[9] Roberson J A, Crowe C T. Engineering Fluid Mechanics[M]. 6th ed. New York:John Wiley & Sons Inc. ,1997.

[10] Streeter V L, Wylie E B. Fluid Mechanics[M]. 9th ed. 北京:清华大学出版社(影印版), 2003.

[11] Potter M C, Wiggert D C, Hondzo M. Mechanics of fluids[M]. 3th ed. 北京:机械工业出版社 (影印版),2002.

[12] Finnemore E J, Franzini J B. Fluid Mechanics with Engineering Applications[M]. 10th ed. 北京:清华大学出版社(影印版),2003.

[13] Blevins R D. Applied Fluid Dynamic Handbook[M]. New York:Van Nostrand Reinhold Company, 1984.

[14] Goldstein S. Modern Developments in Fluid Dynamics[M]. Oxford:Oxford at the Clarendon Press,1952.

[15] 牛顿 I N. 自然哲学的数学原理[M],王克迪,译. 武汉:武汉出版社,1992.

[16] 吴望一. 流体力学:上册[M]. 北京:北京大学出版社,2004.

[17] 吴望一. 流体力学:下册[M]. 北京:北京大学出版社,2004.

[18] 周光坰,严宗毅,许世雄,等. 流体力学:上册[M]. 2 版. 北京:高等教育出版社,2000.

[19] 周光坰,严宗毅,许世雄,等. 流体力学:下册[M]. 2 版. 北京:高等教育出版社,2000.

[20] 丁祖荣. 流体力学:上册[M]. 北京:高等教育出版社,2003.

[21] 丁祖荣. 流体力学:中册[M]. 北京:高等教育出版社,2003.

[22] 孔珑. 工程流体力学[M],3 版,北京:中国电力出版社,2007.

[23] 李玉柱,江春波. 工程流体力学:下册[M]. 北京:清华大学出版社,2007.

[24] 毛根海. 应用流体力学[M]. 北京:高等教育出版社,2006.

[25] 刘鹤年. 流体力学[M]. 2 版. 北京:中国建筑工业出版社,2004.

[26] 吴持恭. 水力学:上册[M]. 4 版. 北京:高等教育出版社,2008.

[27] 吴持恭. 水力学:下册[M]. 4 版. 北京:高等教育出版社,2008.

[28] 闻德苏. 工程流体力学(水力学):上册[M]. 3 版. 北京:高等教育出版社,2010.

[29] 闻德荪．工程流体力学(水力学)：下册[M]．3 版．北京：高等教育出版社，2010.

[30] 孙祥海．流体力学[M]．上海：上海交通大学出版社，2000.

[31] 彭乐生，茅春浦．工程流体力学[M]．上海：上海交通大学出版社，1979.

[32] 茅春浦．流体力学[M]．上海：上海交通大学出版社，1995.

[33] 王蓉孙，严震．流体力学和气体动力学[M]．北京：国防工业出版社，1979.

[34] 力学名词审定委员会．力学名词[M]．北京：科学出版社，1993.

[35] 丁祖荣．试论静力学在流体力学课程中的地位[J]．力学与实践．2010,32(4):79-81.